乡村振兴之
科技兴农系列

蔬菜嫁接
关键技术
彩色图解+视频升级版

裴孝伯　袁凌云　侯金锋　编著

化学工业出版社
北京·

图书在版编目（CIP）数据

蔬菜嫁接关键技术：彩色图解+视频升级版 / 裴孝伯，袁凌云，侯金锋编著. -- 北京：化学工业出版社，2025.1. --（乡村振兴之科技兴农系列）. -- ISBN 978-7-122-46687-7

Ⅰ. S630.4-64

中国国家版本馆CIP数据核字第202461Z3R3号

责任编辑：邵桂林　　　　　　　文字编辑：李　雪

责任校对：宋　夏　　　　　　　装帧设计：韩　飞

出版发行：化学工业出版社
　　　　　（北京市东城区青年湖南街13号　邮政编码100011）
印　　装：北京缤索印刷有限公司
850mm×1168mm　1/32　印张10　字数288千字
2025年2月北京第1版第1次印刷

购书咨询：010-64518888　　　　售后服务：010-64518899
网　　址：http://www.cip.com.cn
凡购买本书，如有缺损质量问题，本社销售中心负责调换。

　　人们对高品质蔬菜产品的需求增加，与设施蔬菜生产随着生产年限的延长土壤连作障碍日益严重，病虫害严重、土壤盐渍化及次生盐渍化等引起蔬菜产量下降、品质下降的现状之间形成矛盾。

　　蔬菜生产，尤其是设施蔬菜高效优质生产要求更先进的技术支持。实行嫁接栽培是一条经济有效的途径。砧木比接穗品种更能适应当地的土壤和气候环境能力，其具有根系发达、来源广、嫁接亲和力强，抗（耐）病能力强、抗逆性强和吸肥力较强等特点，起到增强接穗本身生产能力的作用。因此现代的蔬菜嫁接研究应用日益广泛。

　　研究和生产实践表明，瓜类蔬菜和茄果类蔬菜嫁接苗较自根苗能增强抗病性、抗逆性和肥水吸收性能，从而提高作物产量和质量。应用嫁接苗成为瓜类和茄果类蔬菜高产稳产的重要措施，成为克服蔬菜连作障碍的主要手段。

　　全书共分五章。第一章为蔬菜嫁接概述，介绍了蔬菜嫁接的作用、主要蔬菜嫁接的砧木和主要蔬菜嫁接的接穗品种；第二章为蔬菜嫁接方法与关键技术，介绍了蔬菜嫁接的方法、蔬菜嫁接育苗的准备、蔬菜嫁接苗的管理、蔬菜嫁接育苗的设施设备；第三章为瓜类蔬菜嫁接栽培关键技术，分别从环境条件的要求、砧木接穗品种选择、嫁接方法、嫁接苗管理、嫁接栽培及病虫害防治等方面，系统介绍了甜瓜、西瓜、黄瓜和西葫芦的嫁接栽培关键技术；第四章为茄果类蔬菜嫁接栽培关键技术，系统介绍了茄子、番茄和辣椒的嫁接栽培关键技术；第五章为其他蔬菜嫁接栽培关键技术，以香椿为例介绍了多年生蔬菜的嫁接栽培关键技术等。

本书内容全面，重点突出，可为广大蔬菜生产者、基层科技人员以及蔬菜种苗生产企业人员和营销人员提供重要技术支持和参考。

在本书编写过程中，吕丹丹参与了第一章的资料搜集整理，陈红参与了第二章和第三章的资料搜集整理，李娜参与了第四章的资料搜集整理。图片视频及书稿修改，由裴孝伯、袁凌云、侯金锋共同完成。

由于编写时间仓促，书中可能存在疏漏和不足之处，敬请读者提出宝贵意见。

编著者

2024 年 12 月

目 录

第一章 蔬菜嫁接概述

第二章 蔬菜嫁接方法与关键技术

第三章　瓜类蔬菜嫁接栽培关键技术

第四章 茄果类蔬菜嫁接栽培关键技术

第五章　其他蔬菜（香椿）嫁接育苗栽培关键技术

参考文献

视频目录

第一章
蔬菜嫁接概述

　　蔬菜是人们日常生活中必不可少的重要副食品，近年城市"菜篮子"工程发展，特别是设施蔬菜生产面积的增加，使人民的生活水平提高，蔬菜生产和人们饮食生活方式都发生了很大变化。现代的蔬菜嫁接研究，始于1925年的日本和朝鲜，最初主要是利用葫芦作为砧木防治西瓜保护地生产的连作障碍。到20世纪30年代，逐渐扩展到网纹甜瓜、茄子、黄瓜、番茄等蔬菜。但嫁接栽培的推广、普及则在20世纪50年代以后。到20世纪80年代，嫁接栽培已遍及日本、中国和欧美各国。到20世纪90年代，日本蔬菜的嫁接栽培面积已达到日本总面积的60%，保护地栽培面积的90%以上。20世纪80年代以前，嫁接研究的重点主要集中在砧木材料的收集、研究与利用以及嫁接方法的探讨、嫁接苗的管理等领域，以求抗病增产。20世纪80年代末以来，欧美、日本等蔬菜生产发达国家对嫁接的研究进一步向深度和广度扩展，嫁接的作用已突破传统的扩大繁殖系数、调整植株生长势、增强适应性、驱避病虫害、提高产量和品质等范围，其在种质资源保存、突变的稳定、遗传稳定性检测、杂交后代的鉴定中显示出独特的作用。在许多研究领域中，将嫁接作为一种工具，其在研究开花物质和春化物质的运输、输导组织的分化、病毒的传播、病毒鉴定和二次代谢等方面发挥了重要作用。

通过选择抗病性强、耐低盐胁迫、吸肥力强、生长势旺，并与栽培菜种亲和力强的蔬菜品种作为砧木，在苗期进行嫁接，培育嫁接苗，定植后用原来的管理条件能得到很好的收益。

第一节　蔬菜嫁接的作用

一、嫁接的概念

把植物的一部分器官转移到同一个或另一个植物体上，使它们愈合生长而成为一个新个体，称为植物的嫁接（视频1-1）。其中所需植物的枝芽称为接穗，被嫁接的植株称为砧木。

砧木的主要目的是借用其根部负担植株地下部的机能，为地上部的栽培植株提供营养和水分，以共同完成生产任务。因此，针对生产的不同需要，蔬菜嫁接栽培的时候，砧木通常选用比接穗品种更能适应当地土壤和气候环境能力，且具有根系发达、来源广、嫁接亲和力强、耐干、耐湿、耐寒、耐病虫害、吸肥力较强等特点，容易栽培管理的作物种类和品种，借以增强接穗本身的生产能力。

视频 1-1 嫁接

砧木可以用接穗的同种植物，也可以用不同植物，用同种植物作砧木的叫同砧或共砧。共砧的亲和性一般较好，但抗逆性较差。为更好地发挥接穗的生产性能，用不同植物具有一些特定的功能特点，需要进行砧木的选择。砧木选择的重点是其嫁接后的成活和发育情况即嫁接亲和性的优劣。

二、蔬菜嫁接的现状与展望

（一）我国蔬菜嫁接栽培现状

我国蔬菜嫁接栽培在生产上大面积应用开始于20世纪80年代初

期，蔬菜嫁接技术广泛应用在黄瓜、西瓜、甜瓜、番茄、茄子等蔬菜生产上。在瓜类蔬菜中以西瓜、黄瓜应用最为广泛，在我国蔬菜的一些主产区，西瓜嫁接栽培面积占西瓜栽培总面积的 70% 以上，西瓜嫁接栽培主要目的是预防西瓜枯萎病。温室黄瓜生产，尤其是日光温室越冬茬黄瓜的栽培，有 80% 以上采用嫁接栽培，其主要目的是提高黄瓜苗的耐低温能力和抗枯萎病能力。近几年来，甜瓜、茄子和番茄嫁接栽培日益增多，尤其是用在设施栽培中，其目的主要是解决连作障碍。

通过采用嫁接栽培，一些种苗公司和蔬菜生产者均取得了显著的经济效益和社会效益。随着我国设施蔬菜生产和蔬菜种苗公司的快速发展，瓜类蔬菜嫁接育苗及其栽培已经被生产者接受和逐步普及，茄果类蔬菜嫁接育苗及其栽培应用面积也逐步扩大（图 1-1）。

图 1-1　蔬菜嫁接栽培

（二）存在的问题及对策

嫁接育苗有一些问题需要解决。主要表现在：嫁接育苗需要的材料、土地、设备多，费用大；嫁接育苗花费劳力大；嫁接前后的苗木管理需要格外处理；可能因品种与砧木不同，管理不当易造成地上部分生长过旺，产品质量低劣，可能引起生理障碍。因此，需要不断试验，选育嫁接适宜的各种类型的砧木品种，进行不同蔬菜专用砧木品种的选育，开发设计生产机械化自动化嫁接机械等。

特别需要注重以下几个方面的工作。

1. 加快制定嫁接育苗的规范

目前蔬菜嫁接育苗技术发展很快，过去以单一塑料钵、塑料袋为育苗容器，育苗效率和嫁接效率不高，培育出的嫁接苗规范性差，随着工厂化育苗体系的建立与应用，将穴盘育苗技术引入到蔬菜嫁接育苗技术中，有力地推动了蔬菜嫁接育苗技术的进步，提高了嫁接苗质量和嫁接育苗的效率。在河北和山东等地已出现一批培育西瓜嫁接苗的专业户和育苗场（图1-2），需要制定不同蔬菜嫁接育苗的技术规范和标准。

图1-2　育苗场

2. 规范不同设施及栽培茬口的蔬菜嫁接栽培技术

蔬菜嫁接后，改变了自根植株的一些生长发育特性，如嫁接黄瓜雌花着生节位降低、生长发育加快，耐低温能力、抗盐碱能力和抗土传病害能力均有所加强，嫁接后根系对肥水吸收能力增强等。若生产者在嫁接蔬菜管理中还是按照自根植株管理，则不能充分发挥嫁接植株的优势，可能导致植株徒长、结果延迟、产量减少、品质降低等情况。因此，不同区域不同设施不同蔬菜的嫁接栽培可能差异很大，各地需在生产和实验的基础上，加快如日光温室黄瓜、大棚西瓜和日光温室茄子等蔬菜的嫁接栽培技术规范的制定和应用推广，以指导菜农合理利用嫁接技术。

3. 蔬菜砧木资源收集、评价和利用

日本和韩国很早就对国内和国外引入的茄果类和瓜类砧木资源进行了系统的鉴定、筛选和利用，并育成许多作为砧木的种间杂种。砧木品种选育的重要基础是品种资源，我国蔬菜砧木资源，尤其是瓜类品种资源丰富。收集、挖掘这些遗传资源，并对其进行资源评价，将为砧木品种选育提供珍贵的种质资源，并加快蔬菜砧木品种的选择和利用步伐。

4. 加快新砧木品种选育

日本、韩国较早开展了西瓜、甜瓜、黄瓜、番茄、茄子等蔬菜系列砧木品种选育工作，并选育出几十个砧木品种，这些砧木品种多数为杂交一代，具有抗病性强、耐低温能力强、对品质无不良影响和增加产量等多种优势。我国在蔬菜砧木品种选育上起步较晚，在西瓜、茄子、番茄上筛选或选育出一些砧木品种，但无论数量还是砧木性能都远不能满足生产需求，因此亟需选育适合我国国情的蔬菜砧木品种。相关研发单位要根据当地的气候特点、设施类型、主要病虫为害特点和茬口类型，有针对性地选育不同蔬菜的砧木品种。生产者可根据上述要求选择适合自己的砧木品种。

特别需要重视，嫁接植株是砧木和接穗的共生体，其生育特性既不同于接穗，也不同于砧木。因此，生产上在选择砧木时，必须根据栽培场所的致病性、土壤酸碱性和肥力、栽培时期等变化而变化；生产前，必须做砧穗的亲和性试验，选择优良的砧穗组合。

5. 提高嫁接效率及嫁接机器开发

蔬菜嫁接苗普及推广应用，目前仍受制于生产者担心蔬菜嫁接成活率低，嫁接技术不易掌握，嫁接效率较低等情况。一般情况下，一名熟练嫁接工人 1 分钟嫁接 3～5 株，而一般工人 1 分钟只能嫁接 1～2 株，同时熟练工人与一般工人相比，前者嫁接苗的成活率较高。

一些地方已经形成一些专门经营蔬菜嫁接苗的育苗专业户或专业公司，有力地推动了蔬菜嫁接的应用。日本已经开发出适合不同蔬菜嫁接专用的嫁接机器人，极大提高了蔬菜的嫁接效率。目前，我国也已经开展这方面的研究工作，但距离应用尚待时日。

三、嫁接的作用

蔬菜嫁接育苗所用的砧木是具有某些特殊性能的野生或栽培植物，砧木改变原来蔬菜的某些栽培性状，对所栽培的蔬菜起保护和促进生长等作用，有利于蔬菜生产，蔬菜嫁接栽培的作用主要有以下几个方面。

（一）防止土传病虫害

利用抗病砧木进行嫁接可以提高蔬菜作物对多种土壤传播病害的抗性，这是蔬菜嫁接的主要目的。嫁接后蔬菜的抗病性取决于砧木的种类。砧木不同，嫁接后对各种病害的抗性存在明显差异，即砧木对所抗病害的种类有一定的选择性。

例如，瓜类蔬菜的枯萎病（图 1-3）、茄子黄萎病、番茄青枯病与枯萎病以及蔬菜根结线虫病等，是当前危害蔬菜最为严重的顽固性土壤传播病害（简称土传病），其病菌在土壤中生存，通过侵害蔬菜的根系而引起发病。蔬菜嫁接栽培利用土壤传播病害对侵害蔬菜的种类具有较强专一性的特点，将栽培蔬菜嫁接到砧木上，利用砧木的根系吸收肥水供应接穗，栽培蔬菜不以自根从土壤中吸收营养，从而避免了病菌对栽培蔬菜进行直接侵害，蔬菜的染病机会相应减少，发病也明显减轻。

瓜类蔬菜种植多，极易感染枯萎病，因此瓜类蔬菜嫁接用砧木多选用抗枯萎病的砧木，如黄瓜选用'黑籽南瓜'、西瓜选用瓠瓜等作为砧木。

图1-3　黄瓜枯萎病

研究表明，'黑籽南瓜'为砧木的嫁接植株和黄瓜自根植株由于根系分泌物成分以及对土壤微生态环境的影响不同，使得根际微生物类群存在一定的差异。嫁接植株比自根植株根际土壤细菌数、放线菌数分别增加55.9%和58.2%，而真菌数比自根植株略有减少。嫁接植株根际土壤微生物数量增多，提高了设施栽培中连作黄瓜根际土壤的活性，放线菌增加，提高了作物的抗性。

不嫁接的自根西瓜，一般在同一地块上栽培一次后需要与其他作物轮作4～6年后才能再次种植西瓜，否则连作后，第二年往往由于发病导致减产30%以上，第三年继续连作，减产更为严重。而采用嫁接技术，用嫁接的西瓜苗进行栽培，就可以在同一地块上进行多年的连作。此外，由于嫁接蔬菜的茎叶生长旺盛，抗逆性增强，其茎、叶等部位的某些病害发病程度往往也有所减轻。

茄子连作条件下最大问题是黄萎病，因此应选用抗黄萎病的砧木，如'赤茄'。番茄砧木'KNVF'对枯萎病、黄萎病表现出优良的抗性，但并未增强抗青枯病的能力；而番茄砧木'BF'对青枯病和枯萎病都具有良好的抗性，但不能增强抗黄萎病的能力。因此，应根据实际情况有针对性地选择不同抗病性的番茄砧木。

土壤中的虫害主要是根结线虫。线虫的生态学比较复杂，由于供其食用的食物来源受到根分泌物及有关因素的影响，其繁殖能力受制于根际环境。根扩散出的物质，能刺激许多线虫繁殖或者能吸引线虫。研究表明，以西瓜砧类'勇砧'和'昌砧勇士'嫁接后西瓜根结线虫病发病程度最轻，抗根结线虫效果好，且对西瓜品质影响小，但产量低，不适合早春保护地采用，以葫芦砧'京欣砧1号'嫁接西瓜根系易感根结线虫，根结线虫发病程度重，南瓜砧类型的'好合台木''京欣砧4号''雪铁王子''皖砧2号'嫁接均不同程度地抗根结线虫侵染，减轻了根结线虫对西瓜根系的危害。采用'好合台木''京欣砧4号'砧木嫁接西瓜，其生长势强、产量和品质高、抗根结线虫的效果综合表现优。在大兴地区根结线虫危害严重的瓜田中，采用南瓜砧类型的'好合台木'和'京欣砧4号'嫁接西瓜，能提高接穗抵抗根结线虫的能力。黄瓜连作后根系活力下降，根系分泌物及残留病株在高温和通透性较好的沙壤土中，很容易促发线虫的繁殖与危害，并且随着连作年限的延长，黄瓜根结线虫发病情况愈为严重，而嫁接瓠瓜根系发达，增强了对黄瓜根结线虫的抗性，使嫁接黄瓜根结线虫的发病情况明显轻于自根植株。

（二）克服连作障碍

连作会使土壤环境恶化，土壤中的病虫害种类和数量逐渐增多，导致蔬菜生长势减弱、产量减少、品质下降。设施栽培条件下瓜类和茄果类等蔬菜的连作障碍问题日益突出。例如，黄瓜在设施栽培条件下，随着农家肥施用量的减少，施用过多的氮肥，会造成土壤中硝酸盐大量积累；黄瓜根系分泌的水杨酸、酒石酸、柠檬酸、肉桂酸等有机酸类物质也连年累积，导致土壤严重酸化，影响黄瓜的正常生长发育。温室和大棚内的土壤，长期得不到雨水冲刷淋溶，土壤水分蒸发时，盐类物质随之上升而集积于表层土壤，从而严重影响蔬菜根系对水分和养分的吸收。由于多数蔬菜砧木根系抗病、耐盐能力较强，因而嫁接蔬菜可缓解因连作而导致的病虫危害和生理障碍。

（三）增强幼苗长势

通常蔬菜嫁接育苗所用的砧木大多较栽培蔬菜的根系发达，茎粗、叶大，生长旺盛，能够对蔬菜接穗提供充足的营养，其苗期就能对嫁接蔬菜产生明显的促进生长作用，因此嫁接蔬菜苗比不嫁接蔬菜苗长势旺。以西瓜嫁接苗为例，南瓜砧木的两片子叶平均面积为 45.4 平方厘米，葫芦砧木的两片子叶面积为 28.41 ～ 41.33 平方厘米，而西瓜砧木的两片子叶面积仅为 7.89 平方厘米，砧木苗的自身营养面积是栽培苗的 5 ～ 6 倍，并且砧木还有更大的根系，根壮则苗壮，所以西瓜嫁接苗往往比自根苗长势旺盛，特别是气候比较恶劣的早春育苗，嫁接育苗的效果更为明显。

（1）根系生长旺盛　嫁接苗根系生长旺盛，可能与根系中与抗病性有关的酶的活性增强有关，日光温室中嫁接茄子的根系中过氧化物酶活性为自根苗的 2.85 倍。

（2）养分吸收力增强　根系活力的提高，根系的发达，可以促进根系对养分的吸收。经过嫁接的黄瓜，其根系对阳离子和阴离子的吸收量比自根苗根系显著增加。

（3）地上部生长旺盛　嫁接后，虽然在接口愈合期有 8 ～ 10 天的缓苗期，接穗停止生长，但接口愈合后生长速度加快，特别是定植后生长更加迅速。一般而言，嫁接成活后，植株生长量可较自根苗提高 40% 左右。

（四）增强抗逆性

与不嫁接的自根蔬菜相比较，嫁接蔬菜一般表现为生长旺盛、长势强，对低温或高温、干旱或潮湿、强光或弱光、盐碱土或酸土等的适应能力也增强。例如，当西瓜温度低于 15℃、黄瓜低于 10 ～ 12℃、番茄低于 11℃、茄子低于 17℃时，以上蔬菜的生理活动会出现失调、生长缓慢、生育停止等现象。采用嫁接栽培后，因砧木抵御低温的能力较强，特别是砧木的根系在低温条件下仍保持较强的吸收能力，能够不断地为蔬菜茎叶部分提供肥水，而使上述蔬菜在同样的低温条件下，仍能保持较强的长势。

（1）增强耐寒性　植物的耐低温能力主要决定于根系。利用砧木优良的耐低温能力，通过嫁接换根可提高接穗的抗寒性。以'赤茄'作嫁接砧木为例，茄子不耐低温，低于17℃则易受冻害；而'赤茄'可忍耐8～10℃的低温，嫁接后仍然保持了这一特性。研究及生产实践均表明，嫁接能提高蔬菜的抗寒性。

（2）提高抗盐性　嫁接能提高抗盐性，主要是由砧木根系的生理生化特性决定的。砧木根系活力强，钾、钙、镁吸收多，钾钠比值得以改善，由此可使叶片合成较多的保护性物质和渗透调节物质，膜脂组分中的饱和脂肪酸含量增加，脂肪酸不饱和指数降低，从而减弱膜脂过氧化作用和质膜透性，使抗盐性提高。嫁接后，植株的抗盐性提高，对保护地栽培具有特殊的意义。因为温室、大棚基本处于封闭条件下，盐分得不到雨水淋刷和渗透，盐分随水分从地表蒸发聚集在土密表层，造成土壤盐渍。土壤盐渍化会对作物产生严重的危害，而采用嫁接栽培，可以克服这一问题，这对保护地栽培的丰产稳产起到了重要作用。

（3）提高耐旱性　嫁接能提高耐旱性，是因为砧木根系生长健壮、旺盛，能够深扎入土壤中，吸取深层土壤中的水分。根冠比与自根苗相比远远增大（根冠比是衡量耐旱性的一个形态指标），使嫁接作物有足够的能力维持水分平衡，使耐旱性明显增强。

（4）提高耐湿性　嫁接能提高耐湿性，这与砧木自身的固有特性有关。选择耐湿性强的砧木嫁接栽培时，由于砧木根系能够忍受长时间的潮湿，通过嫁接换根，便将这种特性保留在接穗苗上，此时接穗苗与根系已形成一个有机的整体，但嫁接苗的耐湿性较砧木固有的耐湿性低。

（五）增加产量

与自根蔬菜相比较，嫁接蔬菜的生产能力明显得到增强，通常表现为结果期较长，产量增加较为明显，一般可增加产量20%以上。在非适宜的栽培季节里或地块上进行嫁接栽培时，增产效果更为明显，可成倍地增加产量，高产者甚至可增产数十倍以上，如嫁接西瓜比自根西瓜增产 1 倍以上，嫁接黄瓜增产 30% ～ 50%，嫁接番茄增产 50% 以上，嫁接茄子增产 1 ～ 2 倍。

（六）提高蔬菜肥水的利用率

蔬菜嫁接育苗所选用的砧木大多为根系发达、吸收能力强的野生植物、半栽培植物或栽培植物，且砧木根系的强大吸收能力不会因为嫁接而发生明显改变。嫁接蔬菜的根系入土深，吸肥吸水的能力也较自根蔬菜增强，特别是能够吸收深层土壤中的肥水，提高了肥水的利用率。

（七）在繁殖和育种中的作用

在生产上，若把组织培养与嫁接技术相结合，就可以解决组织培养成本高、费工、费时、移栽成活率低等问题。对抗病、抗逆性弱的品种，采用该方法，效果更加突出。在嫁接栽培中成功应用，其组培苗的嫁接成活率可达 90% 以上，且生长势强、抗病、省工、早熟、丰产。为克服远缘杂交的不亲和，采用把父本的柱头嫁接到母本的柱头上，或者把杂种株嫁接到亲本上，改良杂种的生活条件等，以克服杂种不育。

嫁接对营养繁殖蔬菜（马铃薯、大蒜、芋头等）难结实问题以及加速育种进程确实是一种简单、有效的方法。

第二节　主要蔬菜嫁接的砧木

一、砧木的要求

砧木为被嫁接的植株。通过嫁接借用砧木根部负担植株地下部的机能，为地上部的栽培植株提供营养和水分，以共同完成生产任务。

砧木须选用比接穗品种更能适应当地环境的能力，且根系发达、来源广、嫁接亲和力强，能耐干、耐湿、耐寒、耐病虫害，有较强的吸肥力等，容易栽培管理的作物种类和品种，借以增强接穗本身的生产能力。

砧木可以用接穗的同种植物，也可以用不同植物，用同种植物作砧木的叫同砧或共砧。为更好地发挥接穗的生产性能，用非同种植物较好，但嫁接后的成活和发育情况有好有差，即存在亲和性优劣的问题。共砧的亲和性虽好，但抗逆性较差。

适宜的砧木应具备亲和性好、抗病性强、生长发育快、对产量和品质无影响等特性。

1. 砧木的亲和性

砧木的亲和性一般用亲和力表示。亲和力包括嫁接亲和力和共生亲和力。嫁接亲和力是指砧木和接穗愈合能力，嫁接后易愈合，成活率高则嫁接亲和力高；反之即嫁接亲和力低。共生亲和力是指嫁接成活后的共生能力，嫁接苗发育正常，能正常结果，无生育不良现象即共生亲和力强；反之则共生亲和力差。

从生理上来看，嫁接亲和性表现在：接穗和砧木断面的形成层互相结合，最初从两者的组织分别产生愈伤组织，接着由于两者的愈伤组织相结合，经过细胞分裂分化而使形成层连接起来。细胞组织的进一步分化，内侧形成木质部，外侧形成韧皮部，到此阶段，接穗与砧木完全结合，从植株解剖上看，接穗和砧木已经亲和而成活。共生亲和性表现在植株嫁接成活之后，根系吸收的养分输送到接穗，接穗同化作用产生的有机养分又输送到根部，双方输送的物质，从质量和数量方面都能满足对方的需要，使嫁接苗和自根苗一样正常地生长发育，甚至嫁接苗更加旺盛。如果地上部和地下部彼此供给的养分失调，那么嫁接苗则表现为僵化或植株发育不良，以至植株中途枯萎死亡。所以砧木的亲和性不仅决定了嫁接后接穗与砧木的愈合成活，而且还决定了以后的生长发育。一般情况下嫁接亲和力高，共生亲和力也高，即二者表现相关一致。

嫁接亲和力高是嫁接成活的最基本的条件，任何一种植物，不论采用哪种嫁接方法，不管在什么条件下，砧木和接穗之间须具备一定的亲和力才能嫁接成活，因此常用成活率来反映嫁接的亲和力。不同砧木种类表现出不同程度的亲和力，如黄瓜嫁接过程中，'黑籽南瓜'亲和力最高，其次是'新土佐'和'南砧1号'。决定嫁接亲和力高低的主要原因是砧木与接穗的亲缘关系，亲缘关系越近，亲和力越强。同科同属间嫁接亲和力最强，同科异属间的亲和力较差。

2. 砧木的抗病性

提高抗病性是嫁接栽培所要解决的首要问题，因此，砧木本身是否具有抗病能力特别是抗土传病害的能力，是判断是否能作为适宜砧木的重要标准。日本为筛选抗病的瓜类砧木，采用了89个南瓜品种、2个冬瓜品种，以及黄瓜、甜瓜、西瓜等各1个品种，分别接种了黄瓜、甜瓜、西瓜、丝瓜4种枯萎病菌，结果所有的南瓜和冬瓜品种植株都没有因病菌侵入发病而死亡，各南瓜种之间由于病菌侵入后根尖褐变的程度有一定差别，其中，对黄瓜枯萎病菌，'黑籽南瓜'褐变达到100%、印度南瓜达53%、美洲南瓜只有24%；对西瓜枯萎病菌，'黑籽南瓜'和冬瓜均达到100%、印度南瓜达到65%、美洲南瓜为42%、中国南瓜较低只有35%；对甜瓜枯萎病菌，'黑籽南瓜'和冬瓜均达到100%、印度南瓜达到60%、美洲南瓜36%、中国南瓜仅有20%。这种褐变现象并不使植株发病，它是根尖阻止病菌侵入的一种保护作用。相反，黄瓜、甜瓜、西瓜根尖无褐变，而发病枯死株率却相当高。

3. 砧木的生育特性

适宜的砧木，应具备良好的生育特性，如耐低温或高温、耐旱、耐盐、耐湿、早期生育速度快、生长势强等。例如'赤茄'（砧木），除具有抗病性外，耐低温的能力也较强，在早春温度较低的情况下，生长发育速度较快，因此，只需比接穗提早5～7天播种即可。而'托鲁巴姆''CRP'等茄子砧木虽抗病性较'赤茄'强，但它的早期生育速度较慢，只有长到3～4片叶之后，生育速度才接近正常，因此，该砧木需要比接穗提早25～30天播种，方能适合嫁接。另外，通过了解砧木的生育特性，可以更好地与接穗品种配套，与栽培季节和栽培方式配套。例如，'黑籽南瓜'根系在低温条件下伸长性好，具有较强的耐寒性；而'白菊座南瓜'耐高温、高湿，适合高温多雨季节作砧木。据统计，日本保护地黄瓜越冬栽培，采用'黑籽南瓜'作砧木的占70%，早春保护地栽培'黑籽南瓜'占60%，而夏秋栽培的砧木基本上都用'白菊座南瓜'。一个品种的适宜性，只能因时因地而言，'黑籽南瓜'作为砧木在冬季低地温情况下，有耐低温的特性，在低温下发挥了它的优势，比不耐低温的品种生长得好。但是，如果把'黑籽南瓜'作为夏秋高温多雨季节的砧木，那么它的生长势比其他南瓜品种差，耐低温这一优势就变成劣势。同样，'白菊座南瓜'在夏秋季节发挥了耐高温的优势，而将其在冬季栽培，那么耐高温也变成了劣势。所以，了解和掌握各种砧木的生育特性，便于与适合的栽培季节和栽培方式配套，更能发挥其特长。同时也要求每一种砧木除具有抗病性之外，在生长发育上也要有一定特性，以便在栽培上配套，形成系列品种砧木。

4. 产量与品质

增加产量是嫁接栽培的最终目的，因此要求每一种砧木必须具备增产的能力，而这种增产能力又主要是通过砧木的抗病性和抗逆性实现的。也就是说采用高抗的砧木与栽培品种嫁接，通过砧木来阻止病原菌的侵入，诱导植株产生抗性，增强生长势，以减少或控制发病株的出现，最后达到群体产量和单株产量的共同提高。但是并不等于具备了优良砧木就能高产，好的砧木只能是获得高产的一个基础，还必须掌握准确的嫁接技术和配套栽培管理技术（如施肥、灌水、耕作、植株调整等），才能发挥砧木的增产优势。所以产量指标是各项农业技术措施的综合体现。当然，作为农业科技工作者在研究与开发砧木品种时，也必须推出与之相适应的配套栽培技术，这一点是很重要的。

品质问题也是选择砧木的一个重要标准。这一点对西瓜、甜瓜这些商品性较强的水果性蔬菜更为重要，如果形、果皮厚度、果肉的质地、可溶性固形物含量等在商品生产中占有重要地位。为此，深入研究砧木与果实品质的关系，搞清楚每一种砧木对嫁接后果实品质的影响，进而选用高质量的砧木，是不断提高嫁接栽培效果的重要基础。

不同砧木间全果胶含量并无差异，但南瓜砧的水溶性果胶较少，而纤维素高于葫芦和自根西瓜，致使南瓜砧的果肉较硬。南瓜砧果皮增厚，果肉较硬，食味品质降低，果肉中产生黄带，果实品质有下降趋势；西瓜共砧、葫芦砧不存在以上缺陷，品质良好。据研究分析测定，嫁接西瓜维生素 C 显著高于自根西瓜，总糖、干物质含量等均无差异。嫁接的茄子与非嫁接的差异不显著，各种指标均很接近。选择砧木应是上述各项条件的综合。没有经过试验的砧木，不能直接用于生产，以免带来不应有的损失。

二、砧木的选择原则

到目前为止，国内外蔬菜科研部门推出的砧木种类和品种有很多，下面重点介绍砧木选用的一些原则，供读者参考。

（一）根据防病对象选择砧木

蔬菜常见的土传病害较多。在瓜类蔬菜中主要是枯萎病，包括黄瓜枯萎病、西瓜枯萎病、甜瓜枯萎病，分别为不同的专化型，还有瓜类蔓枯病、根线虫病等。茄果类蔬菜常见的土传病害有番茄青枯病、番茄枯萎病、番茄黄萎病、番茄褐色根腐病、番茄根腐枯萎病、番茄根线虫病；茄子黄萎病、茄子枯萎病、茄子青枯病、茄子根线虫病；辣椒疫病、辣椒根腐病等。

不同砧木所抗的土传病害种类不同。如番茄砧木品种中，'LS-89'和'兴津 101 号'主要抗青枯病和枯萎病，而'耐病新交 1 号'和'斯库拉姆'主要抗枯萎病、根腐枯萎病、黄萎病、褐色根腐病、根线虫病。如茄子砧木中，'赤茄'仅抗枯萎病、黄萎病，而'托鲁巴姆'则同时抗四种土传病害（黄萎病、枯萎病、青枯病、根线虫病）。

不同砧木之间对同一种病害的抗病程度，也是不同的。如瓜类砧木中（南瓜、冬瓜、瓠瓜、丝瓜），以南瓜抗枯萎病的能力最强，在南瓜中又以'黑籽南瓜'表现突出。又如'赤茄'和'托鲁巴姆'都能抗黄萎病，但'托鲁巴姆'抗黄萎病的能力达到免疫程度，而'赤茄'仅是中等抗病程度。

所以栽培者在选择砧木时，首先要考虑是要解决什么病害，其次要根据地块的发病程度来选择适宜的砧木，如果是重茬的重病地应该选高抗的砧木，若是发病较轻的非重茬地，可以选择一般的砧木以发挥其他方面的优势如耐低温、耐高温、耐瘠薄、耐旱等。

（二）根据栽培目的选择砧木

如日本的温室甜瓜栽培非常重视品质，因为在温室内可以进行较周到的环境管理和养分、水分管理，所以对砧木的低温伸长性和强化生长势的目的要求较少，而对甜瓜的品质要求较高。塑料大棚甜瓜和露地甜瓜除抗病性外，还要求低温生长良好并保持较强的长势。因此甜瓜砧（以抗病的甜瓜为砧木，即甜瓜共砧）已成为温室栽培的重要砧木，如'网纹最佳''绿宝石''大井'等品种或杂交种，均是在抗病甜瓜中筛选出来的，作为温室甜瓜专用砧木被广泛应用。塑料大棚早春低温期栽培多采用南瓜砧，既抗病，低温伸长性又好；夏季高温期栽培主要用冬瓜砧，耐高温、多湿。

（三）根据接穗的情况选择砧木

1. 根据接穗茎的粗度

一般来说，砧木与接穗茎的粗度一致，便于掌握适宜播种期和适宜嫁接期。因而，在砧木之间抗病性相当的情况下，尽量选择与接穗茎粗接近的砧木，如番茄砧木'斯库拉姆'和'斯库拉姆2号'，抗病性基本相同（均抗枯萎病、根腐枯萎病、黄萎病、褐色根腐病、根线虫病等），但'斯库拉姆'砧木的茎较细，而'斯库拉姆2号'的茎较粗，因此，在选择时，应根据接穗品种的茎粗度来判断，做到穗、砧一致。

2. 根据接穗品种类型

嫁接对于重茬地、重病地以及抗病性差且品质好的品种效果更好，而且定植后随着生长期的延长，效果越来越明显。但是也不排除在非重茬地、轻病地上进行嫁接栽培时选用一些抗病性较强的杂交种作接穗。这样，应注意接穗与砧木的抗性互补，如在少病的非重茬地上种一些抗病性较强的接穗品种，在选用砧木时，就应该考虑发挥砧木品种的多方面抗性优势，如耐低温、耐高温、耐旱、耐盐等。如果在重病地上，种一些易感病的、品质优的常规品种，则应选用高抗的免疫砧木品种，着重控制土传病害的发生。

3. 根据接穗栽培型要求

在选用砧木时还应注意穗、砧在栽培型上配套问题。如'耐病新交1号'为大棚番茄专用砧木，'影武者'为大棚番茄'桃太郎'品种专用砧木，'斯库拉姆2号'为完熟型大棚番茄专用砧木，'LS-89'和'兴津101号'适合于保护地及露地各种栽培型。又如，'赤茄'为全栽培型通用砧木，'NO.8'南瓜为夏、秋黄瓜专用砧木。

（四）根据嫁接者的熟练度选择砧木

如茄子砧木不同品种之间，在种子发芽特性和幼苗生育特性方面差异很大，如'赤茄'基本上与栽培品种的特性接近，而'托鲁巴姆'的野生性非常强，不易发芽、幼苗生长慢，如果对嫁接技术不熟悉，很难掌握其适宜播种期和适宜嫁接期。因此，初学者最好先用比较容易的砧木品种，以免嫁接失败，影响积极性，待嫁接技术熟练后，再选用比较难的品种。

三、主要蔬菜嫁接的砧木

（一）甜瓜砧木

1. 甜瓜砧木应具备的条件

甜瓜在国外是高级瓜果，瓜质优良是前提条件。

甜瓜砧木选择时首先考虑的是嫁接后不能降低瓜的外观和肉质。其次是砧木要对土壤传播的病虫害抗性强，与接穗品种的亲和性强，不感染急性枯萎病，嫁接后不致影响甜瓜品质。同时，砧木要在低温条件下长势强，耐湿，能增强植株长势，又能长期维持稳定的生长势，不至于出现嫁接后植株生长过旺情况，以免引起甜瓜变形、瓜皮变劣或瓜肉变差。

2.砧木种类及品种

甜瓜嫁接栽培起步较晚，目前生产中所采用的砧木以南瓜为主，冬瓜、甜瓜共砧也有应用。近年随着品种改良工作的进展，国外已出现了栽培品种本身具有抗病虫害的品种。但是在病菌密度大，或在土壤水分大的土地上连作，又要早定植早收时，一般多采取用南瓜或共砧嫁接（图1-4）。

图1-4 甜瓜砧木

南瓜对甜瓜枯萎病菌抗性极高，根吸收水肥的能力比甜瓜根要强很多，果实大，增产潜力很大。但是，南瓜属种类和品种间差异大，虽抗病性强，但选用品种不当或与甜瓜的嫁接组合不当时，嫁接苗的成活率较低。采用冬瓜作砧木嫁接甜瓜，对枯萎病也有很强的抗性，亲和力高，根系发育好，吸肥吸水能力强，果实品质优。但是冬瓜砧的低温生长性较差，定植后初期表现生育稍迟、节间短，生育后期茎粗，叶片厚而大，长势旺盛。因此在早熟栽培时不宜选用，在夏季栽培时采用，可获得较好的效果。甜瓜砧与栽培甜瓜的嫁接亲和性和共生性最好，嫁接后不会引起植株生长过旺的情况，嫁接植株长势比较稳定，果实的品质良好；较耐低温，对甜瓜枯萎病的抗性强于栽培甜瓜。但是甜瓜砧对甜瓜枯萎病的抗性不如南瓜砧的强，在发病较为严重的地块上用甜瓜砧嫁接栽培时，一般仍保持有较高的发病率。因此，筛选出适合甜瓜嫁接栽培的专用砧木品种是十分重要的。

目前甜瓜嫁接主要砧木有'新土佐'南瓜以及葫芦科杂交一代砧木等。

新土佐　是土佐系南瓜品种中具有代表性的一种，为笋瓜与中国南瓜种间杂种。生长强健，分枝性强，耐热。茎细，具韧性，叶心形全缘，边缘有皱褶，叶脉交叉处有白斑。果柄长，果实成熟时有棱状突起，圆球形，重 700～1000 克。果肉橙黄色，种子淡黄褐色。该砧木嫁接亲和力强，在温度和湿度适宜的条件下，嫁接成活率达 100%；品质好，嫁接后的黄瓜无南瓜异味。一般用作西瓜、黄瓜、甜瓜的砧木，高温下不抗病毒病。

申砧一号　上海市园艺所选育的南瓜砧木品种。其发芽势强，出苗整齐，茎秆深绿，根系发达，高抗枯萎病、黄萎病、青枯病等多种土传病害，亲和力强，嫁接易操作，成活率高，嫁接后不影响瓜类品质，适合西瓜、甜瓜、黄瓜的嫁接使用。'申砧一号'砧木嫁接后，植株生长势、抗病性、抗逆性、产量等均表现良好。

国砧 1 号　是用印度南瓜和中国南瓜杂交的西甜瓜砧木，亲和力好，共生亲和力强，成活率高，种子发芽率高，出苗整齐。嫁接苗耐低温弱光，根系发达，抗病性强，嫁接瓜个大，提高产量。

（二）西瓜砧木

1. 西瓜砧木应具备的条件

对土传病虫害的抗性强，在低温条件下生长力强，耐干、耐旱、吸肥力强，不发生急性枯萎病，生长势能长期保持稳定，不因长势过强而患疯长病，果实产量品质稳定，不产生畸形瓜，不会瓜瓤硬或缺乏西瓜特有的风味。

2. 砧木的种类及品种

用作西瓜的砧木种类有瓠瓜、南瓜、冬瓜、西瓜共砧、杂交一代。抗病力强的野生西瓜也可作为西瓜嫁接的良好砧木（图1-5）。

图1-5 砧木（白籽南瓜）

（1）瓠瓜 瓠瓜很早就被用作西瓜的砧木。嫁接时操作容易，根扎得深，极耐干，果实稳产。我国已广泛使用。据知日本感染瓠瓜的瓠瓜蔓割病并开始蔓延，以及原因不明的急性枯萎病时有发生，因此改用别种砧木日渐增多。

（2）南瓜 南瓜对蔓割病具有最稳定的抗性，在低温条件下也能生长发育得很好，但不同品种与西瓜的亲和性相差很大。其次用其嫁接的西瓜，瓜形有的不正，肉质易硬化，有的糖度低。不过品种很多，有选择的余地。

（3）冬瓜 冬瓜对蔓割病抗性强，长势稳定，结的西瓜品质佳。但在低温条件下生长差，初期生长发育慢，耐湿性弱，西瓜的采收期晚是其缺点。

（4）西瓜的共砧 用西瓜的砧木嫁接西瓜，亲和性非常好，长势、瓜质均很稳定，对瓠瓜蔓割病有很强的抗性，但对西瓜的蔓割病却无抗性，在栽培地里对根结线虫也有很强的抗性，根扎得较深，在高温期能维持较强的长势。

目前，用于西瓜嫁接栽培的砧木的部分品种简介如下。

农家种葫芦 目前西瓜嫁接栽培中应用最多的砧木品种，其中以圆葫芦为最好，长葫芦次之。圆葫芦叶片较大，长势强，植株匀称，耐低温，容易培养。长葫芦不易使西瓜旺长，坐果稳定，后期瓜蔓又不易衰老。

国外葫芦科"朋友" 这是前些年国外以提高西瓜产量为目标，从很多的葫芦种群中鉴定选择出的砧木专用的杂交葫芦，目前国内也有利用。其优点为：产量稳定，抗西瓜蔓枯病，子叶和胚轴中等大，幼苗生长整齐，嫁接操作容易；生长健壮，有后劲，低温下着果性好，根系发达，耐热、耐旱性较强，质量好。其栽培要点是：播后2天内应保持25～30℃，促使发芽整齐；若采用插接法，应比西瓜早播7天，并以西瓜播种后5～10天为嫁接适期。

葫芦与西瓜的亲缘关系近，亲和力最强，嫁接成活率也最高，一般可使西瓜增产20%左右，且对西瓜品质有改善作用。葫芦根系发达，耐低温性好，高抗枯萎病，营养生长旺盛，不仅可使西瓜高产优质，还可提早3～5天成熟。但嫁接在葫芦上的西瓜不抗瘟疫、炭疽病和蔓枯病。这几种发生病害严重的地区，应考虑改为别的砧木为好。

新土佐南瓜 该品种为印度南瓜和中国南瓜的杂交一代，不但具有根系发达、营养生长旺盛、耐低温能力强等特点，而且抗枯萎病、蔓枯病等土传病害能力强，胚轴粗壮，易于嫁接，成活率高。嫁接后，它可使西瓜迅速生长，提早成熟3～5天，增产20%～30%，并且果皮不增厚，风味不变。但是，山东省农科所试验结果显示，'新土佐'南瓜对于个别西瓜品种嫁接成活率低，特别对于三倍体和四倍体西瓜，嫁接成活率仅为10%～30%，以'新土佐'南瓜为砧木的西瓜，苗期还易感染白粉病。

黑籽南瓜 原产于中美洲至南美洲。对日照要求严格，日照在13小时以上的地区或季节不形成花芽。多年生蔓性草本植物。茎圆形，分枝性强，叶圆形，深裂，有刺毛。花冠黄或橘黄色。果皮硬，绿色，有不规则的白色条纹或斑块，种子黑色。播种法繁殖，栽培容易，管理粗放。是很好的地被植物。果实于秋末采下，置室内冬季观赏，存放期很长。

云南黑籽南瓜 它是由中国农科院蔬菜研究所同云南省农科院园艺所一起，在云南考察蔬菜资源品种时，在民间发现的。该品种极耐低温，在0℃左右的气温条件下，还能正常生长，并开花结果。其根系极为发达，生长旺盛，生育期长，分枝力强，主蔓可达几十米，耐瘠薄力强，高抗枯萎病、蔓枯萎病、疫病和霜霉病等病害。

该品种除有以上优点外，还与西瓜有较好的亲和力，嫁接后可以使西瓜有较好的生长势，具高抗寒性和高抗多种病害的能力。增产幅度比葫芦大，对西瓜品质也没有不良的影响。

钢盔南瓜 属瓜类嫁接专用的砧木品种，是由外国种南瓜和日本种南瓜杂交而成的杂交一代。其吸肥水力强，生长势强，对瓜类亲和力强，适宜作各种瓜类的砧木，通过嫁接，除了能使西瓜高抗枯萎病和蔓枯病等病害外，还可增加西瓜的低温生长性和土壤适应性，适应于多种栽培形式、耐热、耐旱、耐瘠薄能力强，嫁接成活后枝蔓生长较快，产量高，但其胚轴易变硬，轴中腔易变大。以此为砧木的西瓜果肉也会变硬，成熟期比葫芦砧的晚4～5天，在栽培时要少施基肥，并控制初期的肥效，以免使西瓜徒长。另外，播种嫁接要适时，要使砧、穗种子一起发芽，不要错过嫁接适时期，以免愈合不良。

恩人南瓜 日本育成的嫁接专用的砧木杂交一代。对西瓜亲和力强，抗西瓜的枯萎病和蔓枯病等病害，低温生长性好，发芽生长整齐，容易育苗，幼苗子叶中大，胚轴中粗，易嫁接，且胚轴较柔软，嫁接易成活，苗生长整齐，长势稳定，坐果容易。但是，由于生长较旺盛，故在栽培时要注意不要多施氮肥。

正好南瓜 对多数瓜类作物都有很好的亲和性，能抗各种瓜类的枯萎病和在葫芦砧木上发生的西瓜蔓枯病。其根系强大，土壤适应性广，耐瘠薄，耐热，耐旱，并兼有低温生长性，可用于多种栽培形式，增产幅度大，故适用于作多种瓜类作物的砧木。但因吸水肥能力强，长势旺盛，因此要少施基肥，并控制初期的肥效，另外，要适期嫁接，防止胚轴变硬，提高嫁接成活率，要适当晚采果实，防止西瓜果实变硬，提高果实成熟度。

相生 由日本引进的西瓜专用嫁接砧木。20世纪80年代引入我国，是葫芦的杂交一代。嫁接亲和力强，生长健壮，较耐瘠薄，低温下生长性好，坐果稳定，是适于西瓜早熟栽培的砧木品种。

超丰 中国农业科学院郑州果树研究所培育的西瓜嫁接专用砧木。为葫芦杂交种，种子灰白色，种皮光滑，籽粒稍大。杂种优势突出，不仅高抗枯萎病，抗重茬，叶部病害也明显减轻，幼苗下胚轴短而粗壮，不易徒长，根系发达，吸收肥水能力强，与西瓜亲和力强，共生性好，具有易移栽、耐低温、耐湿、耐热、耐干旱、耐瘠薄等特点，嫁接苗在低温下生长快，坐果早而稳，能促进西瓜早熟、提高西瓜产量，对西瓜品质无不良影响。其种子灰白色，千粒重约135克。

京欣砧1号 北京蔬菜研究中心最新培育的葫芦与瓠子的杂交一代。高抗西瓜枯萎病，与接穗亲和力和共生性好，耐高温，发芽势好，根系发达，下胚轴粗壮，不易徒长，便于嫁接，后期抗早衰，生理性急性凋萎病发生少。嫁接后地上部生长势强，抗叶部病害，对果实品质无明显影响。

勇士 台湾农友种苗公司利用非洲野生西瓜育成的杂交一代西瓜专用砧木。具有发达的根系和旺盛的生长势，耐湿耐旱性好，耐寒耐热性强，幼苗下胚轴不易空心。用它来作西瓜砧木，嫁接亲和力好，共生亲和性强，成活率高。嫁接苗生长快，坐果早而稳。果实的品质与风味和自根西瓜完全相同。嫁接苗定植后初期生育较缓慢，进入开花坐果期生育旺盛。不仅能抗枯萎病，耐重茬，而且也可减轻叶面病害。植株生长强健，根系发达，对肥水吸收能力强，能促进西瓜早熟，并能多茬结瓜，可提高商品瓜的品质和产量。既可作大果型二倍体西瓜和三倍体无籽西瓜的嫁接砧木，也可作小型西瓜嫁接专用砧木；可作早春大棚栽培西瓜嫁接砧木，也可作夏秋西瓜嫁接专用砧木。

豫艺90C 河南农业大学选育的杂交砧木，种子发芽容易，发芽率高，发芽势好，其茎蔓生长旺盛，根系发达，吸肥能力强，与西瓜嫁接亲和性好，植株生长健壮。耐湿性、耐低温性比西瓜好，坐果稳定，对果实品质无不良影响。

砧王 淄博市农科院育成具有自主知识产权的品种。高抗西瓜枯萎病等土传病害，亲和力强，嫁接成活率95%以上，下胚轴粗壮，髓腔紧实，不易空心，对西瓜品质无不良影响；生长强健，后期不易早衰，发芽整齐。特别适合作西瓜保护地栽培及露地早熟栽培的砧木。其根系庞大，低温条件下吸收肥水能力强，可节省肥料。

青研砧木一号 山东省青岛市农业科学研究所研制的一代杂种。抗枯萎病效果达100%，在同一地块上利用该砧木嫁接育苗栽培，连续多年不发病。与西瓜有较强的嫁接亲和力和共生亲和力，成活率可达 95% 以上。该砧木较耐低温，嫁接苗定植后前期生长快，有较好的低温伸长性和低温坐果性。具有促进生长、提高产量的效果，并且对西瓜品质无影响。该砧木不仅是优良的西瓜嫁接砧木，还适于甜瓜及黄瓜的嫁接。

庆发西瓜砧木 1 号　黑龙江省大庆市庆农西瓜研究所最新选育的优良西瓜砧木。既适合作无籽西瓜砧木，也可作普通西瓜砧木。嫁接亲和力和共生亲和力强，嫁接后愈伤组织形成快，成活率高。植株长势强，根系发达。嫁接幼苗在低温下生长快，坐果早而稳；高抗枯萎病，能有效克服连作障碍，能大幅度提高产量，叶部病害也明显减轻，对西瓜果实品质无不良影响。该砧木根系发达、生长旺盛、吸肥力强。种子灰白色，种皮光滑，籽粒稍大，千粒重 125 克。

抗重 1 号瓠瓜　山东省潍坊市农业科学院选育而成的一代杂种。能耐土壤中多种病害。种子为长方形，顶端尖嘴状，褐白色，外壳坚硬，千粒重 142 克。根系发达，胚茎粗壮，枝叶不易徒长，有利于嫁接作业。嫁接亲和力强，嫁接苗粗壮，伸蔓迅速，比西瓜自根苗坐瓜节位低 2 ～ 3 节，坐瓜后果实膨大快，单瓜重明显增加，对西瓜品质无不良影响。

GKY　甘肃省农业科学院育成的西瓜嫁接砧木一代杂种。属于野生西瓜类型。生长势旺盛，分枝能力强，抗逆性强，耐旱，耐瘠薄，耐寒，抗枯萎病，对炭疽病和疫病有较强的抗性。嫁接亲和力强，嫁接果实无异味。

圣奥力克　由美国引进的西瓜专用砧木，为野生西瓜的杂交种。与西瓜亲和力高，共生性好。抗枯萎病、炭疽病，耐低温弱光，耐瘠薄。对西瓜品质无不良影响。

圣砧 2 号　由美国引进的西瓜专用砧木，葫芦杂交种。高抗枯萎病、炭疽病和根结线虫病。与西瓜亲和力强，共生性好。克服了由其他砧木带来的皮厚、瓜形不正、变味等缺点，对西瓜品质无不良影响。

西嫁强生　南瓜型砧木，千粒重约 120 克，极耐低温，耐根结线虫，嫁接亲和力好，共生性强，成活率高。

FR 不死鸟　日本育成的葫芦一代杂种。砧木种子较小，子叶厚，胚轴粗而中心空腔小，发根量多，在苗床中不易徒长。嫁接容易成活，靠接断根后成活率高，即使在低温期定植，发根量也较大。对土壤干湿不敏感，梅雨季节不易疯长，生长势能维持到生长后期，产量稳定。适于土壤条件变化大的塑料小拱棚栽培。

威力砧 瓠瓜与葫芦杂交的西瓜砧木，嫁接亲和力好，成活率高，适合无籽西瓜的嫁接，嫁接苗耐低温，后期耐高温，抗早衰，对瓜的品质无不良影响。

冬瓜 该类砧木品种，根系强大，耐热、耐湿、耐旱，适应性强，营养生长旺盛，故也可做西瓜的砧木，但由于冬瓜不抗疫病和枯萎病，忌连作，因此不宜作西瓜的砧木。在生产中除应用国内外新近专门培育的砧木品种外，一般农家种应先小试再大面积使用。另外，因冬瓜种皮厚，发芽难，需要温度高，发芽时间长，在栽培中应注意加强管理。

国砧 1 号 印度南瓜和中国南瓜杂交的西甜瓜砧木，亲和力好，共生亲和力强，成活率高，种子发芽率高，出苗整齐。嫁接苗耐低温弱光，根系发达，抗病性强，嫁接瓜个大，提高产量。

国砧 2 号 西瓜专用杂交南瓜砧木，种子发芽容易，整齐度高，嫁接亲和力好，成活率高，嫁接苗下胚轴粗短，深绿色，长势稳健，不易徒长，定植后极易坐瓜。

福根 为西瓜专用杂交一代优良砧木。嫁接西瓜亲和力好，高抗枯萎病，宜采用插接法嫁接，嫁接成活率高，较耐低温，适宜西瓜大棚等保护地栽培。对西瓜品质影响较小。

威壮 育成的杂交一代西瓜专用砧木。与西瓜品种亲和性好，共生亲和力强。高抗西瓜枯萎病和蔓割病，抗重茬，嫁接成活率可达95%以上，经嫁接的植株生长强健，根系发达，呈现超强的抗寒、耐低温和耐热耐干旱的优势，适宜保护地和露地西瓜栽培。

威士 属野生型杂交一代西瓜专用砧木，有发达的根系和旺盛的生长势。耐湿耐旱性好，耐寒耐热性强，幼苗下胚轴不易空心。用作西瓜砧木，嫁接亲和力好，共生亲和性强，成活率高。嫁接苗生长快，坐果早而稳。抗枯萎病，耐重茬，可减轻叶面病害。植株生长强健，根系发达，对肥水吸收能力强。能促进西瓜早熟，并能多茬结瓜，提高商品瓜品质和产量。

鼎盛 韩国引进杂交一代西瓜专用砧木，其髓腔紧实，具有极高的嫁接亲和力和共生亲和力，嫁接成活率可达98%。抗逆性好，嫁接后根系强大，高抗枯萎病等各种土壤传播病害。可增强植株的生命活力，不易出现徒长、旺长现象，易坐果。易操作，砧木幼苗轴茎长，高5～6厘米，粗壮敦实，不易空心，适合各种方法嫁接，嫁接后西瓜品质不受影响。

（三）黄瓜砧木

1. 黄瓜砧木应具备的条件

对土壤传播的病虫害要有较强的抗性，在低温的条件下能较强生长，能增强黄瓜植株的长势，并能长期维持不衰，亲和力强，吸肥力强，耐湿、耐干、耐热。

2. 砧木种类及品种

现有的砧木种类里南瓜砧木较好，现介绍几种常用的砧木品种（图1-6）。

图1-6 黄瓜砧木

美国黑籽南瓜 它是由美国培育出的专用嫁接优良品种，也是目前国内外，冬、春嫁接用推广面积较大的一个优良品种。该品种极耐低温，生长在0℃左右还会开花坐果。根系极为发达，生长旺盛，生育期长，单株叶蔓长达300米左右。单叶片叶面积达500平方厘米左右，耐贫瘠土壤，高抗枯萎病、疫病、白粉病及霜霉病。一生不会发生病害，即便是在病害严重地区，也不会受到感染而发病。该品种吸收水肥能力极强，分枝能力极强，分枝气生根也会入土吸收大量养分。与多个黄瓜品种的亲和力强，一般情况下，黄瓜品质不会受到影响。嫁接后的黄瓜品种产量高，长势强，茎、叶肥大，根系发达，生育期长。只要黄瓜品种对路，生育期可达一年。单株叶蔓一般可达50米左右。若不整枝，主蔓可长达30米以上。适应于低温季节中的嫁接栽培。

南砧一号（云南黑籽南瓜） 是云南省的科研人员从野生的南瓜中选育出来的砧木品种，生理特性与'美国黑籽南瓜'相似，耐低温，抗枯萎病，疫病等土壤传播病害，对霜霉病、白粉病的抵抗性同'美国黑籽南瓜'。该品种生长势强，根系较发达，与黄瓜的亲和力强，一般情况下，黄瓜品质不受影响。与其嫁接组培的黄瓜品种同'美国黑籽南瓜'相似。

刚力南瓜 '刚力'是日本培育出的一个适应性广的、多亲和性的优良品种，专用于嫁接。既可嫁接黄瓜，也可嫁接甜瓜，既抗低温，又耐高温，既不怕湿，又不怕干燥。对环境条件要求不严，抗病力强。其根系发达，长势旺盛，发芽势强，苗质好，胚轴较粗壮，嫁接操作方便，成活率高。与多种品种的亲和性好，适宜与品种一年四季不同季节的嫁接栽培。吸收水肥能力较强，秧蔓不易早衰。

金刚南瓜 是日本品种的杂交种。抗枯萎病、霜霉病及其他病害。耐高温、较耐低温，吸收水肥能力较弱。为多功能型、多亲和性的嫁接品种，既可嫁接黄瓜也可嫁接甜瓜和西瓜。嫁接后瓜的品质不受影响，种子发芽势略低于'刚力'，胚轴略细，但成活率高。适用于早春和夏、秋嫁接栽培。

改良新土佐一号 日本培育的耐高温嫁接专用品种。极适宜于夏季和秋延后栽培。该品种长势强，种子发芽势强，胚轴粗壮，易于嫁接，成活率高。抗病能力强，高抗枯萎病、疫病、霜露病。对白粉病的抵抗能力稍弱。

云龙一号 日本培育的嫁接黄瓜专用种。适应性广，亲和力极强。对土壤的适应性广，对酸碱度要求不严格。可在春、夏、秋季嫁接黄瓜。对温度的适应范围也较广，抗高温，耐低温。种子小，而且生长发育慢，但子叶叶绿厚实，长势健壮，胚轴细、腹腔空洞小，嫁接成活率低，秧蔓长势较旺，极少分枝。落花少，前期产量高。

黄金根　黄瓜嫁接专用杂交一代南瓜品种，籽粒颜色淡黄，专门用于越冬保护地及露地黄瓜嫁接。其发芽势强，出苗整齐。与黄瓜亲和力极强，胚轴粗细中等、空洞小、健壮，适合各种嫁接方式，嫁接成活率 95% 以上。根系庞大，可耐短时间极端温度，长势旺盛，后期不易早衰。对枯萎病等土传病害免疫，强健植株而高抗白粉病、霜霉病和疫病。可促进黄瓜提前坐瓜，不影响黄瓜品质。

中原冬生　不同于传统意义上的'黑籽南瓜'。表现为根系发达，直根系。种子小、扁平、卵形、白色，千粒重 110 克。茎秆粗壮，吸肥力强，枝叶不易徒长，下胚轴粗壮不易空心，有利于嫁接作业。嫁接亲和力好，嫁接成活率高。抗枯萎病和根腐病，生长势稳健，后期不早衰、结果率高而稳定，耐低温，耐湿，耐瘠薄。嫁接后品质风味不受影响，瓜条顺直，商品性好。

鼎盛　日本引进，杂交一代黄瓜专用嫁接砧木。该品种籽粒均匀，发芽势强，整齐一致，高抗枯萎病、黄萎病、青枯病等多种土传病害，抗病毒病、根结线虫病，抗重茬能力强。植株旺盛，根系庞大，吸水肥力强，耐低温、抗高温，亲和力、共生力极好，植株不歇秧、不封顶。越冬嫁接的黄瓜，能提升产量 30% 左右，采瓜期可达到 200 天以上。嫁接后黄瓜瓜条顺直、整齐、色泽油亮，无蜡粉，口感质脆，品质及商品性极佳。

ART-辉　日本琦玉原种育种公司 1997 年育成的南瓜一代杂种。为工厂化穴盘育苗专用品种。该砧木种子黑色，胚轴粗，子叶小，叶片厚，根系发达，根量多，断根后易生新根。

悠悠-辉黑型　由日本琦玉原种育种公司 1994 年育成。该砧木种子厚大，子叶较窄长且厚，呈水平展开不下垂，胚轴粗，髓腔小。靠接时，砧木比接穗晚播种 1～2 天。该砧木适合设施越冬栽培。

领班人　日本金子种苗公司 1997 年育成的南瓜一代杂种。该砧本的胚轴比同类品种粗，子叶厚大，亲和性好，适合各类黄瓜品种嫁接。嫁接苗定植后成活快，根再生能力强，扩展快，根系肥料利用率高，不易早衰，高产，瓜商品率高。抗枯萎病，适合各种栽培方式，低温期温室和露地也能生长。嫁接时砧木比接穗黄瓜早播 2 天。

共荣 台湾农友种苗公司育成的砧用南瓜。抗枯萎病，可以连作，嫁接亲和性良好，成活率高。低温生长性强，吸肥力强。嫁接后黄瓜生长发育和结果良好，对果实品质无不良影响。

壮士 台湾农友种苗公司新育成的砧木南瓜。属于中国南瓜，生长强健，根部抗枯萎病，适于作黄瓜、丝瓜等的砧木。壮士根系吸收肥水能力强，低温生长性强，可使嫁接黄瓜生长结果更佳。

（四）西葫芦砧木

1. 砧木应具备的条件

对土壤传播的病虫害要有较强的抗性，在低温的条件下能较强生长，能增强西葫芦植株的长势，并能长期维持不衰，亲和力强，吸肥力强，耐湿、耐干、耐热。

2. 砧木种类及品种选择

'黑籽南瓜'可作为西葫芦嫁接用砧木。现介绍几种常用的砧木品种（图 1-7）。

图1-7 西葫芦砧木

中原冬生 不同于传统意义上的'黑籽南瓜'。表现为根系发达，直根系。种子小、扁平、卵形、白色，千粒重110克。茎秆粗壮，吸肥力强，枝叶不易徒长，下胚轴粗壮不易空心，有利于嫁接作业。嫁接亲和力好，嫁接成活率高。抗枯萎病和根腐病，生长势稳健，后期不早衰、结果率高而稳定，耐低温，耐湿，耐瘠薄。嫁接后品质风味不受影响，瓜条顺直，商品性好。

大伟角瓜根砧 嫁接西葫芦杂交砧木F1，根系发达，长势旺，吸肥、吸水能力强，抗枯萎病等病害，抗寒耐热，耐重茬，易嫁接，成活率高，品质好，增产明显。一般采用靠接法、插接法。

（五）茄子砧木

1. 茄子砧木应具备的条件

茄子砧木应对土壤传染的病害有抗性，耐低温，吸肥力强，耐热，耐干，耐湿，能增强植株长势，并能长期维持。

日本从20世纪30年代开始，不断从国外引入抗病材料，从中选择和培育抗病砧木。到20世纪80年代初，选育出抗青枯病、枯萎病、黄萎病及根结线虫病的7个砧木。生产上多用'赤茄'和耐病'VF'，但它们不抗青枯病。'1号长茄'等虽较耐青枯病，但不耐湿，夏季栽培生长弱，易患缺镁病，'角茄'对青枯病的特定系统有强抗病性，耐枯萎病、耐湿，宜作水田砧木或适于夏季栽培用砧，但对黄萎病的抗性弱。因此，我国的茄子砧木多从日本引进，生产上多用'赤茄'。

2. 砧木的种类及品种选择

生产上使用的砧木有野生种、种间杂交种和共砧。这三种砧木经过改良，都具有一定的抗病虫害，但没有一种砧木能抵抗多种病虫害的能力。目前生产中使用的茄子砧木主要是从野生茄子筛选出来的，对四大土传病害只有高抗或免疫的品种。选择砧木时，还要注意接穗与砧木的嫁接亲和力与共生亲和力，要求选用两种亲和力都强的品种。因此，需结合其他措施如土壤消毒等，以防止病虫害的发生（图1-8）。

图1-8 茄子砧木

主要砧木品种简介如下。

托鲁巴姆 原产于美洲。该品种长势极强，根系发达，茎黄绿色，叶较大，茎及叶上有刺；花白色簇生，小果浅黄色，簇生于粗秆上；种子小，每千粒重仅为1克左右。成熟的种子有较强的休眠性，需经处理才能发芽。幼苗初期在低温下生长缓慢，有3～4片真叶后正常生长。嫁接成活率高，嫁接苗对4种土传病害可达到高抗或免疫的程度，同时还具有耐高温干旱、耐寒、耐湿、耐盐等特性。果实产量高，内在品质与自根苗无差异。

野生刺茄 该品种同时抗四大土传病害。植株长势旺，根系发达，耐涝性强。茎黄绿色较细，茎上刺较多，叶近圆形、绿色，花白色，小紧成熟时黄色，种子千粒重1.95克，种皮黄褐色，种子休眠性较强，幼苗前期长势缓慢，有3片真叶后生长同普通茄子，该品种抗黄萎病。嫁接成活率高，便于管理。果实品质好，总产值高，是北方保护地普遍采用的优良品种。

赤茄 抗茄子枯萎病，抗黄萎病，耐低温性能较好，是应用较早较广泛的砧木品种。该品种的根系发达，茎黑紫色，节间较短，茎及叶上有刺，果实扁圆形，鲜红色，种子较大且数目多，千粒重为3.5克。其栽培管理同普通茄子，与各种茄子进行嫁接时，嫁接亲和力、共生亲和力均较佳，易成活。嫁接苗长势旺，耐寒性强，果实品质好，前期产量及总产量均较高。嫁接时，需较接穗提前7天播种即可。

耐病 Vy 国外选育的杂交一代，主要抗黄萎病和枯萎病。植株根系发达，生长势盛，茎粗壮，叶片大，节间较长，种子易发芽，幼苗长势同普通茄子，嫁接成活率高，嫁接时只需比接穗提前 3 天播种即可。嫁接苗长势强，耐高温干旱，果实风味与自根苗无差异，前期产量较高。

野茄 2 号 也称'野绿 2 号''绿茄'。该砧木与茄子的亲和力较强，一般情况下，该砧木种子比接穗早播种 7 ~ 10 天即可。嫁接后的植株根系发达，生长势较强，可耐低温，且高抗黄萎病。该品种生长前期生长快，产量高，丰产性也好，是我国北方地区和'绿茄'栽培地区的主要品种。

台太郎（农林交台 2 号） 该品种是日本农林水产省蔬菜茶叶研究所 1995 年育成的。该砧木属于茄子栽培种，抗青枯病能力与'托鲁巴姆'相似，高抗黄萎病。发芽和幼苗生长良好，与接穗亲和性也较好，该砧木与接穗同步生长，容易嫁接，且适宜机器嫁接。该砧木嫁接茄子后，前期产量和总产量都高于'托鲁巴姆'嫁接苗，而且果形稍长，光泽鲜亮。但因其生长势稍差，应注意收获后的肥水管理，适合于茄子青枯病发生严重地区的夏秋季栽培。

虽然上述砧木嫁接后的植株都具有优良的经济性状，但各品种的抗病性有差异。因此，在生产中可根据当地的病害情况，选择适合的砧木。病多且重的地区可选择'托鲁巴姆'，但其种子发芽困难。应先催好芽，北方保护地栽培可选'赤茄'，以增强耐低温性能，提早上市。初次嫁接者，可选易成活便于管理的砧木，再逐步根据需要选择砧木。

（六）番茄砧木

1. 番茄砧木应具备的条件

番茄砧木应对土壤病虫害有抗性，耐低温能力强，砧木和接穗都应具有烟草花叶病毒（TMV）基因的嫁接组合，高产、品质稳定。

番茄的品种改良工作在国外是蔬菜中进行得最好的，育成的抗病虫品种已被广泛应用。育成的对地上地下部分病虫害有综合抗性的品种，现已投入生产。抗土壤病虫害的改良性工作仍跟不上生产发展的需要。

目前迫切需要用砧木防治的番茄病害有青枯病和褐色根腐病。青枯病在高温下易发生，褐色根腐病则相反，在低温条件下易发生，二者在同一栽培条件下很少同时发病。因此，砧木不需要具备同时抵抗这两种病害的能力。

日本番茄砧木主要有抗青枯病砧木和抗褐色根腐病砧木两种。抗青枯病砧木有'兴津101号'等。抗褐色根腐病的砧木有'KNVF'和'抗病新交1号'等，都是野生种与栽培品种的杂交一代，对青枯病无抗性，但对枯萎病、黄萎病、褐色根腐病、根线虫病等均有抗性。杂交优势表现明显，用这些砧木嫁接的植株，长势强，产量高，但畸形果多，优质品率低。

我国虽然番茄嫁接技术的引入较早，但对砧木的选择和选育的研究重视不够。目前所用砧木主要是从国外引进的成型品种。

2. 砧木的种类及品种选择

砧木品种必须具备根系发达，不定根少，茎基部木质化程度高，耐肥耐渍，较抗土传病害的特性。生产上常见的番茄砧木品种简介如下（图1-9）。

图1-9 番茄砧木

兴津 101 日本引进的番茄嫁接专用砧木，为杂交种。抗青枯病和枯萎病，早期幼苗生长速度慢，根系发达，抗病抗逆性强，但果实风味品质较差。不能作为生产品种栽培，只能作砧木。如采用劈接，需比接穗早播 5～7 天。

超甜 100 荷兰引进的樱桃番茄品种，根系发达，高抗病虫，茎秆粗壮，生长势极旺，适合周年生产，可作为大果型番茄嫁接的砧木。

早魁 该品种为我国早期抗病选育而成的早熟番茄种。因果形小，丰产性已逐渐衰退，但其抗病性好，早熟特性极佳，可作早熟栽培的砧木用。

LS-89 该品种主要抗番茄青枯病和枯萎病。早期幼苗生长速度中等，茎较粗，根系发达，生长势强，易嫁接，如采取劈接法。需比接穗早播 3～5 天。它适合于保护地及露地各种栽培方式。

耐病新交 1 号 为杂交种。抗枯萎病、黄萎病、褐色根腐病及根结线虫病。早期生长速度较慢，茎较细，生长势强、根系发达，吸肥力强。如采用劈接，需比接穗早播 7 天。为保护地专用型品种。

影武者 为杂交种，抗枯萎病、青枯病、黄萎病、根腐枯萎病、根结线虫病及病毒病，幼苗生长速度快，茎较粗，易嫁接。如劈接，只需比接穗早播 3 天左右，适合于保护地栽培。

安克特 为杂交种，抗枯萎病、青枯病、黄萎病、根结线虫病及病毒病，幼苗生长速度快，茎较粗，根系发达，吸肥力中等，生长势强，易嫁接，如劈接时，可与接穗同时播种或早播 3 天。适合于露地及保护地栽培。

斯库拉姆 为杂交种，抗根腐病、枯萎病、黄萎病、根结线虫病及病毒病，幼苗早期生长速度较慢，茎较细，吸肥力和生长势均较强。如采用劈接，需比接穗早播 7 天左右，为保护地专用型品种。

斯库拉姆 2 号 为杂交种，抗枯萎病、根腐病、黄萎病、根结线虫病及病毒病，幼苗生长较快，茎较粗，吸肥力中等，生长势较强，易嫁接。如劈接时，可与接穗同时播种或早播 3 天左右。该品种为保护地专用型品种。适合于晚熟番茄栽培。

服务员 1 号 日本坂田种苗公司 1998 年育成的番茄一代杂种。该砧木耐褐色根腐病和青枯病，抗番茄病毒病，抗枯萎病生理小种 1

和生理小种 2，抗根腐枯萎病、甘薯根结线虫。种子大，株型长势和根系大小与栽培种相近。但生育初期生长快，茎粗，易嫁接。耐肥，对土质适应性广，容易平衡生长势，栽培管理可同一般番茄。

磁石 日本坂田种苗公司 1999 年育成的番茄一代杂种。该砧木以耐褐色根腐病为主，兼抗甘薯根结线虫，抗枯萎病生理小种 1 和生理小种 2，抗根腐枯萎病、黄萎病、TMV，耐青枯病。种子较大，发芽整齐，特别是初期生长良好，胚轴粗。容易嫁接，生长势较强，不早衰，筋腐病和空果少，不降低口味。注意劈接时接穗要比砧木早播 1～2 天；因吸肥力强，基肥应比自根苗少些；在青枯病发生严重地区，若结合翻晒等土壤处理或土壤消毒，栽培效果会更好。

（七）辣椒砧木

常用砧木主要是从南美洲引进的野生辣椒品种，如台湾的 PFR-K64、PER-K64、LS279 品系，其特征特性是高抗土传病害，耐高温高湿；欧洲引进的抗病性强辣椒品种，如'塔基'品种，是辣椒嫁接栽培专用砧木，其特征特性是根系发达，植株茎部叶柄无毛，亲和力强，能增强植株抗逆能力，对根结线虫、疫病、根腐病、青枯病等有较强抗性。但是，不同地区应根据所预防的病害种类、栽培的季节来选择适宜的砧木品种（图 1-10）。

图 1-10 辣椒砧木

目前，国内生产上推广的较优良的辣椒砧木品种主要有：

兴津 101 该品种为杂交种，早期幼茎生长速度较慢，茎较细，但根系较为发达，抗病抗逆性较强，可抗番茄青枯病和枯萎病，但由于果实品质风味较差，一般不作为生产品种栽培。一般采用劈接法嫁接，砧木比接穗可早播种 5～7 天。嫁接成活后，吸肥力和长势较强。适于设施栽培和露地栽培。

影武者 该品种为杂交种，幼苗发育较快，茎秆较粗，易于嫁接，成活后的嫁接苗吸肥力中等，长势较强，可抗青枯病、根腐病、枯萎病、黄萎病、病毒病、根结线虫等。一般采用劈接法，砧木可比接穗早播种 3 天或者同期播种均可，适于设施栽培。

LS-89 该品种主要抗青枯病和枯萎病，早期幼苗生长速度中等，根系较为发达，茎较粗，易于嫁接。一般采用劈接法嫁接，砧木可比接穗早播种 3～5 天，成活后的嫁接苗根系较为发达，吸肥力和长势均较强，适于设施栽培和露地栽培。

耐病新交 1 号 该品种为杂交种。早期生长速度较慢，茎秆较细，但根系较为发达，长势较强，吸肥能力强。可抗枯萎病、黄萎病、褐色根腐病等。一般采用劈接法，砧木可比接穗早播种 7 天，一般作为设施栽培。

第三节　主要蔬菜嫁接的接穗品种

一、接穗的要求

接穗是栽培作物的地上部分，即栽培品种嫁接在砧木上的部分，用以生产果实，接穗品种需选择与砧木容易嫁接且亲和力强的品种。

接穗选择的原则：接穗选择的适当与否，直接关系到嫁接栽培的成败和经济效益。一般选择当地主栽的产量高、品质好、嫁接效果好的品种作接穗。

选择的接穗要与砧木有较高的嫁接亲和力和共生亲和力，一般接穗与砧木的亲缘关系越近，亲和力越强。

接穗要与砧木的抗性互补，若在重病地块种植一些易感染病的、品质优的常规品种，应选高抗砧木，着重控制土传病害的发生；若在少病的非重茬地块种一些抗病性的接穗品种，选择砧木时，应考虑发挥砧木多方面的优势，如耐低温、耐高温、耐旱、耐盐等。

另外，为便于嫁接，砧木接穗幼茎粗细应相近。番茄砧木'兴津101号'茎较细，而'LS-89'茎较粗，选择时应根据接穗品种幼茎粗细，使接穗、砧木幼茎粗细相匹配。

二、主要蔬菜的接穗品种

（一）甜瓜

甜瓜的品种多种多样。瓜形有扁圆、圆、长圆等，成熟的瓜皮颜色各种各样，有白色、黄色、橙黄、白绿、浓绿、黄褐等。而且在这各色的瓜中，有的品种还带有斑点和条纹，或者带有美丽的网纹。

甜瓜品种选用，与所用的栽培设施和季节茬口要相适应。特别注意其对温度、光照和湿度环境的要求。在长江三角洲和南方多雨地区栽培成功的厚皮甜瓜，多为中小型早中熟品种，一般选用日本和我国台湾比较耐湿的杂种一代，白皮、黄皮和网纹三个类型中的一些适应品种。薄皮甜瓜品种较多，其次是厚皮甜瓜与薄皮甜瓜的杂交一代品种。北方地区，则主要以厚皮甜瓜进行设施栽培为主。棚室栽培甜瓜，厚皮甜瓜宜选择颜色好、瓜形正、肉厚、甜多汁、耐运输的品种；薄厚皮中间型，则选择具有普通瓜的香味和厚皮甜瓜的清香味，含糖量高的品种；薄皮甜瓜型，宜选择早熟、风味香脆、抗病能力强的甜瓜品种。

露地和大棚栽培的品种有几个系群：

（1）王子系　王子系甜瓜目前在日本仍占据重要地位。品系的特点是早熟、高产、优质，作为3～5月早上市的甜瓜，超过其他许多品种。特别是经过嫁接的，或用激素处理促进着果的，瓜品质也不会降低。

（2）白皮系　瓜个比王子系稍大，肉质良、耐存放。

（3）黄皮系　瓜形扁圆、肉白色、口味佳，但存放期较短，代表品种有'伊丽莎白'等。

（4）网纹系　网纹系的甜瓜具有阿尔斯系的优美食味，以容易栽培为目标，已育成很多品种，在日本广为栽培。此品系对白粉病抗性强，对蔓割病的抗性也比较强。但用南瓜作砧木嫁接容易疯长，品质差，所以用自根砧栽培的居多。用冬瓜砧较为适合。

温室栽培：一年四季都能生产优质的甜瓜来满足人们的需求。在各个季节栽培的品种也有差异。温室生产通常采用厚皮甜瓜，如网纹甜瓜。

用作接穗主要甜瓜品种的简介，请参阅第三章第一节相应内容（图1-11）。

图1-11　甜瓜接穗

（二）西瓜

对接穗西瓜品种的选择，应根据各自的种植季节、栽培目的、地理条件、水肥基础和砧穗品种间的亲和性等进行选择，既要因地制宜，也要因人制宜。

对西瓜接穗品种的选择，若以在当地市场零售为目的，就要选择早熟优质的品种；若以远销为目的，就要选择耐贮运的高产品种，一般以中熟品种为主，如水肥条件差，就应选择生长旺盛，较为耐旱的品种，如水肥充足，就应选择较为耐湿的、容易坐果的品种。一般塑料大棚和秋季栽培，应选用早熟品种，地膜覆盖栽培，应选用中熟栽培品种，小拱棚覆盖栽培，可选用早熟栽培品种，也可选用中熟栽培品种。具体选什么，要根据不同的品种特性而定。

西瓜品种类型很多，按果实大小分，有大、中果类型和微型礼品果类型；按果实有无种子分为普通西瓜、少籽西瓜和无籽西瓜。西瓜嫁接栽培接穗的选择应根据栽培形式和栽培季节选择品质好、产量高、抗病性强的品种。

不同类型西瓜用作接穗主要优良品种的简介，请参阅第三章第二节相应内容。

（三）黄瓜

黄瓜按地区生态型，可分为华北生态型（密刺类型）和华南生态型（少刺或无刺类型）。华北生态型黄瓜，瓜条较细长，一般具有棱、瘤和刺，刺较密，一般为白刺，对光照反应不敏感，耐热性及抗白粉病、霜霉病能力较强，不耐干旱，为喜肥水充足的生态型。华南生态型黄瓜，瓜条较短粗，瓜表面较光滑，刺较少，一般为黑刺。

越冬茬选用'津优31号'等产量高、抗性强、宜嫁接、耐低温弱光的品种。延秋茬和早春茬温室和拱棚栽培的，选用'津优1号''津优2号'等形状好、耐高温、品质好的品种。越冬茬9月份播种育苗，延秋茬7月下旬直播，早春茬12月下旬播种。根据茬口和用途选择品种，若是出口鲜食或加工，还应注意目的地国家的消费需求。

黄瓜鲜食主要有华南型黄瓜、小黄瓜、华北型密刺型黄瓜、加工型乳黄瓜等。其中，无刺短黄瓜包括华南型黄瓜、日本黄瓜，主要分布在中国长江以南地区、东南亚、日本。该类型黄瓜果实长度中等，无棱，刺瘤稀，黑、白刺或无瘤、无刺，表面光滑。嫩果绿、绿白、黄白色，味淡。茎叶繁茂，要求温暖湿润气候，耐湿热，不耐干燥，对温度和日照长度比较敏感，是出口鲜食黄瓜的主要类型。无刺长黄瓜主要为欧型温室黄瓜，果形长，瓜长大于30厘米，横径3厘米左右。瓜色亮绿，果皮光滑少刺，瓜把短，成瓜性好，腔小肉厚，适于切片生食或做色拉凉菜。植株生长势强，茎叶繁茂，叶色深绿，分枝多，叶大，以主蔓结瓜为主，第一雌花着生节位低，雌花节率高，瓜码密，单性结实性强，耐低温弱光，适于温室栽培。小型黄瓜植株长势较强，多分枝，多花多果，早熟。瓜长 10～15 厘米，果面光滑，无瘤无刺，有微棱，皮色亮绿。不耐低温，不耐空气干燥，对叶部病害抗性较低。有刺黄瓜包括华北型黄瓜，主要分布于长江以北各省。嫩果棒状，大而细长，绿色，棱瘤明显，刺密，多白刺，皮薄。植株长势中等，抗病能力强，较能适应低温和高温，对日照长短反应不敏感。根系弱，不耐干旱，不耐移植。绝大多数刺瓜品种属此类型。

　　鲜食出口的黄瓜品种多为进口品种，主要有'壮瓜''戴多星''康德''萨格瑞'等。

　　不同类型不同用途的黄瓜，用作接穗主要优良品种的简介，请参阅第三章第三节相应内容（图 1-12）。

图1-12 黄瓜接穗

（四）西葫芦

西葫芦有矮生类型、半蔓生类型和蔓生三种类型。包括地方品种、引进品种和新选育品种。如'早青一代'等。

不同类型的西葫芦，用作接穗主要优良品种的简介，请参阅第三章第四节相应内容（图1-13）。

图1-13 西葫芦接穗

（五）茄子

茄子根据果实形状分为长茄、圆茄、线茄和卵圆茄子，应根据市场消费习惯选择相应品种。

选择茄子接穗品种时应考虑：茄子是适合长期栽培的蔬菜，肥培管理得当，能长期结果，因此要选用耐长期结果的品种。应选择具有早期丰产、高产特性的品种；在低温、寡照条件下产量不低，且能产优质果多的品种；果的皮色良好，有光泽，果个整齐，果皮软，肉质细嫩的品种（图1-14）。

不同类型的茄子，用作接穗主要优良品种的简介，请参阅第四章第一节相应内容。

图1-14 茄子接穗

（六）番茄

选择适合当地消费者的消费习惯，又适合季节栽培习性的番茄品种作接穗。

鲜食番茄，要求生长势旺盛，坐果率高，丰产性好，耐寒、耐热性强，抗病虫能力强。果实球形或扁球形，大红色，口味好，质地硬，耐运输，耐储藏；而且大小均匀一致，一般平均单果重180～250克；外形美观，商品性好，商品率达98%以上。樱桃番茄要求风味好，果实大小均匀，耐贮运。加工番茄，要求果实鲜红，茄红素含量高，可溶性固形物含量高，抗裂性好。胎座红色或粉红色，果实红熟一致，糖酸比合适，果胶物质含量高。棚室番茄以鲜食为主。

番茄分为有限生长（自封顶）及无限生长（非自封顶）两种类型。有限生长类型，植株主茎生长到一定节位后，花序封顶，主茎上果穗数增加受到限制，植株较矮，结果比较集中，多为早熟品种。这类品种具有较高的结实力及速熟性，生殖器官发育较快，叶片光合强度较高，生长期较短。果实颜色有红果和粉红果。无限生长类型，主茎顶端着生花序后，不断由侧芽代替主茎继续生长、结果，不封顶。这类品种生长期较长，植株高大，果形也较大，多为中、晚熟品种，产量较高，品质较好。果实颜色有红果、粉红果、黄果和白果等多种。

棚室栽培，春夏栽培选择耐低温弱光、果实发育快，在弱光和低温条件下容易坐果的早中熟品种，夏秋栽培选择抗病毒病、耐热的中晚熟品种。进行春连秋栽培时，应选择耐寒耐热力强、适应性和丰产性均较强的中晚熟番茄品种（图1-15）。

不同类型的番茄，用作接穗主要优良品种的简介，请参阅第四章第二节相应内容。

图1-15　番茄接穗

（七）辣椒

辣椒接穗的选择，根据辣椒消费市场和不同用途，同时结合当地消费者对辣椒颜色、形状及口味的要求，选择适宜的品种（图1-16）。

普通栽培的辣椒可分为五个类型：灯笼椒、长辣椒、簇生椒、圆锥椒和樱桃椒。灯笼椒植株高大，叶片肥厚，花大，果实大且呈灯笼形、柿子形和苹果形，味甜、微辣或无辣味。长辣椒植株高度中等稍微开张，果长如牛角或羊角形，味辣、微辣带甜或甜味，多为早中熟品种。簇生椒植株低矮丛生，茎细小而开展，果实簇生，辣味极强，可作为干辣椒栽培。圆锥椒植株低矮丛生，果实小呈圆锥形，辣味浓，南方栽培较多，以红干椒作调味品为主。樱桃椒植株小，叶片细小，果实小如樱桃，有红黄紫三色，辣味极强，可作为干椒或观赏椒栽培。

例如，鲜食消费，包括甜椒和辣椒，甜椒主要有青椒、红椒、黄椒、紫椒、白椒等。甜椒果形灯笼形，果大，高桩端正，四心室，果长 8 ～ 15 厘米，果面光亮，肉质脆，含水分大，果胎小，果柄粗。果肉厚 0.5 ～ 1.0 厘米，果色青色、深绿色、红色、金黄色、乳黄色、紫色、橘红色、棕色，便于长距离运输。辣味型辣椒，牛角形或羊角形，要求果形好，椒长 15 ～ 20 厘米。牛角形果肩径 3 ～ 5 厘米，三心室或二心室。羊角形果肩径 2 ～ 3 厘米，二心室。果实光亮，果直，肉厚，色泽诱人，果色以绿色为主，还有赤、橙、黄、乳黄、棕色等。辣味可以根据地方口味而定，辣椒的食用消费要注重消费市场的浓郁地方特色。在选择辣椒品种作为调味品消费或加工工业用原料时，宜根据其要求选用适宜类型品种。

国内优良辣椒接穗品种的简介，请参阅第四章第三节相应内容。

图1-16　辣椒接穗

第二章
蔬菜嫁接方法与关键技术

第一节　蔬菜嫁接的方法

一、蔬菜嫁接方法及其分类

（一）常见的蔬菜嫁接方法分类

常见的蔬菜嫁接主要是依据嫁接位置，嫁接时是否带有根系及砧穗结合方式三类，并派生出多种嫁接方法。

1. 根据嫁接位置的分类

按照蔬菜在砧木苗茎上的嫁接位置不同，可分为顶端嫁接法和上部嫁接法两种，以顶端嫁接法应用比较普遍。顶端嫁接法是将蔬菜接穗嫁接到砧木的顶端，嫁接位置高，其苗茎上不容易产生不定根，防病效果好，防病嫁接大多采用此种嫁接法，同时顶端嫁接法的蔬菜苗接穗位于砧木苗茎的顶端，一般其苗穗的生长比较旺盛，并易于培育壮苗。上部嫁接是将蔬菜接穗嫁接到砧木的中上部，嫁接部位较顶端嫁接要低，甚至靠近地面，防病效果不如前者，但嫁接部位苗茎粗壮，易于进行嫁接操作，主要用于非防病嫁接栽培中。

2. 根据嫁接时是否带根的分类

按照蔬菜嫁接时是否带根，可分为蔬菜不断根嫁接法、蔬菜断根嫁接法以及蔬菜和砧木共同断根嫁接法（也叫砧木去根扦插法）三种，其中前两种较为常用。

3. 根据砧穗接合方式的分类

按照蔬菜与砧木的接合方式不同，可分为靠接法、插接法、劈接法、对接法和贴接法等几种（图2-1），其中常用的是靠接法、插接法和劈接法。

图2-1　嫁接靠接法、插接法、劈接法、贴接法

（二）常见的蔬菜嫁接方法

1. 顶端嫁接法

顶端嫁接法是指蔬菜嫁接在砧木苗茎顶端的嫁接方法。

顶端嫁接法的主要优点：蔬菜苗穗位置较高，距离地面较远，其苗茎上不容易产生不定根，同时蔬菜的苗茎也不容易被土壤所污染，因此嫁接苗的防病效果比较好；另外，采用该法嫁接的蔬菜苗穗位于砧木苗茎的顶端，受顶端优势效应的影响，蔬菜苗穗的生长比较旺盛，易于培育壮苗。

顶端嫁接法的主要缺点：对蔬菜苗和砧木苗的大小要求比较严格。蔬菜苗或砧木苗过大或过小时，均不利于嫁接苗的正常成活和培育壮苗；另外，采用该嫁接法常因砧木苗茎的顶端部分较细，不容易进行嫁接操作，对嫁接技术要求也比较严格。

顶端嫁接法是目前应用范围最广的蔬菜嫁接方法，主要应用于以防病为主的蔬菜嫁接，是西瓜、甜瓜、茄子和番茄等蔬菜的主要嫁接方法。

2. 上部嫁接法

上部嫁接法是指蔬菜嫁接在砧木苗茎上部的嫁接方法。

该嫁接法的主要优点：砧木苗茎的嫁接部位较粗，有利于嫁接操作，嫁接的速度快，工效也较高。

该嫁接法存在的主要不足：①嫁接苗的防病效果较差。由于采用该法嫁接的蔬菜嫁接位置偏低，距离地面较近，蔬菜苗茎较容易遭受土壤污染，易产生不定根感染病菌，其嫁接苗的防病效果不如顶端嫁接法好。②用苗茎有空腔的砧木嫁接蔬菜时，不容易培育壮苗。因该嫁接法的砧木嫁接部位较靠下，该部位的空腔也相对较大，因受苗茎空腔的影响，蔬菜与砧木间的实际接合面积减少，对培育壮苗不利。

上部嫁接法由于其嫁接苗的防病效果较差、嫁接苗的壮苗率不易掌握等原因，目前生产上应用较少，主要应用于不以防病为主的蔬菜嫁接。

3. 蔬菜不断根嫁接法

蔬菜不断根嫁接法是指蔬菜带根嫁接到砧木上的嫁接方法。该嫁接法或是蔬菜先起苗嫁接，嫁接后再把根栽到地里；或是于嫁接前先把蔬菜播种或移植到砧木旁，两苗长大后再进行嫁接。该嫁接法的嫁接苗成活后，要从接口下把蔬菜的苗茎切断，使蔬菜苗与砧木苗进行共生。

该嫁接法的主要优点：嫁接苗在成活期间，蔬菜苗可以直接从土壤中吸收水分，不容易发生萎蔫，较容易成活。因此，嫁接苗的成活率比较高，对嫁接苗床的管理要求也不是很严格，较容易被菜农所接受。

该嫁接法的主要缺点：嫁接前播种（或移栽）或嫁接后栽苗以及嫁接苗成活后的切根处理等工作较麻烦，也比较费工，嫁接工效比较低；另外，该法嫁接苗的蔬菜切断根茎后，往往要在接口下残留一段苗茎，由于该段苗茎上较容易长出不定根感染病菌，也较容易遭受到土壤的污染，因此该法嫁接苗的防病效果不十分理想。

蔬菜不断根嫁接法容易操作且对嫁接苗的管理技术要求不十分严格，较受农民的喜爱。目前该嫁接法的应用规模比较大，主要应用于以增强蔬菜的生长势、增强蔬菜的抗寒性或耐旱性等为主的蔬菜嫁接。

4. 蔬菜断根嫁接法

蔬菜断根嫁接法是指将蔬菜去掉根部后再嫁接到砧木上的嫁接方法。

蔬菜断根嫁接法易于进行嫁接操作，没有带根嫁接法日后断根麻烦的问题，也避免了残留的茎茬上产生不定根和根部带土对茎叶的污染发生，嫁接苗的防病效果比较好。但是，该嫁接法由于蔬菜不带根，在嫁接苗的成活期间，蔬菜苗穗不能直接从土壤中吸收水分，只能从砧木的切面上吸收水分，当环境不良时，极容易发生萎蔫，从而降低成活率，故对嫁接苗的管理要求较为严格，嫁接育苗的风险性比较大。

蔬菜断根嫁接法是蔬菜的重要嫁接方法之一，应用的蔬菜范围很广，只要管理措施得当，所有的蔬菜都可采用此法进行嫁接。不过由于蔬菜断根嫁接法对嫁接技术和嫁接苗的管理技术要求比较严格以及育苗的风险性也比较大等原因，目前该嫁接法主要应用于以防病为主的蔬菜嫁接，在非防病嫁接中，其应用相对较少。

5. 靠接法

靠接法（视频2-1）是将蔬菜与砧木的苗茎靠在一起，两株苗通过苗茎上的切口互相咬合而形成一株嫁接苗的嫁接法。

视频2-1 靠接

靠接法嫁接过程一般分为蔬菜苗茎削切、砧木去心和苗茎削切、蔬菜和砧木的苗茎切口接合以及固定接口等几道工序。根据嫁接时蔬菜和砧木离地与否，靠接法可分为砧木离地靠接、砧木不离地靠接以及蔬菜和砧木原地靠接三种靠接形式；根据蔬菜与砧木的接合位置不同，靠接法又分为顶端靠接和上部靠接两种靠接形式。

靠接法的主要优点是：①嫁接苗的成活率比较高。靠接法属于蔬菜带根嫁接法，蔬菜苗不容易失水萎蔫，嫁接苗容易成活，成活率比较高，一般成活率在80%以上。②嫁接苗容易管理，管理要求不严格。由于蔬菜苗带有自根，在嫁接苗成活期间，蔬菜苗能够自己从土壤中吸收水分，不容易发生萎蔫，对育苗环境变化的反应不甚敏感，容易管理，对苗床的管理要求不严格。③嫁接技术要求不严格，容易掌握。

靠接法的主要缺点是：①费工费时，嫁接工效较低。靠接法从起苗到嫁接结束需要的工序比较多，费工费时，嫁接工效比较低，通常一般人员的日嫁接苗数只有500株左右。②嫁接苗的防病效果比较差。由于靠接苗的蔬菜嫁接位置偏低以及蔬菜切断苗茎后留茬太长等原因，蔬菜苗茎上容易产生不定根，易遭受土壤污染，嫁接苗继续感染病菌发病的风险大，防病效果不理想。在发病较严重的地块上用靠接苗进行栽培时，其发病率仍较高，若其他防病措施跟不上，则防病效果差。③嫁接苗容易从接口处发生折断和劈裂，使植株受到伤害。靠接苗由于蔬菜和砧木苗茎的切口较深，嫁接苗较容易从苗茎的结合处发生折断或劈裂，造成死苗。

由于靠接法嫁接苗的防病效果较差，一般不应用于以防病为主要目的嫁接栽培。就目前的应用情况来看，靠接法主要应用于黄瓜、丝瓜、西葫芦等蔬菜的冬季温室嫁接栽培，其主要目的是增强蔬菜在低温期的生长势，提高蔬菜的抗寒能力。

常见几种靠接法的操作与优缺点，简介如下。

（1）砧木离地靠接法　砧木离地靠接法是把砧木苗与蔬菜苗从地里起出，靠接结束后，再把嫁接苗栽入育苗床内。根据嫁接时砧木苗是否断根，该嫁接法又分为普通靠接法和扦插靠接法两种。

砧木离地靠接法的主要优点：易于进行嫁接操作，嫁接速度快，工效较高；该法较容易掌握嫁接质量，有利于培育壮苗。

该嫁接法的主要缺点：蔬菜和砧木都进行离地嫁接，根系受到伤害后，不利于嫁接苗在成活期间的正常吸水，在嫁接苗成活期间，如果苗床的环境控制不好，会导致嫁接苗失水萎蔫，降低成活率，尤其以扦插靠接法表现得最为明显。

（2）砧木不离地靠接法　砧木不离地靠接法是指砧木带钵或原地进行嫁接的靠接法。在该嫁接法中，蔬菜苗要从苗床中连根起出，待嫁接结束后再重新栽入地里，故又称为蔬菜离地靠接法。

砧木不离地靠接法的主要优点：蔬菜苗易于进行削切，嫁接操作比较灵活，有利于提高嫁接质量；另外，该嫁接法的砧木苗不伤根，根系的吸水能力强，有助于嫁接苗成活，嫁接苗的成活率比较高。

该嫁接法的主要缺点：砧木的嫁接操作不方便，嫁接工效较低；该嫁接法中的蔬菜苗从地里拔出再栽于地里后，需要重新生根缓苗，而缓苗期正值嫁接苗的成活期，在环境控制不良时，易造成嫁接苗枯死，因此该法嫁接苗的成活率不如蔬菜和砧木原地靠接法的高。

该嫁接法主要应用于一些嫁接育苗技术落后、育苗条件较差的地方。

（3）蔬菜和砧木原地靠接法　蔬菜和砧木原地靠接法是把蔬菜和砧木先播种于同一育苗钵内或同一播种穴内，或于嫁接前先把蔬菜苗和砧木苗移栽到一起，嫁接时再把两株邻近的苗靠接到一起。

蔬菜和砧木原地靠接法的主要优点：在整个嫁接过程中，蔬菜和砧木不伤根，根系保持完整，吸收能力强，嫁接苗不容易发生萎蔫，成活率较高。

该嫁接法的主要缺点：嫁接操作不方便，较为费工，嫁接工效比较低。

蔬菜和砧木原地靠接法因对嫁接操作的技术要求不严格、嫁接苗容易管理且成活率也较高等原因，较受广大菜农的喜欢，特别是在一些新菜区，该法的应用较为普遍。

（4）顶端靠接法　又叫单子叶靠接法，是先将砧木的生长点连同一片子叶从叶片基部切除，然后再从被切除子叶的一侧向下斜切口，把蔬菜靠接到砧木苗茎的顶端切口上。

顶端靠接法除了具有一般靠接法的优点外，还具有一般顶端嫁接法的优点，不仅嫁接苗的成活率容易掌握，而且嫁接质量较易把握，有利于培育壮苗。不过该靠接法存在着嫁接工效较低、砧木苗带叶少而不利于其早期根系生长等缺点。

与普通靠接法相比较，顶端靠接法目前应用较少。

（5）上部靠接法　也称腹部靠接法（或简称腹接法），该嫁接法中的蔬菜苗靠接在砧木苗茎的上部。该靠接法的主要优点是：砧木嫁接部位处的苗茎较粗，易于削切接面和进行嫁接操作，对嫁接技术要求不很严格，有利于提高嫁接工效和嫁接质量。该靠接法的主要缺点：由于蔬菜的嫁接位置偏低以及蔬菜苗茎上容易发生不定根，易遭受土壤病菌的侵染，嫁接苗的防病效果较差。

上部靠接法目前主要应用于黄瓜、丝瓜和西葫芦等蔬菜的非防病嫁接栽培，应用规模比较大，在防病嫁接栽培中该靠接法应用得比较少。

6. 插接法

插接法是用竹签或金属签等在砧木苗茎的顶端或上部插孔，把削好的蔬菜苗茎插入插孔内而组成一株嫁接苗的嫁接方法。

插接法的嫁接过程可分为砧木苗去心和插孔、蔬菜削切、蔬菜和砧木插接四个环节。

根据蔬菜苗穗在砧木苗茎上的插接位置不同，插接法分为顶端插接和上部插接两种形式。

与靠接法相比较，插接法的主要优点为：①嫁接工效比较高。插接法的操作工序少，简单省事，嫁接工效比较高，通常一般人员平均每天可插接 800 ～ 1000 株苗。②嫁接苗不容易发生劈裂、折断等现象。该嫁接法由于不在砧木苗茎上切口，嫁接部位不易发生劈裂和折断，蔬菜和砧木间的接合比较牢固。③有利于培育壮苗。插接法的砧木苗茎插孔比较深，一般斜穿整个苗茎，蔬菜与砧木的接触面的截面积较大，有利于培育壮苗。④插接苗的防病效果比较好。插接法大多为顶端嫁接，蔬菜苗穗距离地面比较远，不易遭受土壤的污染，嫁接苗的避病效果比较好。另外，对苗茎有空腔的蔬菜来讲，由于苗茎的顶端相对较细，空腔也较小，不利于蔬菜接穗在砧木苗茎内产生不定根，有利于确保插接苗的防病效果。

插接法的主要缺点：该嫁接法属于蔬菜断根嫁接，蔬菜苗接穗对干燥、缺水以及高温的反应较为敏感，嫁接苗的成活率高低受气候和管理水平的影响很大，不容易掌握。

插接法主要适用于蔬菜防病嫁接栽培。在非防病的嫁接栽培中，由于该嫁接法的嫁接技术和插接苗的管理技术要求均比较严格，应用得相对较少。

（1）顶端插接法　顶端插接法也叫普通插接法，是把蔬菜苗穗从砧木苗茎的顶端插入砧木苗茎内的一种插接方法。

顶端插接法的主要优点：蔬菜苗穗距地面远，与地面的隔离效果也最好，在防止蔬菜苗茎上产生不定根以及减少土壤对蔬菜苗穗污染等方面，效果比较明显，故其防病效果好。

顶端插接法的主要缺点：砧木苗茎的顶端较细，插孔的大小有限，对蔬菜苗穗的大小要求比较严格，适宜嫁接的时期比较短。

顶端插接法是目前应用最为普遍的插接方法，应用的范围很广，几乎所有的蔬菜都可以选用此法进行嫁接栽培。

（2）上部插接法　上部插接法是在砧木苗茎的上部插孔来插接蔬菜。

根据蔬菜苗穗在砧木苗茎上的插入角度不同，上部插接法又分为水平插接和斜插接两种形式，应用较多的是水平插接法。

上部插接法的主要优点：砧木苗茎的插接处比较粗，适宜插大孔进行大苗嫁接。

上部插接法的主要缺点：蔬菜苗穗容易从砧木上脱落，易因蔬菜苗茎弯曲生长而形成弯茎苗。

上部插接法目前应用得比较少，主要应用于一些特殊情况下的嫁接。例如，水平插接法多用于苗茎较粗或苗茎已出现空腔的大砧木苗嫁接，斜插接法则多用于砧木苗茎较细或蔬菜苗茎较标准要求稍粗情况下的嫁接。

7. 劈接法

劈接法（视频 2-2）也叫切接法。该法是将砧木苗去掉心叶和生长点后，用刀片由苗茎的顶端纵向将苗茎劈一切口，再把削好的蔬菜苗穗插入并固定好形成嫁接苗。

视频 2-2 劈接

根据砧木苗茎的劈口宽度不同，将劈接法分为半劈接和全劈接两种方法。

半劈接法适用于砧木苗茎较粗而蔬菜苗茎相对较细的嫁接组合，其砧木苗茎的切口宽度一般只有苗茎粗的 1/2 左右；全劈接法较适用于砧木与蔬菜苗茎粗细相近或砧木苗茎稍粗一些的嫁接组合，该方法是将整个苗茎纵切开一道口。

劈接法的主要优点：①嫁接苗的防病效果较好。劈接法属于顶端嫁接，属于蔬菜离地嫁接，蔬菜苗穗离地面较高，接合部位处不留下多余的断茎，不容易遭受土壤污染，不易出现因蔬菜苗茎上产生不定根而使嫁接苗丧失嫁接作用等现象，嫁接苗的防病效果比较好。②嫁接技术简单、易学。劈接法属于蔬菜断根嫁接，容易进行嫁接操作，嫁接质量容易掌握。

劈接法的主要缺点：①嫁接操作复杂、工效较低。劈接法从起苗到嫁接结束需要经过起苗、砧木苗去心和劈口、蔬菜苗茎削切、接合、接口固定等一系列工序，嫁接操作比较麻烦，费工费时，工效较低，一般人员每日人均嫁接苗只有 500 ～ 800 株。②嫁接苗的管理技术要求较严格，成活率不易掌握。由于劈接属于蔬菜断根嫁接，嫁接苗成活期间对苗床的环境要求较为严格，当因气候或管理措施不当而使苗床的环境产生不良影响时，蔬菜苗穗极容易枯死，因此劈接苗的成活率不容易掌握。③劈接苗的接口处容易发生劈裂。由于劈接苗的砧木苗茎劈口较深，在管理过程中，常常会因操作不当或风吹等原因而使嫁接苗从接口处发生劈裂，因此劈接苗对其苗床管理和定植后的田间管理要求较为严格。

与靠接法和插接法相比较，劈接法的应用规模较小。劈接法主要应用于苗茎实心的砧木嫁接，以茄子、番茄等茄科蔬菜应用较多，在苗茎空心的瓜类蔬菜上应用较少。

8. 靠劈接法

靠劈接法属于靠接法和劈接法的中间嫁接法，该嫁接法是按劈接法操作要求削切砧木苗茎（如果砧木为子叶苗还要切除 1 片子叶），参照普通靠接法的要求播种或移栽蔬菜，并按靠接法要求削切接口，然后按劈接法的做法把蔬菜和砧木的接口对齐、插好，并用夹子固定住。

靠劈接法较好地综合靠接法和劈接法的优点，既有利于提高嫁接苗的成活率，也有利于增强嫁接苗的防病效果。但靠劈接法同时兼有靠接法和劈接法的缺点。

靠劈接法较适用于以防病为主的蔬菜嫁接，凡适合于进行劈接的蔬菜均可采取此法进行嫁接，其应用不广。

9. 贴接法

视频 2-3 贴接

贴接法（视频 2-3）也叫贴芽接法。操作时，将蔬菜苗切去根部，只保留一小段下胚轴（下胚轴即幼苗子叶以下的苗茎部分），或者是从一段枝蔓上以腋芽为单位切取枝段，用刀片把砧木苗从顶端斜削一切面后，把蔬菜苗穗或枝段的切面贴接到砧木的切面上，固定后形成嫁接苗。

与其他嫁接方法相比较，贴接法比较容易进行嫁接操作，且嫁接质量也容易掌握。但由于该嫁接法属于蔬菜离地嫁接，蔬菜苗穗容易发生萎蔫，嫁接苗的管理要求较为严格，嫁接苗的成活率不易掌握。另外，该法嫁接苗及嫁接株易自接口处发生劈裂或折断。

贴接法比较适用于苗茎较粗或苗穗较大的蔬菜嫁接，目前主要应用于从大苗以及植株的枝蔓上切取芽来进行的嫁接。

10. 对接法

对接法是把砧木和蔬菜的苗茎从要结合的部位水平切断，而后用一连接柱插入蔬菜和砧木的苗茎内，使蔬菜与砧木的苗茎切面对紧、对齐，形成嫁接苗的方法。

与其他嫁接法相比较，对接法的嫁接操作方便、简单，工效比较高。但该嫁接法的蔬菜和砧木的苗茎贴合面积小，且蔬菜又属于断根嫁接，蔬菜苗容易因供水不足而发生萎蔫，因此，嫁接苗的成活率不易掌握。

对接法来自日本，作为一项全新的嫁接技术，目前在国内尚处于示范应用阶段。由于该嫁接法对蔬菜和砧木苗茎的切口技术以及对嫁接苗的管理技术要求比较严格，嫁接苗的成活率不易掌握以及该嫁接法需要专门的连接柱等原因，估计该技术的应用前景不会很乐观。

国内目前采用的针式嫁接法属于此类。操作时，采用断面为六角形、长 1.5 厘米的针，将接穗和砧木连接起来。嫁接针由陶瓷或硬质塑料制成，在植株体内不影响植株的生长。作业工具为两面刀片和插针器。注意砧木和接穗的切面对严，并保持嫁接苗呈直线状态。采用针式嫁接法时，茄果类蔬菜准备嫁接苗应稍大些，一般按接穗苗 2.5 片真叶左右，砧木苗 3.0 ～ 3.5 片真叶为宜。针式嫁接法所用刀片和嫁接针及插针器要严格消毒，刀片要非常锋利，切时要一次完成成形，嫁接速度越快越好。

11. 中间砧嫁接法

中间砧嫁接法也叫两段嫁接法。该嫁接法是利用两种砧木来嫁接一种蔬菜，其嫁接苗的组合形式为：根砧＋中间砧＋蔬菜。

中间砧嫁接法所用的根砧为抗病性或其他某一方面表现十分突出的砧木，根砧的这一个或几个优点为蔬菜所必需但其本身缺乏的，可是该根砧对蔬菜的生长势或果实的商品性状却影响不良，一般表现为嫁接植株徒长或果实畸形、品质变劣等。中间砧属于与蔬菜嫁接后，不改变蔬菜的生长势或果实的商品性状，或者是改变很小，不足以影响蔬菜生产的一类砧木，但该类砧木却缺少蔬菜所需要的抗病性或其他的优良性状。因此，把根砧与中间砧进行嫁接后再嫁接蔬菜，就可以充分利用根砧和中间砧的优点，获得满意的嫁接效果。

该嫁接法的主要缺点：对蔬菜和砧木的播种期以及育苗管理的要

求比较严格。嫁接操作工序较多，嫁接历时比较长，较为费工费事。对嫁接操作技术和嫁接苗管理技术的要求比较严格，技术性强，不易推广。嫁接苗的成活率不容易把握，育苗的风险性比较大。

中间砧嫁接法是较为理想的嫁接方法，较适用于单株结果数量较少、果实较大、市场对果实的品质要求又比较严格的一类蔬菜嫁接。目前该嫁接法在国外（特别是日本）应用较多，国内因其嫁接操作比较繁琐、对嫁接苗的管理要求以及对蔬菜和砧木的播种期要求较为严格而较少应用。

二、嫁接对环境条件的要求

1. 温度

适宜的环境温度不仅便于操作，也有利于伤口愈合。一般嫁接场所的温度以 20 ～ 25℃为宜。

2. 湿度

为防止嫁接切削过程中幼苗失水萎蔫，嫁接环境的空气湿度要大，甚至以达到饱和状态为宜。

3. 光照

为防止强光直晒秧苗导致萎蔫，嫁接场所应采用遮光物遮光。

4. 嫁接工作环境

嫁接操作场所的环境宜保持安静整洁和无风，这样的环境不仅便于操作，也有利于提高嫁接质量和嫁接效率。

三、嫁接时应注意的事项

（一）接穗切削面的形式及要求

1. 楔面形式

蔬菜的嫁接方法很多，但是接穗楔面的形式主要有以下3种（图2-2）。

（1）舌形楔　主要用于蔬菜的靠接法（舌靠接）。在瓜类下胚轴、茄果类第一片真叶的上部，用刀片斜切入茎（与茎轴呈 30°～40°角），切口深度为茎横切面的 3/5 至 2/3，形成像舌一样的楔。

（2）单面楔　主要用于斜切接（贴接）、腹插接。斜面长度因嫁接方法而异，茄果类长 1～1.5 厘米，瓜类长 0.8～1 厘米，斜角为 30°～40°。

（3）双面楔　主要用于劈接、斜插接（顶插接）、水平插接等嫁接法。在幼茎自上而下削成双斜面，茄果类斜面长 1～1.5 厘米，瓜类插接的斜面长 0.6～0.7 厘米，斜角为 30°。

(a) 舌形楔

(b) 单面楔

(c) 双面楔

图 2-2　嫁接切削面

2. 楔面的要求

（1）接穗削面要有适宜的角度，一般为 30°　斜角越大，楔面越短，插入砧木切口时接触面越小，且不稳固，易被挤出而影响愈合成活。斜角越小，楔面越长，插入砧木切口时因楔面薄而不易插下，也影响愈合成活。

（2）楔面要平，先端要齐　接穗的楔面平，先端齐，才能与砧木的切口紧密结合。楔面不平，或先端不齐，插入切口后会有空隙，影响愈合成活。

（3）双楔面斜面相等　双楔面的两个斜面长度必须相等。如斜面长短不等，插入砧木的切口后，有一侧与切口相齐，另一侧必然会过长或过短，影响接穗与砧木的愈合成活。

（二）嫁接时其他注意事项

1. 嫁接时间

冬春寒冷季节嫁接时，最好选晴天早晨嫁接，因为早晨空气湿度大，不易萎蔫，嫁接后幼苗经历中午的温暖条件，有利于接口愈合。千万不要在阴冷天气或冷空气到来之前嫁接，否则温度低，影响成活率。夏天嫁接，则最好选在阴天或傍晚嫁接，以免幼苗萎蔫死亡。

2. 嫁接用具和秧苗

嫁接用具和秧苗要保持干净。刀片要清洁，夹子、竹签要洗净、消毒。秧苗要小心取放，谨防沾上泥土，特别是切口部位，如沾上泥土，应放入清水中漂洗干净。嫁接刀具等的消毒，可采用70%的酒精棉球。切削好的接穗不要放置太久，以免萎蔫。

3. 嫁接操作

嫁接动作要稳、准、快。不论采用哪种嫁接方法，在削接穗、劈（插、切）砧木及穗砧接合的过程中，都要求动作迅速、稳固、准确。避免重复下刀，影响质量。

4. 嫁接后的临时处理

一般情况下，嫁接后要及时遮阴，防止萎蔫。如在清晨、傍晚阳光较弱时或阴天时嫁接，可不必遮阴。若在晴天或直射光较强时嫁接，要事先遮阴。嫁接完毕，应立即移入保湿防晒的拱棚中。低温期应铺设地热线，以利于增温。

第二节　蔬菜嫁接育苗的准备

一、培育嫁接用苗

（一）嫁接育苗的方式

目前主要的蔬菜育苗主要有露地育苗、增温育苗、降温育苗、无土育苗、穴盘育苗等。其中，前三种育苗方式目前应用最为普遍，随着生产水平和技术经济水平的发展，后两种育苗方式在生产上应用逐步扩大。从理论上讲，几种育苗方法均可应用于蔬菜嫁接育苗。

1. 露地育苗

露地育苗是在露地设置苗床直接培育秧苗的育苗形式。一般在自然环境条件适合于蔬菜种子萌发和幼苗生长的季节（一般为春、秋两季）进行播种和秧苗的管理，其方法简便，苗龄一般较短，育苗成本低，适于大面积的蔬菜育苗；所用设施简单，最多是进行简易的覆盖。这种育苗形式不能人为地控制或改变育苗过程中所处的环境条件，同时也易遭受自然灾害影响。露地育苗的蔬菜种类主要是栽培面积较大、种子发芽或幼苗生长对环境条件的适应能力较强的白菜、甘蓝、芥菜、菠菜、芹菜、莴苣等叶菜类蔬菜，以及部分豆类和葱蒜类蔬菜（图2-3）。

2. 增温育苗

增温育苗一般是指采用人为的措施利用某些设施或材料对苗床进行保温或增温，提高苗床温度，培育蔬菜秧苗的育苗形式。常见的增温育苗有阳畦冷床育苗、酿热温床育苗、电热温床育苗、塑料棚多层覆盖育苗和温室育苗等，不同程度地调控育苗环境的温度，使苗床内的温度适当高于外界的温度、基本满足秧苗生长的需要。增温育苗一般是在较寒冷的季节或低温季节进行，冬季培育春季栽培的喜温蔬菜秧苗，如番茄、茄子、辣（甜）椒、黄瓜、西瓜、甜瓜、西葫芦等，可根据育苗计划进行嫁接育苗。

图 2-3　露地育苗

3. 降温育苗

降温育苗是指利用某些设施或一定的手段降低育苗环境的温度，改善局部小气候，培育蔬菜秧苗的一种育苗形式。在我国，降温育苗主要是夏秋高温季节的一种主要育苗形式，遮阴后培育秋冬蔬菜的秧苗，解决秋冬蔬菜在高温气候条件下发芽不良、生长发育不正常的难题，并可提前播种，减缓 9～10 月份的蔬菜供应淡季。

4. 无土育苗

无土育苗又称营养液育苗，是指用配制的无机营养液在特定的容器内培养蔬菜幼苗的育苗形式。可采用理化性质良好的固体材料作为育苗的基质，可直接采用营养液水培的方法。一般的单位和个人通常可采用基质育苗。

无土育苗的优点是育苗基质通气性好，养分、水分供应充足，幼苗生长速度比用床土育苗快，根系发达，有利于缩短苗龄；易实现蔬菜育苗的科学化、标准化管理，选好育苗基质和营养液的配方，加上温度、光照等环境条件的人工控制及调节，配合必要的自动化、机械化设施，有利于实现工厂化育苗；蔬菜秧苗根部无土，便于远距离运输、节省劳力，而且根系几乎无损伤，秧苗的成活率高，能连续、成批培育蔬菜商品苗。

采用无土育苗方式进行嫁接育苗，与传统无土育苗相比，通常以基质替代土壤，同时要特别注意砧木品种和接穗品种的适期播种、适期嫁接和嫁接期间的环境管理（图 2-4）。

图 2-4 无土育苗

5. 穴盘育苗

蔬菜穴盘育苗是利用先进的设施、设备和管理技术，将幼苗的不同生长阶段放置在人工控制的最优环境里，充分发挥幼苗的潜力，快速、高质量地培育出优质壮苗的一种工厂化育苗方式。任何一种可以育苗移栽的蔬菜均可采用穴盘育苗的方式，特别适合根系较弱、再生能力差、苗龄短的蔬菜秧苗。

穴盘育苗是现代蔬菜花卉等育苗技术发展到较高层次的一种育苗方法，在人工控制的最佳环境条件下，采用科学化、标准化技术措施，运用机械化、自动化手段，使蔬菜等育苗实现快速、优质、高效率的大规模生产。

　　穴盘育苗因其设施档次高、自动化程度高，通常具有自动控温、控湿、通风装置的现代化温室或大棚，棚室空间大，适于机械化操作，配备自动滴灌、喷水、喷药等设备，并且从基质消毒（或种子处理）至出苗是程序化的自动流水线作业，通常有自动控温的催芽室、幼苗绿化室等，进行蔬菜嫁接育苗，需要注意砧木品种和接穗品种的适期播种、嫁接时间和嫁接方式（人工嫁接或机械嫁接）以及嫁接期间的环境管理（图 2-5）。

图 2-5　穴盘育苗

（二）育苗床的建造

　　育苗床的主要作用是培育嫁接用苗和嫁接苗。蔬菜嫁接育苗对育苗床的要求比普通育苗严格，一般要求育苗床必须与嫁接方法相适应（图 2-6）。

图 2-6　苗床

1. 苗床类型

适合蔬菜嫁接育苗用的苗床有高畦面苗床、平畦面苗床和低畦面苗床三种类型，各类苗床的特点，分别简介如下。

（1）高畦面苗床　该苗床的畦面一般比地面或畦间高出 15 ～ 20 厘米，畦面宽 1 ～ 1.5 米，苗畦长 6 ～ 8 米。

高畦面苗床的主要优点：畦面的自行排水性能好，不易积水；畦面的透气性好，地面的空气湿度小，有利于控制发病；畦土的通透性好，土质疏松，有利于根系的生长；床土高出地面，有利于松土起苗，起苗时根系带土多，伤根少，也有利于就地进行嫁接。

高畦面苗床的主要缺点：畦面浇水不便，畦土易失水干燥。

（2）低畦面苗床　该类苗床的畦面一般比地面或畦埂低 15 ～ 20 厘米，苗床通常宽 1 ～ 1.2 米、长 6 ～ 10 米。

低畦面苗床的主要优点：苗畦的保湿性和保温性比较好，低温期育苗时浇水少，有利于保持床土较高的温度。

低畦面苗床的主要缺点：苗床的畦面较低，不利于畦面通风，畦面的空气湿度容易偏高，不利于防病，不便于就地进行嫁接和松土起苗；土壤的疏松度和透气性较差，不利于蔬菜和砧木根系的生长；浇水过多以及雨季育苗时，苗床内也容易发生积水。

（3）平畦面苗床　该类苗床的畦面一般与地面持平，也有的平畦为了浇水方便，在畦的两侧各修一条挡水埂，形似低畦。该类苗床的畦面宽一般为 1 ～ 1.2 米、长 6 ～ 8 米。

平畦面苗床的优点和缺点，介于高畦面苗床和低畦面苗床之间，属于中间类型育苗床。

2. 苗床选择

选择育苗床要根据育苗的方式、嫁接方法以及育苗时期等几个方面来综合考虑。

（1）根据育苗方式选择苗床　用育苗钵培育嫁接用苗和嫁接苗时，由于育苗钵便于搬动，不易伤害根系，对苗床的要求不严格，可根据育苗季节以及嫁接方法来选择育苗床。而用苗床撒播或条播育苗时，则应优先选择高畦，其次为平畦，低畦育苗不方便就地嫁接也不便于带土起苗，并且苗床内也容易积水，引发病害，一般不要选用。

（2）根据嫁接方法来选择苗床　采用原地嫁接法应选择高畦面或平畦面苗床，以便于嫁接操作；采用砧木离地嫁接法应选择高畦面苗床，以便于起苗和减少伤根；采用蔬菜断根嫁接法时，则可根据其他条件随意选择苗床，一般不作严格要求。

（3）根据育苗季节来选择苗床　在温度较低的冬季或者早春进行育苗时，应选浇水较少的低畦面苗床；在高温和多雨的季节育苗，则应选择高畦面苗床，以防止苗床内积水影响根系的生长。

（三）营养土的配制及装钵

瓜果蔬菜的幼苗期虽需肥量较小，但相对需肥量很大，多种营养元素的需要临界期均在幼苗期，如磷、钾元素等，因此育苗用的营养土要肥沃并且营养均衡。以富含有机质、营养完全且 pH 值为 $6.5 \sim 7.5$ 的土壤为宜。因此，通常采用人工配制营养土进行育苗。

1. 园土选择

园土是配制营养土的主要成分，选用时一般不和瓜类作物重茬。避免与豆类、棉花和芝麻等作物重茬，以种过葱蒜类的园土较好。理想的园土应该是疏松肥沃、富含有机质、营养成分齐全、无草籽、少病菌、少虫卵、通透性好、无砖石瓦砾等杂物。由于目前除草剂应用较为普遍，选择园土作为营养土配制土壤时，还要考虑上茬作物除草剂的使用种类、使用时期、使用量，避免除草剂对土壤产生的残留毒害。

2. 有机肥的选择

充分腐熟的有机肥是供给菜苗生长的主要营养源。以马粪、鸡粪、羊粪、豆饼、芝麻饼较好。使用前应将其充分腐熟发酵，然后进行晾晒，并打碎捣细过筛，以减少大粒的生粪，防止育苗时发烧灼根而死苗。育苗用的有机肥一定要充分腐熟。

3. 营养土的配制

配制营养土所用的田土，最好要从最近 3 ～ 4 年内未种过蔬菜的菜园地或大田中挖取，土要捣细，过筛，筛去土内的石块、草根以及杂草等。马粪、猪粪等粪肥与田土的配合比例一般为 3∶7 或者 4∶6。通常低温期育苗或所育苗的苗期较长时，肥的用量应大一些，而高温期育苗或所育苗的苗期较短时，肥的用量可适当少一些，以防苗子发生徒长。为保证营养土内有足够的速效营养，在每 1000 千克粪土中加入尿素 0.2 千克、磷酸氢二铵 0.3 千克、草木灰 5 ～ 8 千克，掺匀堆放备用，最后配制成的营养土（视频 2-4）应营养全面，土壤疏松透气。

视频 2-4 营养土（基质）的配制

4. 营养土的消毒

为防止苗期病害，除注意选用少病虫害的床土外，还应进行营养土消毒。消毒方法有药剂法和物理消毒法（太阳能消毒、蒸汽消毒和微波消毒），生产上药剂消毒应用较普遍（图 2-7）。

图 2-7 消毒处理

（1）太阳能消毒　在温室大棚栽培中应用较普遍的一种廉价、安全、简单实用的栽培基质和育苗营养土的消毒方法。具体方法为：夏季高温季节在温室内把基质或营养土堆在一起，喷湿，使其含水量达到60％以上，并用塑料薄膜盖严，密闭温室大棚，暴晒10天以上，消毒效果很好。

（2）五代合剂消毒　五代合剂为五氯硝基苯和代森锌的等量混合物，按每平方米苗床用7～8克五代合剂与15千克床土混匀，将2/3药土铺在苗床，1/3药土用作盖土，能有效防治苗期猝倒病等。但五代合剂对幼苗的生长有一定的抑制作用，应用前苗床底水要浇透，出苗后要注意适当喷水。

（3）65％代森锌粉剂消毒　每立方米床土用药60克，拌匀后用塑料薄膜盖2～3天后撤掉，药味散尽后即可使用。

（4）福尔马林消毒　用0.5％的福尔马林喷洒床土，混拌均匀后，堆放并用塑料薄膜封闭5～7天，揭开薄膜，待药味充分挥发后方可使用。

另外，还可用多菌灵、溴甲烷等消毒。

5. 装钵

一般选用塑料杯钵、塑料筒钵、纸钵或者育苗穴盘来装营养土（视频2-5）。

视频 2-5 装钵

筒钵装土有两种方法。一种是把空钵按要求的间距排入苗床内，随排钵随着填进土；另一种方法是先把筒钵在苗床外装好土，而后再排入苗床内。用第一种方法装土时钵土按压要紧，特别是底层的土要压得稍紧一些，以避免浇水时水把土从钵底冲走，使钵土减少，不利于根系生长和菜苗的营养供应。第二种装土法一般分两步进行。第一步先装钵底。钵底要用稍湿润的土，以利于按压成形，使钵的底部撑起。第二步是装入较疏松和相对干燥一些的营养土，土装入后适当按压即可。用第二种方法装土的筒钵适合搬运，也不容易发生水土流失，但钵底较硬较紧，不利于透气和透水，对根系的正常生长会产生一定的不良影响，一般只适用于塑料筒钵装土。

杯钵装土较为容易和灵活，可直接在苗床中装土，可先在床外装土，然后排入苗床。

苗钵装土的深浅，要根据育苗的方式来确定。如果是把种子直接播到育苗钵内，装土可以适当浅一些，以保证苗钵内有足够的土，一般装土至苗钵的 70% ～ 80% 为好；如果是先在别处育苗，嫁接前或嫁接后再移入育苗钵内，装土就要适当深一些，以便于栽苗操作，同时可避免栽苗太浅，通常以装土至钵的 90% 左右为宜，不足的土应在栽苗后补装入。钵土的松紧度要适宜。装土太松时，浇水后钵土下沉较深，钵土变少，不利于菜苗的生长。无底和钵底有孔的育苗钵装土太浅时还易发生钵土流失。装土太紧，钵土的通透性不好，透气差，浇水后水不能够及时下渗，易造成钵内长时间积水；另外，钵土太紧也不便于栽苗。

二、砧木和接穗品种的选择

（一）砧木的选择

蔬菜嫁接栽培首要的问题是要解决采用什么样的砧木能达到理想的防病增产效果，砧木种类及其特性对蔬菜嫁接栽培的成败起着决定性的作用。

砧木基本要求和选择原则，甜瓜、西瓜、黄瓜、西葫芦等葫芦科瓜类蔬菜的砧木品种选择和茄子、番茄、辣椒等茄果类蔬菜的砧木品种选择，请参阅第一章第二节相关内容。

（二）接穗的选择

嫁接接穗品种的基本要求和选择原则，请参阅第一章第二节相关内容。

甜瓜接穗品种选择及接穗品种简介，请参阅第三章第一节相关内容。

西瓜接穗品种选择及接穗品种简介，请参阅第三章第二节相关内容。

黄瓜接穗品种选择及接穗品种简介，请参阅第三章第三节相关内容。

西葫芦接穗品种选择及接穗品种简介，请参阅第三章第四节相关内容。

茄子接穗品种选择及接穗品种简介，请参阅第四章第一节相关内容。

番茄接穗品种选择及接穗品种简介，请参阅第四章第二节相关内容。

辣椒接穗品种选择及接穗品种简介，请参阅第四章第三节相关内容。

三、播种期的确定

播种期确定得准确与否，关系到能否培育出适龄的砧木苗和接穗苗。因为每一种嫁接方法所要求的砧穗苗龄大小是不同的，而幼苗的生长速度又存在着一定差异，所以，要想使砧木和接穗的最适嫁接期协调一致，主要是从播种期上进行调整。

表2-1中列举了一些主要砧木采用常用嫁接方法时的播种期。一般来说，插接法需要的接穗最小（砧木要适当早播），其次是劈接法（砧木略早播），再次是靠接法，需较大的接穗（砧木晚播或同时播）。

在实际生产中，接穗品种的种子千粒重高低（反映种子的饱满度和籽粒大小）也影响嫁接适期，一般大粒饱满的种子，出苗快，长势强，可晚播1～2天；小粒饱满度差的种子出苗慢，长势弱，要适当早播1～2天。还可通过调节苗床的温度来调节嫁接期。

表2-1　常见部分嫁接砧木品种播种期的确定

砧木品种	接穗	砧木播种适宜期（与接穗相比）			
		靠接	劈接	插接	两段接
南瓜	西瓜	晚播 4～6天	早播 4～5天	早播 3～4天	早播 13～15天
瓠瓜（葫芦）JA-6	西瓜	晚播 6～7天	早播 6～8天	早播 5～6天	早播 16～20天
（杂交南瓜）LS-89	西瓜	晚播 5～8天	早播7天	早播5天	早播 13～15天
影武者	番茄	同时播	早播 7～10天	早播7～10天	
托鲁巴姆	茄子	早播 25～30天	早播 30～40天	早播30～35天	
CRP	茄子	早播 20～25天	早播 10～15天	早播7～10天	
赤茄	茄子	同时播	早播 3～5天	早播7天	

四、种子处理

种子处理是指种子播种前采用的物理、化学或生物处理措施的总称。包括精选、晒种、浸种、拌种、催芽等，以促使种子发芽快而整齐、幼苗生长健壮、预防病虫害等作用。

（一）种子消毒

为防止种子带有传染性病原体，应对种子进行消毒。种子消毒有药粉拌种和药液浸种两种方法。

1. 药粉拌种

一般用于直播种子，在浸种后将药粉与种子拌匀即可。常用的药粉有 70% 敌磺钠、50% 二氯萘醌、多菌灵、50% 福美双、65% 代森锌及氯化亚铜等，用量为种子干重的 0.2% ～ 0.3%。

2. 药液浸种

药液浸种必须严格掌握浓度和浸种时间，种子浸入药液前，应先在清水中浸泡 3 ～ 4 小时。常用药剂有：40% 福尔马林 100 倍液，浸 20 ～ 30 分钟；10% 磷酸三钠溶液或 2% 氢氧化钠溶液浸种 15 ～ 20 分钟；1% 硫酸铜溶液浸种 5 分钟。另外，还可用代森铵、多菌灵、硫菌灵、高锰酸钾等药液浸种。

（二）浸种

浸种的目的是使种子吸水膨胀，促使种子萌发。浸种时对种皮上有黏液的种子，可用 0.2% ～ 0.5% 的碱液搓洗，洗净黏液以利于种子萌发。根据浸种的水温高低，可分为温水浸种、温汤浸种和热水烫种 3 种方法。

1. 温水浸种

用 30℃ 左右的温水浸泡种子，这种方法没有消毒作用。

2. 温汤浸种

将种子浸入 55℃ 热水中（2 份开水兑 1 份凉水）并不断搅动，保持 55℃温水 10 分钟之后，使水温逐渐下降至 30℃左右，再继续浸种一段时间。这种方法有消毒杀菌作用。

3. 热水烫种

主要用于难于吸水的种子。先凉水浸没种子，再用 80 ～ 90℃的热水，边往容器里倒，边顺一个方向搅动，使水温达到 70 ～ 75℃并保持 1 ～ 2 分钟，再倒入冷水，水温降至 20 ～ 30℃时，继续浸种一段时间。这种方法有消毒杀菌作用。

浸种时间的长短依种子类型及浸种水温高低不同而异：常温下西瓜浸种时间为 7 ～ 8 小时，黄瓜 4 ～ 6 小时，瓠瓜、葫芦为 3 ～ 4 小时，南瓜为 8 ～ 11 小时，番茄砧木 4 ～ 6 小时，茄子砧木视品种不同需 12 ～ 48 小时。浸种结束后，将种子捞出控净多余水分，用湿布包好，放在温度适宜又能保持湿度的地方进行催芽。种子量小，可束在身上或装在贴身的袋内，利用体温催芽；种子量大，可利用恒温箱、暖气片、电热毯、火炕等催芽。种子发芽的适宜温度为：有籽西瓜 28 ～ 30℃，无籽西瓜 32 ～ 34℃，南瓜 33 ～ 35℃，葫芦 25 ～ 30℃，瓠瓜 20 ～ 25℃，甜瓜 28 ～ 30℃，番茄 25 ～ 28℃。当有 75% 左右种子破嘴或露芽时，可适当降低温度，待芽达到一定长度，即可播种。

4. 特殊处理

由于有些砧木的种子休眠性强或种皮厚，透气透水性差，发芽困难，发芽率低，需采取特殊处理，以提高发芽率。如茄子砧木'托鲁巴姆''CRP'等种子休眠性强，催芽前一般用 100 ～ 200ppm（1ppm=10^{-6}）的赤霉素浸泡 24 小时，以打破休眠，处理时应置于 20 ～ 30℃条件下，处理后用清水洗净，变温催芽。

五、播种与管理

（一）播种

嫁接育苗时，由于嫁接后要有一定的愈合缓苗时间，一般嫁接后 7～10 天才开始恢复生长，且刚刚成活的苗子生长速度较慢。所以，嫁接育苗的苗龄比常规育苗的苗龄要长些，播期也应适当提前（图 2-8）。一般接穗播期应比常规育苗播期提前 1～2 周。

接穗播期确定后，再根据砧木幼苗生长速度及嫁接方法对苗龄的要求，确定砧木的播种期，使砧木、接穗的适宜嫁接时期相遇。

图 2-8　播种

（二）播种后的管理

从播种至嫁接前是培育适龄嫁接用苗的关键时期，播后应根据幼苗不同生长发育阶段采取相应的管理措施。若是采用无土育苗或穴盘育苗，通常不需要分苗或分苗后缓苗期短，注意嫁接前温度等环境条件的管理。

1. 播种至出苗

播前苗床或育苗盘应浇足水。播种苗床注意保温保湿，白天床温保持 25～30℃，夜间保持 20℃，土温 18℃以上为宜。种子发芽拱土时，揭去覆在苗床表面的薄膜。为防止"带帽出土"，可覆 1 次湿润的湿土。若苗床干，可适当喷水。

2. 出苗至破心（第一片真叶微露）

此期幼苗易徒长，应适当通风降温，尤其要降低夜间温度，适当控制水分，增强光照。白天苗床温度保持 25℃ 左右，夜间保持 15 ～ 16℃，草苫早揭晚盖。用育苗盘育苗的，可将育苗盘移到光照好的地方。瓜类蔬菜嫁接期早，一般破心前后嫁接，所以此期是瓜类蔬菜嫁接苗培育的关键时期。

3. 破心至分苗前

茄果类蔬菜嫁接时苗龄较大，一般以 5 ～ 6 片真叶为嫁接适宜时期，育苗期间需要分苗。从破心到分苗前，应创造适宜的温度、水分和充足的光照条件，促进幼苗生长。白天以 25 ～ 28℃、夜间以 15 ～ 17℃ 为宜。番茄易徒长，要适当控水。茄子、辣椒不易徒长，不必严格控水。温室要经常保持薄膜清洁，草苫早揭晚盖，以增加光照。分苗前 3 ～ 5 天，逐渐加大苗床通风，降低温度，以提高幼苗的抗逆性，利于缓苗。

4. 分苗

穴盘育苗和塑料钵育苗一般不再分苗，而苗床播种育苗的茄果类蔬菜应分苗，通过分苗，可扩大幼苗的株行距，防止幼苗相互拥挤。一般在番茄 2 ～ 3 片真叶，茄子 1 叶 1 心时进行。分苗前 1 天，苗床浇透水，以利于起苗。分苗时，可在分苗畦内，先按行距开沟浇水，再按株距将幼苗贴在沟边，水渗后覆土。一般分苗后株行距 8 厘米 ×8 厘米。砧木幼苗也可分栽在营养钵等育苗容器内，以便于嫁接。分苗时，应保持苗床温度、湿度，并防止光照过强引起幼苗萎蔫。

5. 缓苗期

分苗后 1 周内，保温保湿不通风，白天保持 25 ～ 28℃，夜间以不低于 15℃ 为宜。幼苗心叶开始生长时，逐渐通风降温，防止徒长。

6. 缓苗后至嫁接前

应注意保持适宜的温度、水分和充足的光照条件。苗床既要注意保温，也要防止出现高温危害，薄膜要经常保持清洁，草苫早揭晚盖，以增加光照。

7. 嫁接前

嫁接前 1～2 天，适当通风降温，以提高幼苗适应性。为防止发生病害，可喷百菌清可湿性粉剂 800～1000 倍液或甲基硫菌灵可湿性粉剂 1000～1500 倍液。砧木苗于嫁接前要适当控水，以防嫁接时胚轴脆嫩劈裂。

六、选择嫁接的适宜苗龄

瓜类砧木的最适嫁接苗龄是以第一片真叶出现时为最佳。过于幼嫩的苗，嫁接时不易操作；过老的苗，不仅中心腔大，接口也不易愈合。砧木下胚轴长以 6～7 厘米为宜，过长则幼苗细弱，下胚轴短的砧木，虽然苗壮，但不易操作，而且嫁接苗定植后接口易埋在土中，仍有土壤传病的机会，就失去了嫁接的意义。瓜类接穗的适宜苗龄，若采用靠接法，黄瓜（接穗）以第一片真叶半展开时为适宜期；西瓜（接穗）以第一片真叶破心期为适宜期。若采用插接法，要求接穗小些，一般以子叶已展开而没有出真叶时为最佳。

要想使砧木的适宜苗龄与接穗的适宜苗龄如期相遇，主要通过播种期来调整，所播种子都应催芽，如果干籽直播，苗期延长，适宜期不好掌握。

茄果类蔬菜的适宜嫁接期比较晚，如采用劈接的话，不论是番茄还是茄子，需在砧木长到 5～6 片真叶时进行；若采用插接法，砧木也得有 4 片真叶。由于茄果类嫁接的位置在真叶以上的节位（第一片真叶或第二片真叶上方），所以需要较大的苗龄，嫁接前秧苗的生长需要较长的时间。

七、嫁接场地的准备

蔬菜嫁接时要保持场地内气温，温度不足时不利于嫁接苗的接口愈合，嫁接苗的成活率降低。但温度过高时，则容易导致嫁接苗萎蔫，特别是采取蔬菜断根嫁接和离地嫁接时，如温度过高，极容易造成嫁接苗失水萎蔫，而降低成活率。一般来讲，嫁接场地内的气温白天应不低于20℃，夜间不低于15℃，白天最高气温应不超过35℃。

嫁接场地内要保持散射光照，不能让阳光直射入场地内，以避免阳光照射到蔬菜苗、砧木苗和嫁接苗上后，引起苗子体温偏高，让其加速失水而导致萎蔫。另外，场地内透进的直射阳光过多时，也容易引起场地内的气温上升过快，使气温偏高。

嫁接场地内还要保持比较高的空气湿度，一般要求保持在90%以上。空气湿度不足时，菜苗失水较快，容易发生萎蔫。但空气湿度过高时，虽然不会引起菜苗萎蔫，却能够抑制菜苗根系的正常吸水，影响根系的发育，也容易引起蔬菜病害（图2-9）。

图 2-9　嫁接场地（温室内）

嫁接前，对嫁接场地以及嫁接用具等进行消毒十分必要，特别是在一些病菌数量较多的老育苗设施内或栽培时间较长的保护地内进行嫁接育苗时，更要进行消毒处理。因为在蔬菜的嫁接过程中，如果嫁接场地内的温度较高、空气湿度较高、光照不足以及通风不良等，致使病菌繁殖较快，而蔬菜苗的切口及提拿苗时所造成的伤口，均能为病菌的侵入提供条件，另外，人在嫁接过程中手触摸蔬菜苗，也对病菌起到了传播作用。消毒常用的杀菌剂是多菌灵、百菌清、福尔马林等。多菌灵和百菌清可以喷雾，也可以用烟雾制剂消毒；福尔马林是熏杀剂，喷洒后要封闭门窗几小时。小型嫁接可采取药剂浸泡法进行消毒，浸泡时间 1 ～ 2 小时；大一些的用具要喷药消毒。

除了上述的要求外，嫁接场地内还应当保持空气宁静，不要让风吹进场地内，以免降低空气湿度并加速苗子失水。

在遇到低温和高温情况时保证场地适宜温度的方法如下。

一般来讲，低温期温度偏低，不利于提高嫁接苗的成活率。保持嫁接场地内适当的高温，除了选择适宜的保护设施外，还可根据需要采取以下临时性的增温和保温措施。

（1）临时性增温措施　主要有点火和电加热两项措施。点火常用的是点火炉、点火盆和点火堆三种方法。以点火炉较为安全，但费用较高，并且炉具占地也妨碍田间操作，其加温均匀性也不好。点火堆法升温较快，但容易发生烟害，使用时要慎重，要求点明火不点暗火，并且火堆要小（防止烤伤菜苗）、点火间隔时间要长、点火的次数也不宜过多。点火盆法加温较为缓慢但均匀性好，火盆通常有固定位置法和移动位置法两种，点火盆时火炭要烧透，以减少生烟。

电加热常用的是电灯泡和电炉加热两种方法。电加热较易控制温度，也不会发生烟害，是比较理想的加温方法。但该法需要电源，并且还需要专门的电热器，费用比较高。

（2）临时性保温措施　主要是增加保温覆盖。保温覆盖多用草苫，一般增加一层草苫可以提高夜温 6℃左右。在一些地方也有用无纺布或纸被作临时性保温覆盖的，不过其保温性不如草苫的好。加盖小拱棚属于局部保温措施，通常扣盖一层小拱棚可使苗床温度提高2℃左右。

高温期防止嫁接场地内的温度偏高，可采取以下几项措施进行临时降温。

（1）遮阳网遮阴　遮阳网是专用的降温网，降温效果较好，市场上有销售，不过费用较高。目前在一些生产条件较好的地方，遮阳网应用比较普遍（图 2-10）。

图 2-10　遮阳网遮阴

（2）草苫遮阴　草苫遮阴主要用于临时性的遮阴降温，可借用冬季保温用的草苫，也可用简易的草苫。草苫遮阴降温较快，控温效果比较好，应用较为普遍。不过草苫体积较大，既不便于搬运也不利于收藏，并且也容易遭雨淋湿。

（3）喷雾降温　喷雾降温是直接将水以雾状喷在温室的空中，由于雾粒的直径非常小，只有 10 微米，可以直接在空气中汽化。汽化时吸收热量，降低室内空气温度。其降温速度快、蒸发效率高、温度分布均匀，是蒸发降温的最好形式。系统由水过滤装置、高压水泵、高压管道、旋芯式喷头组成。工作过程：水经过过滤器过滤后，通过水泵加压，由管道输送到各个喷头，以高速喷出，形成雾粒。旋芯式喷头的主要参数：喷量 60 ～ 100 克 / 分，喷雾锥角大于 70°，雾粒直径小于 10 微米（图 2-11）。

当气温越高、相对湿度愈低，温室内空气能吸收的水分愈多时，喷雾降温使室内温度降幅愈大；当气温高、水分汽化速度大时，温度下降的速度也快。喷雾降温时，随着气温下降，温室内空气的含湿量增加。喷雾一定时间后，达到湿热平衡（2 ～ 3 分钟），室内空气接近饱和，如继续喷雾，雾滴几乎不汽化。因此，喷雾降温系统一般是间歇式工作，喷雾 10 ～ 30 秒，停止工作 3 分钟，再辅以强制通风以排除高湿气体，否则降低雾化和降温效果。

喷雾降温效果好，但整个系统比较复杂，对设备要求较高，运行费用较高。

图 2-11　喷雾降温

第三节　蔬菜嫁接苗的管理

　　嫁接苗接口愈合的好坏、成活率的高低，以及能否发挥抗病增产的效果，除与砧木、接穗亲和力、嫁接方法和技术熟练程度有关外，与嫁接后的环境条件及管理也有直接关系。特别是接口愈合期的环境条件及管理对嫁接苗的成活具有决定性的作用，因此嫁接后应精心管理，创造良好的环境条件，促进接口愈合，提高嫁接苗的成活率。

一、嫁接成活过程

　　嫁接后砧木与接穗的愈合过程，根据接合部位的组织变化特征，可分为接合期、愈合期、融合期、成活期 4 个时期。

1. 接合期

　　由砧木、接穗切削后切面组织机械结合，切面的内侧细胞开始分裂，形成接触层，结合部位的组织结构未发生任何变化，没有愈伤组织发生，至愈伤组织形成前为接合期，如果管理得当只需 24 小时就可进入第二阶段。

2. 愈合期

砧木与接穗切削面内侧开始分化愈伤组织，致使彼此互相靠近，至接触层开始消失之前，穗砧间细胞开始水分和养分渗透交流。此期可经 2 ～ 4 天。愈合期愈伤组织发生的特点是，最初发生在穗砧紧贴的接触层内侧，表明穗砧彼此间都具有积极的渗透作用，而在砧木一侧愈伤组织发生较早，数量较多，表明嫁接苗在成活过程中砧木起着主导作用。愈伤组织的形成不局限于维管束形成，穗砧各部位的薄壁细胞都具有发生愈伤组织的能力，这与木本植物嫁接结合部愈伤组织发生不同，也是蔬菜作物嫁接容易成活的原因之一，在愈伤组织中多处发生无丝分裂现象。薄壁组织细胞当受机械损伤以后，创伤面的内侧薄壁细胞恢复分生能力，以无丝分裂的方式弥补损伤。

3. 融合期

结合部穗砧间愈伤组织旺盛分裂增殖，使接穗和砧木间愈伤组织紧密连接，二者难以区分致使接触层消失，直至新生维管束开始分化之前。此期一般可经 3 ～ 4 天，但结合部与穗砧彼此间大小有关，穗砧大所需时间较长，反之则所需时间较短。

4. 成活期

穗砧愈伤组织中发生新生维管束，至彼此连接贯通，实现真正的共生生活，嫁接后一般经 8 ～ 10 天达成活期，此期组织切片特征是砧穗维管束的分化，在连接过程中接穗起先导作用，接穗维管束的分化较砧木为早，新生输导组织较砧木多，新生维管束在穗砧结合紧密部位，而在砧木空隙较大部位均不发生，表明砧穗结合紧密是提高嫁接成活的关键。

二、影响嫁接成活的因素

（一）砧木的生长状况

砧木的生长状况对嫁接成活的影响，主要反映在砧木的叶片数与苗龄两个方面。

1. 砧木的叶片数

研究表明，以甜瓜为接穗，不同种类砧木共生亲和力不同。留砧木叶对甜瓜生长的影响表明，亲和力差的葫芦砧与甜瓜进行嫁接，在砧木上保留 2～4 片叶，接穗甜瓜生育正常，结成商品果。如摘除砧木叶片（包括子叶），主蔓停止生长，1～2 天后全株急剧枯死。而共生亲和力强的'新土佐'南瓜砧，砧木留叶与生长量之间的关系不明显，甜瓜与南瓜只存在单方面的亲和力，就是砧木上保留能供给根系同化物质的叶片时，甜瓜的接穗才能正常生长，否则嫁接苗死亡。砧木留叶可促进根系的生长，随着留叶数的增加，根系生长也增加。从砧木叶全切除区的发根数、根总长度看，是以共生亲和力强的'新土佐'最好，其次是白菊座南瓜，最差的是葫芦，可见根系与亲和力及嫁接成活关系密切。但砧木留叶数影响接穗的生育，叶片愈多愈抑制接穗生长。

共生亲和力基本上受砧木的根系支配，在亲和力强的嫁接组合根系发育所需的物质由接穗叶片的同化产物提供，根系得到充分的发育；而共生亲和力差的嫁接组合，接穗叶片的同化产物不能被根系所同化，抑制了根系的生长，表现为不亲和，如果保留砧木上一定叶片，则保证了根系生长所需的物质，从而克服了不亲和现象。保留砧木适宜的叶片数，对提高亲和力和嫁接成活率具有重要作用（图 2-12）。

2. 砧木的苗龄

砧木苗龄主要影响砧木内部解剖结构变化，而掌握内部解剖结构的变化与准确地施用嫁接技术有密切的关系，这一点对南瓜砧特别明显，直接关系到嫁接的质量与效果。南瓜幼苗下胚轴是一个中空的管状体，中空部分叫髓腔，四周叫下胚轴壁。下胚轴的横切面为椭圆形，直径长的一方叫长轴，短的一方叫短轴，子叶着生在短轴的两侧。嫁接时应将接穗接在轴壁上，而不能插入髓腔中，如果切口与髓腔相通，接穗长出的新根沿着髓腔延伸，接口处就不能很好地愈合。

图 2-12　适宜砧木叶片数

（二）砧、穗的解剖构造

主要是指砧木和接穗幼茎的解剖构造。虽然砧木和接穗在解剖构造组成上基本相同，如瓜类都是由表皮、皮层、韧皮部、形成层、木质部和髓腔组成，但不同砧木品种，各部分所占比例不同，必然影响到嫁接成活的快慢与嫁接效果。研究表明，如果按木质部所占幼茎横截面比例大小比较，'黑籽南瓜'＞金丝瓜＞'南砧 1 号'＞黄瓜；按韧皮部所占幼茎横截面比例大小比较，黄瓜＞'南砧 1 号'＞金丝瓜＞'黑籽南瓜'；按髓腔比例大小比较，金丝瓜＞'黑籽南瓜'＞黄瓜＞'南砧 1 号'。不同砧、穗种类，幼茎解剖构造各部分所占比例有差别，因而采用不同的砧木与不同的接穗进行组合，必然影响到嫁接的成活（图 2-13）。

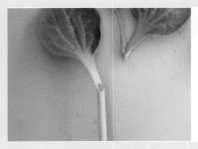

图2-13 砧木、接穗的实物结构（西瓜）

（三）嫁接方法的选用

　　不同的嫁接方法因接合的方式、接口的位置及下刀的深浅均不同而影响到嫁接的成活与效果。研究表明，选用 5 种嫁接方法（大苗串接法、斜插法、串接法、直插法、靠接法）进行黄瓜嫁接对比试验，其中靠接法成活率为 93%，但接穗切面深度仅为胚茎粗的 3/5，接口愈合面较小，不牢固，加之嫁接部位较低，接穗易插入砧木髓腔，产生自生根，假活苗率最高，为 22.5%，成苗率最低，仅为 71%，而且嫁接速度慢，接后要断黄瓜胚茎，去嫁接夹，操作繁琐。其他 4 种方法，嫁接部位呈套环状，随着接口愈伤组织的增长，与砧木孔壁结合越紧密，结合越牢固。嫁接部位紧靠砧木子叶节，细胞分裂旺盛，维管束集中，愈合能力强，成苗率高，而且嫁接速度快，操作简单。进一步分析比较，直插法由于插入位置离髓腔很近，接穗也易插入髓腔，产生自生根，假活苗率仅次于靠接法。串接法、大苗串接法与斜插法相比，竹签扎孔端为鸭嘴形斜平面，扎的孔能很好地与接穗平面吻合，较易形成愈伤组织。大苗串接法与串接法相比，接穗较大，适应性强；胚茎较粗，接穗切面的角度、长度易掌握，插入接穗时用较大力也不损伤胚茎，易插紧，所以成活率最高，为 96%，假活苗率最低，仅 3.3%，是较理想的嫁接方法。靠接法在较差环境下成苗率较高，适应性较强，适宜于控制环境能力差的条件下采用。

　　此外，不同的嫁接方法也对嫁接植株的防病效果产生影响，插接法、斜插法、劈接法和靠接法 4 种嫁接方法中，靠接法发病重，达16.3%，其他 3 种嫁接法发病轻，仅为 5% 左右。在发病部位上也有差异，靠接法多从接口处发病，是由于接穗胚轴的切断部位容易长不定根所致；少数插接苗和劈接苗亦在接口处发病，是由于定植后接口接触地面所致；此外部分嫁接苗在茎部发病，主要是由于绑蔓不及时，瓜蔓接触地面长出不定根所致。

（四）嫁接技术水平

嫁接苗的成活过程，首先是使接穗和砧木断面的形成层相互密合，而后随着二者愈伤组织的产生、结合，进行细胞分裂、分化使形成层连接在一起，接穗和砧木的维管束逐渐相连，互相协调地输送养分，便完全成活。

但有时由于嫁接技术水平的原因，有些嫁接苗接穗部分并不萎蔫，而处于不长也不死的小老苗（僵化）状态，主要是因为嫁接技术水平低，没有掌握好嫁接的要领，可分为三方面问题：一是切口过深与髓腔相连，接穗长出新根沿髓腔延伸，接口处不能很好愈合，这种僵化苗平均占 53.1%，主要是错误地认为接口越深越好所致；二是嫁接时只注重数量，不考虑质量，形成粗放作业，这是产生错位、对合不平的重要因素，这种苗占 33.6%；三是切口过浅，接穗与砧木的愈合面积小，养分输送不畅，这种僵化苗只占 13.3%，比例较小。从以上的分析可以看出，嫁接技术水平的高低，在很大程度上取决于嫁接切口的深浅与接合情况。

从嫁接切口的深浅对嫁接苗成活及嫁接质量的影响来看，正常切的处理成苗率最高，为 95% 以上，秧苗质量最好；浅切的成苗率次之，为 80% ~ 90%，主要是由于部分愈合株导致僵化苗出现；深切的成苗率最低，仅 68% ~ 80%，主要是由于髓腔生根株的出现导致形成僵化苗。

（五）环境条件

嫁接苗成活率的高低，与砧木的种类、嫁接方法、嫁接技术的熟练程度有关，与嫁接后的环境和管理技术也有直接关系。

1. 温度

嫁接苗在适宜的温度下有利于接口愈伤组织形成，穗、砧组织细胞融合而至成活。据多数试验认为，瓜类嫁接苗愈合的适宜温度白天 25～28℃，夜间 18～22℃；茄果类嫁接，苗愈合的适宜温度，白天 25～26℃，夜间 20～22℃。温度过低或过高均不利于接口愈合，并影响成活。因此，早春温度低的季节嫁接，育苗场所可配置电热线，用控温仪调节温度。在高温季节嫁接，要采取办法降低温度。据河南濮阳西瓜嫁接试验显示，在 22～25℃气温条件 2～3 天接口愈合，成活率 95%；15℃低温持续 10 小时推迟 1～2 天愈合，成活率下降 5%～10%；40℃以上高温持续 4 小时，推迟 2 天愈合，成活率降低 15% 以上。伤口愈合后，可逐渐降温，转入正常管理。

2. 湿度

嫁接苗在愈伤组织没有形成之前，接穗的供水主要靠砧木与接穗间细胞的渗透，供水量很少，如果嫁接环境内的空气湿度低，容易引起接穗萎蔫，严重影响嫁接的成活率，因此保持湿度是关系到嫁接成败的关键。在接口愈合之前，必须使空气湿度保持在 90% 以上，方法是，嫁接后扣上小拱棚，棚内充分浇水，盖严塑料薄膜，密闭一段时间（瓜类 3～4 天、番茄 4～5 天、茄子 6～7 天），使小棚内空气湿度接近饱和状态，小棚膜面呈水珠为宜。基本愈合后，在清晨、傍晚空气湿度较高时开始少量通风换气。以后逐渐增加通风时间与通风量，但仍应保持较高的湿度，每天中午喷雾 1～2 次。直至完全成活，才转入正常的湿度管理。

3. 光照

砧木的发根及砧木与接穗的融合、成活等均与光照条件关系密切。研究表明，在光照强度 5000 勒克斯、12 小时长日照时成活率最高，嫁接苗生长健壮，在弱光条件下，日照时间越长越好。嫁接后短期内遮光实质上是为了防止高温和保持环境内的湿度，避免阳光直接照射秧苗，引起接穗凋萎。遮光的方法是在塑料小拱棚外面覆盖草帘、纸被、报纸或不透光的塑料薄膜等遮盖物。嫁接后的前 3～4 天要全遮光，以后半遮光，逐渐在早晚以散射弱光照射。随着愈合过程的进行，要不断增加光照时间，10 天以后恢复到正常管理。如果遇阴雨天可不用遮光。注意遮光时间不能过长、过度，否则会影响嫁接苗的生长，长时间得不到阳光的幼苗会因光合作用受影响、耗尽养分而死亡，所以应逐步增加光照。

4. 二氧化碳

环境内施用二氧化碳可以使嫁接苗生长健壮，二氧化碳浓度达到 1 毫升 / 升时比普通浓度 0.3 毫升 / 升的成活率提高 15%，且接穗和砧木根的干物重随二氧化碳浓度的增加而大幅度提高。施用二氧化碳后，幼苗光合作用增强，可以促进嫁接部位组织的融合，而且气孔关闭还能起到抑制蒸腾防止萎蔫的效果。

5. 植物生长调节剂

嫁接切口用激素处理可明显提高嫁接苗的成活率。研究表明，采用萘乙酸（NAA）、细胞分裂素（KT）、6 苄基腺嘌呤（6-BA）、2，4-D 等植物生长调节剂处理茄子等蔬菜砧穗嫁接切口，有利于提高其成活率，成活率均达到 90% 以上，使用浓度以 20 毫克 / 千克浓度为宜。

三、接口愈合期的管理

（一）所需设施

为给嫁接苗创造良好的环境条件（图 2-14），冬春季苗床应设置在日光温室、塑料薄膜拱棚等保护设施内，苗床上边应架设塑料小拱棚，并备有苇席、草帘、遮阳网等覆盖遮光物。若地温低，苗床还应铺设地热线，以提高地温。秋延后栽培的蔬菜，苗期处于炎热的夏季，幼苗嫁接后，应立即移入具有遮阴、防雨、降温设施的苗床内，精心管理。

图 2-14　嫁接环境（温室内）

（二）温度

嫁接后适宜的温度有利于愈伤组织的形成和接口快速愈合。多数试验研究认为，嫁接苗愈合的适宜温度，瓜类蔬菜白天为 25 ～ 28℃，夜间为 18 ～ 22℃；茄果类蔬菜白天为 25 ～ 26℃，夜间为 20 ～ 22℃。

温度过高或过低，均不利于接口愈合，并影响成活率。西瓜嫁接试验结果表明，在 22 ～ 25℃的气温条件下，西瓜嫁接 2 ～ 3 天接口愈合，成活率为 95％；若嫁接苗在 15℃低温条件下 10 小时，则推迟 1 ～ 2 天愈合，成活率下降 5％～ 10％；若嫁接苗在 40℃以上高温条件下 4 小时，则推迟 2 天愈合，成活率至少降低 15％。因此，早春低温期嫁接，应采取增温保温措施；夏秋高温期嫁接，则应采取降温措施。特别是嫁接后 3 ～ 4 天内，温度应控制在适宜范围内。

一般嫁接后 8 ～ 10 天，幼苗成活后，恢复常规育苗的温度管理，若采用靠接法嫁接，幼苗成活后，需对接穗断根。断根后，温度适当提高，促进伤口愈合，2 ～ 3 天后恢复常规温度管理。

（三）湿度

湿度是影响嫁接苗成活与否的最关键因素。高湿可以减少蒸腾，促进愈合，避免接穗萎蔫，有利于提高成活率。砧木和接穗的维管束连通前，接穗水分来源被切断，接穗仅靠与砧木切面间细胞的渗透，供水量很少。

若环境空气湿度低，接穗因蒸腾作用强烈，容易发生萎蔫，严重影响成活率。一般嫁接后1周内，空气湿度应保持在95%以上。

可采取如下措施：嫁接后立即向苗钵内浇水，并移入充分浇水的小拱棚内，注意冬天浇温水，夏天浇凉水，并向拱棚内喷雾，然后密闭拱棚，使棚内空气湿度接近于饱和状态。接口基本愈合后，每天向设施内喷雾2～3次。

（四）光照

嫁接苗一般要经7～10天的遮光，遮光实质上是为了防止高温，减少蒸发，保持苗床湿度，避免接穗萎蔫。一般前3天要遮住全部阳光，但要保持小拱棚内有散射亮光，因为嫁接愈合是一个消耗大量能量和物质的过程，遮光必然会影响光合产物的同化，因此利用清晨太阳出来前或傍晚太阳下山后的一段时间，揭去覆盖物，让苗接受弱光，可避免砧木黄化及其可能引起的病害暴发。3天后，早晚除去遮阴物，让嫁接苗接受弱光照射约1小时，以后逐渐延长光照时间。7天后，只在中午强光下短时遮阴。待接穗第一片真叶全部长出，可彻底揭去遮阴物，对嫁接苗进行常规光照管理。

（五）二氧化碳

施用二氧化碳可以使嫁接苗生长健壮。施用二氧化碳后，幼苗光合作用增强，可以促进嫁接部位组织的融合，而且由于气孔关闭，还能起到抑制蒸腾、防止萎蔫的效果。

（六）植物生长调节剂（PGR）

嫁接切口用植物生长调节剂处理可明显提高嫁接苗的成活率。生产上常用的有萘乙酸、赤霉素、2,4-D等生长调节剂，浓度均为20ppm。

四、接口愈合后的管理

此阶段是培育壮苗的关键时期，苗床的管理与常规育苗基本相同，但要注意以下环节。

（一）分级管理

蔬菜嫁接苗在适宜的温度、湿度、光照条件下，一般经 7～12 天接口完全愈合，嫁接苗开始生长，但由于嫁接时砧木的粗细、大小以及接穗大小不一致，成活后秧苗质量有一定的差别，需进行分级管理。

可将接口愈合牢固、恢复生长快的大苗放在一起；接口愈合稍差、生长缓慢的小苗放在温度、光照条件较好的位置集中管理，创造良好的条件，使其逐渐赶上大苗；对于接口愈合不良，难以恢复生长的苗子，则予以淘汰。

（二）断根

采用靠接法嫁接，嫁接苗成活后，需对接穗及时断根（视频 2-6），使其完全依靠砧木生长。断根时间一般在嫁接后 10～12 天。

视频 2-6 嫁接
苗断根

方法：在接口下适当位置用刀片和小剪刀将接穗下胚轴切断或剪断，往下 0.5 厘米处再剪 1 刀，使下胚轴下留有空隙，避免自身愈合。也可剪断后将接穗的根拔除。

断根后，应适当提高温度、湿度，并进行遮光，以促使伤口愈合，防止接穗萎蔫。

（三）去固定物

多数嫁接方法需要固定物固定接口，嫁接苗成活后，接口固定物应及时解除。但解除太早，易使嫁接苗特别是靠接法的嫁接苗在定植时因搬动从接口处折断；解除太晚，固定物的存在会影响根茎的生长发育。

应根据具体情况适时除去固定物。劈接和顶插接的一般成活后 1 周去除固定物，靠接的可适当推迟，甚至定植后再去除，但应以不影响幼苗生长为前提，否则应及早去除。

（四）除萌芽

由于嫁接时切除了砧木生长点，根系吸收的养分和子叶同化的产物大量输送到侧轴，从而促进了腋芽的萌发，砧木萌发的腋芽与接穗争夺养分，直接影响接穗的成活和发育。因此，必须及时除去砧木腋芽。一般在嫁接5～7天后进行，注意除萌芽时不要切断砧木的子叶。

（五）低温锻炼

嫁接苗成活后，光照、温度、水分管理同常规育苗，定植前7～10天，应进行低温锻炼，逐渐增加通风，降低苗床温度，以提高嫁接苗的抗逆性，使其定植后易成活。

五、嫁接苗定植及定植后管理

嫁接苗因受砧木的影响，生长发育动态和生理特性有所改变，管理上也应采取相应措施，才能发挥其抗病和丰产效应。从定植到定植后的管理应特别注意以下几点。

（一）定植深度

嫁接苗定植时，注意不要将嫁接的接口埋入土中，以免接穗产生不定根和感染病菌，特别是采用靠接法更应注意这一点。

（二）栽植密度和植株调整

嫁接苗一般比自根苗有较强的生长势和较长的生长期，定植时应适当稀植，不宜过密。尤其是采用嫁接苗冬季一大茬栽培，更应注重发挥嫁接栽培的优势，以挖掘个体增产潜力为主，将株行距适当加大，有利于改善群体通风透光条件，减少病虫害发生。同时嫁接苗侧枝萌发力强，坐果前要及时进行植株调整，但不可整枝过度，影响根系发育。

瓜类蔬菜的定植密度和植株调整，请参照第三章相应内容进行，茄果类蔬菜的定植密度和植株调整，请参照第四章相应内容进行。

（三）肥水管理

嫁接苗与自根苗相比，根系吸收能力强，长势旺，为充分发挥其抗病增产效果，应增施有机肥、长效肥。生长前期应适当控制肥水，特别是控制速效氮肥的施用，以免嫁接苗因长势过旺而疯秧，影响坐果。坐果后，应加强肥水管理，增加磷、钾肥供应，满足其对水分和养分的需求，发挥其增产潜力。

（四）防病

嫁接可有效控制土壤传播病害的发生，提高植株的抗逆性，但由于病原菌新生理小种分化，或者嫁接目的之外的病原菌侵染，接穗又无抵抗能力时常常会引起接穗发病。用已染病接穗嫁接也会导致砧木发病。所以，即使进行嫁接栽培，也需要加强病虫害防治，尤其是及时检查嫁接植株，避免由接穗重新发根入土引起病原菌入侵。为此，除选用合适砧木外，还要注意适当提高嫁接部位，栽植幼苗时接口部位高出地面 1～2 厘米，定植或起垄时不要让接口接触土壤。但嫁接不能防治所有病害，特别是非土壤传播病害。同时，应根据砧木的抗病类型和接穗种类，对多种病害采取综合防治，才能获得高产高效。

第四节　蔬菜嫁接育苗的设施设备

蔬菜嫁接育苗的一般设施与设备主要有：温室、塑料薄膜拱棚、电热温床、催芽室、补光设备、加温设备、增施二氧化碳设备、育苗容器等。在露地能够育苗季节，为防止高温、暴雨、害虫等对秧苗的危害，往往应用遮阳、防雨、驱虫等设备，如遮阳网、冷凉纱、塑料薄膜、稻草、银灰膜等。

一、育苗设施

原则上，用于蔬菜生产上的温室大棚等设施，均可用于蔬菜育苗。简介如下。

（一）温室

温室是各种类型园艺设施中性能最为完善的一种，可以进行冬季生产，世界各国都很重视温室的建造与发展。

我国近年来温室生产发展极快，尤其是塑料薄膜日光温室，由于其节能性好、成本低、效益高，在 -20℃ 的北方寒冷地区，冬季可不加温生产喜温果菜，这在温室生产上是一项突破。各地可根据当地的气候土壤条件和经济技术条件，选择应用适宜的温室类型。

1. 大型温室

大型温室一般具有结构合理、设备完善、性能良好、控制手段先进等特点，可实现作物生产的机械化、科学化、标准化、自动化，是一种比较完善和科学的现代化温室。这类温室可创造作物生育的适宜环境条件，能使作物高产优质。要注意结合当地的生态气候条件选择适宜的温室。目前生产上常用和常见的是各类连栋温室。覆盖材料主要采用塑料薄膜、聚碳酸酯（PC）板或玻璃（图 2-15）。

连栋温室是将两栋以上的单栋温室在屋檐处连接起来，去掉连接处的侧墙，加上檐沟（天沟）而成的。主要有圆拱形屋顶、尖拱形屋顶、大双坡或者小双坡屋顶、锯齿形屋顶等形式。生产性温室，规模较大，面积 3000 ~ 10000 平方米，温室环境调控系统完备，包括采暖系统、通风系统、降温系统、灌溉系统、施肥系统、控制系统。单栋跨度与温室的结构形式、结构安全、平面布局直接相关。研究和应用结果表明，我国从低纬度的南方到高纬度的北方，跨度应逐渐加大，一般南方地区 4 ~ 6 米，黄河流域至京津 8 ~ 10 米，东北、内蒙古自治区 12 米左右，以保持良好环境条件下的良好经济性。一般生产型连栋温室的檐高在 3.5 米左右。加大了温室的规模，适应大面积甚至工厂化植物生产的需要；保温比大，保温性较好；单位面积的土建造价省；占地面积少；较单栋降低了造价，节省能源。

温室的结构构件和设备设计使用年限为 15 ~ 25 年。

连栋温室的辅助设施一般较完善，如水、暖、电等设施以及控制室、加工室、保鲜室、消毒室、仓库及办公休息室等。

图 2-15 大型温室

2. 日光温室

我国的日光温室分布广泛，结构类型繁多，名称也不统一。从屋面形状分，有拱形屋面、半拱形屋面、单拱屋面、双拱屋面和平面之分。从后坡形状分，有长后坡、短后坡和无后坡之分。从骨架材料分，有竹木结构、钢筋混凝土结构、钢筋结构和装配镀锌管结构。从室内立柱的有无可分为有立柱温室和无立柱温室（图 2-16）。

几种主要的日光温室类型有：

① 普通型日光温室。原始型温室为直立窗，受光面积和栽培面

积都很小，室内光照较弱，后期随着发展，逐渐将直立的纸窗改为斜立的玻璃窗，同时把后屋顶加长，形成普通型温室。

②改良型日光温室。对普通型温室进行了改造，因而产生了北京改良温室、鞍山一面坡立窗温室和哈尔滨温室，进一步加大了温室的空间和面积，改善了采光和保温条件，方便了作物栽培和田间作业，增加了作物产量。

③发展型节能日光温室。为了进一步扩大温室的栽培面积，改善室内光照、温度、通风条件，按不同地理纬度确定温室屋面角度，设计出了高跨比适宜的钢骨架无柱式温室，更加适合作物的生育和田间作业，这就是发展型温室。自20世纪70年代发展的斜立窗无柱式温室和三折式温室等，到20世纪80年代开始发展起来的日光温室均属于发展型温室。由于这类温室建造简单、成本低效，因此很受生产者的欢迎。

④装配镀锌管温室。为固定棚型，前屋面为半拱形。

可结合本地实际，选择已有的优型结构的日光温室。

图2-16 日光温室

（二）塑料棚

用于蔬菜育苗的塑料棚，形式多样。蔬菜嫁接育苗可采用小拱棚、中棚和大棚。

1. 塑料小拱棚

小拱棚主要有拱圆形、半拱圆形和双斜面形等三种类型（图2-17）。

图 2-17 塑料小拱棚

① 拱圆形小拱棚。拱圆形小拱棚是生产上应用最多的小棚。主要采用毛竹片、细竹竿、荆条或钢筋等材料，弯成宽 1～3 米、高 0.5～1.5 米的弓形骨架，骨架上覆盖 0.05～0.10 毫米的厚聚乙烯薄膜，外用压杆或压膜线等固定薄膜而成。

通常，为了提高小拱棚的防风保温能力，除了在田间设置风障之外，夜间可在膜外加盖草苫等防寒物。为防止拱架下弯，必要时可在拱架下设立柱及横梁。拱圆形小拱棚多用于多风、少雨、有积雪的北方。

② 半拱圆形小拱棚。半拱圆形小拱棚又称改良阳畦、小暖窖等。小拱棚为东西方向延长，在棚北侧筑起约 1 米高、上宽 30 厘米、下宽 40～50 厘米的土墙，拱架一端固定在土墙上，另一端插在覆盖畦南侧土中，骨架外覆盖薄膜，夜间加盖草苫防寒保温。通常棚宽 2～3 米，棚高 1.0～1.5 米。薄膜一般分为两块覆盖，接缝处约在南侧离地 60 厘米高处，以便扒缝放风。土墙上每隔 3 米左右留一放风口，以便通风换气。放风口对于春季的育苗及栽培十分重要。

③ 塑料小棚。可用于为塑料大棚或露地有机无土栽培种植的春

茬蔬菜及西瓜、甜瓜等育苗。

2. 塑料中棚

面积和空间比小拱棚稍大，人可在棚内直立操作，是小棚和大棚的中间类型。常用的中拱棚主要为拱圆形结构（图2-18）。

图 2-18　塑料中棚

（1）结构　拱圆形中拱棚一般跨度为3～6米。在跨度6米时，以高度2.0～2.3米、肩高1.1～1.5米为宜；在跨度4.5米时，以高度1.7～1.8米、肩高1.0米为宜；在跨度3米时，以高度1.5米、肩高0.8米为宜。另外根据中棚跨度的大小和拱架材料的强度，来确定是否设立柱。一般在用竹木或钢筋做骨架的情况下，棚中需设立柱。而用钢管作拱架的中棚不需设立柱。按材料的不同，拱架主要有钢架结构与混合结构。

① 钢架结构。拱架分成主架与副架。跨度为6米时，主架用钢管作上弦、中12毫米钢筋作下弦制成桁架，副架用钢管做成。主架1根，副架2根，相间排列。拱架间距1米左右。钢架结构也设3道横拉。横拉用直径12毫米钢筋做成，横拉设在拱架中间及其两侧部分1/2处，在拱架主架下弦焊接，钢管副架焊短节钢筋连接。钢架中间的横拉距主架上弦和副架均为20厘米，拱架两侧的2道横拉，距

拱架 18 厘米。钢架结构不设立柱，呈无柱式。

② 混合结构。混合结构的拱架分成主架与副架。主架为钢架，其用料及制作与钢架结构的主架相同，副架用双层竹片绑紧做成。主架 1 根，副架 2 根，相间排列。拱架间距 1 米左右。混合结构设 3 道横拉。横拉用中 12 毫米钢筋做成，横拉设在拱架中间及其两侧部分 1/2 处，在钢架主架下弦焊接，竹片副架设小木棒连接。其他均与钢架结构相同。

（2）性能　塑料中棚由于其空间大，热容量大，故气温较稳定，日较差较小。塑料中棚可用于蔬菜育苗，可作为临时性设施，也可作永久性设施，国内面积十分大。

3. 塑料大棚

塑料大棚是用塑料薄膜覆盖的一种大型拱棚。它和温室相比，具有结构简单，建造和拆装方便，一次性投资较少等优点；与中棚相比，又具有坚固耐用，使用寿命长，棚体高大，空间大，必要时可安装加温、灌水等装置，便于环境调控等优点。目前，在全国各地的春提早及秋延后蔬菜栽培和育苗过程中，大棚被广泛地应用，南方部分气候温暖地区，也可进行冬季生产（图 2-19）。

图 2-19　塑料大棚

（1）大棚类型　目前生产中应用的大棚，从外部形状可以分为拱圆形和屋脊形，以拱形占绝大多数。从骨架材料上划分，可分为竹木结构、钢筋混凝土预制杆柱结构、钢架结构、钢竹混合结构等。塑料大棚多为单栋大棚，也有双连栋大棚及多连栋大棚。我国连栋大棚屋面多为半拱圆形，少量为屋脊形。

（2）大棚结构　塑料大棚应具有采光性能好，光照分布均匀；保温性好；棚型结构抗风雪能力强，坚固耐用；易于通风换气，利于环境调控；利于园艺作物生长发育和人工作业；能充分利用土地等特点。

塑料大棚的基本骨架是由立柱、拱杆（架）、拉杆（纵梁）、压杆（压膜线）等部件组成，俗称"三杆一柱"，其他类型都是由此演化而来。大棚骨架使用的材料比较简单，容易造型和建造。但大棚结构是由各部分构成的一个整体，因此选料要适当，施工要严格。

① 竹木结构单栋拱形大棚。这种大棚的跨度为 8 ～ 12 米，高 2.4 ～ 2.6 米，长 40 ～ 60 米，每栋生产面积 333 ～ 667 平方米。由木立柱、竹拱杆、竹（木）拉杆、木（竹）吊柱、棚膜、压杆（或压膜线）和地锚等构成。

② 钢架结构单栋大棚。用钢筋焊接而成。具有坚固耐用，中间无柱或只有少量支柱，空间大，便于作物生育和人工作业等特点，但一次性投资较大。大棚因骨架结构不同可分为：单梁拱架、双梁平面拱架、三角形断面（由三根钢筋组成）拱形桁架及屋脊形棚架等形式。通常大棚宽 10 ～ 12 米，高 2.5 ～ 3.0 米，每隔 1.0 ～ 1.2 米设一拱架，每隔 2 米用一根纵向拉杆将各排拱架连为一体，上面覆盖棚膜，外加压膜杆或压膜线。钢架大棚的拱架多用直径 12 ～ 16 毫米圆钢材料；双梁平面拱架由上弦、下弦及中间的腹杆连成桁架结构；三角形断面拱架则由三根钢筋及腹杆连成桁架结构。因此，其强度大，刚性好，耐用年限可长达 10 年以上。

③ 镀锌钢管装配式大棚。竹木结构、钢筋混凝土、钢筋结构和钢竹混合结构的大棚大多是生产者自行设计建造的。1980 年以来，我国一些单位研制出了一批定型设计的装配式管架大棚。这类大棚多是采用热浸镀锌的薄壁钢管为骨架建造而成。尽管目前造价较高，但

由于它具有重量轻、强度好、耐锈蚀、易于安装拆卸、中间无柱、采光好、作业方便等特点，同时其结构规范标准，可大批量工厂化生产，所以在经济条件允许的地区，可大面积推广应用。主要有 GP 系列和 PGP 系列。

GP 系列镀锌钢管装配式大棚由中国农业工程研究设计院设计。为了适应不同地区气候条件、农艺条件等特点，使产品系列化、标准化、通用化，骨架采用内外壁热浸镀锌钢管制造，抗腐蚀能力强，使用寿命 10～15 年，抗风荷载 31～35 千牛每平方米，抗雪荷载 20～24 千牛每平方米。如 GP-Y8-1 型大棚，其跨度 8 米，高度 3 米，长度 42 米，面积 336 平方米；拱架以 1.25 毫米厚薄壁镀锌钢管制成，纵向拉杆也采用薄壁镀锌钢管，用卡具与拱架连接；薄膜采用卡槽及蛇形钢丝弹簧固定，为了牢固，还可外加压膜线，作辅助固定薄膜之用；棚两侧还可附有手摇式卷膜器，取代人工扒缝放风。

（3）塑料大棚的性能　塑料大棚较高大，一般不能覆盖草苫子等保温覆盖物。光照条件一般为露地光照的 60%。大棚内的温度条件比外界稍高，保温性能在保护设施中最差。在冬春寒冷季节，棚内最低气温比露地高 3℃。春季 2～3 月，华北地区棚内 10 厘米处地温比露地高 5～6℃。

（4）育苗应用　主要采取大棚内多层覆盖的方式进行。如大棚内加保温幕、小拱棚，小拱棚上再加保温覆盖物等保温措施，或采用大棚内加温床以及苗床安装电热线加温等办法，进行果菜类蔬菜育苗。夏秋育苗可将大棚塑料薄膜揭除或保留顶部，辅以遮阳网、防虫网进行育苗。

（三）育苗床

目前，进行嫁接的蔬菜以喜温果菜为主，这些蔬菜的育苗期多集中在冬春寒冷季节，苗床一般设在日光温室、塑料拱棚、阳畦等保护设施内。在这些设施内，可铺设酿热温床、火炕温床、太阳能温床和电热温床等，以利于提高地温、培育壮苗（图 2-20）。

图 2-20　育苗床

1. 酿热温床

酿热温床是在苗床内挖床坑，床坑内填充酿热物，利用其发酵分解散发的热量提高苗床的温度。酿热物以未腐熟的骡马粪、鸡粪、羊粪为好，其次是碎草、树叶和农作物秸秆。酿热物在适宜的环境条件下，经微生物分解放出热量。对发热起主要作用的是好气性细菌。酿热物发热的温度高低和能否持久，主要依好气性微生物的繁殖活动情况而定。而好气性微生物分解活动的强弱又与酿热物的碳、氮、氧和水的含量是否适宜有关。碳是微生物分解的能源，氮是微生物的营养，当碳氮比为（20～30）：1，含水量为70%，并有10℃的温度和适量氧气时，好气性微生物的活动较旺盛，发热正常而持久。酿热物过于紧实或水分过多，则因氧气不足影响好气性微生物的活动，使发热缓慢，温度低。反之，温度在短时间内升高而不持久。酿热温床建在北方温室大棚内，酿热物厚度宜薄些，建在露地，酿热物厚度要在50厘米左右。

酿热温床宜东西走向，床底南边深，中间浅，北边稍深，床面由南向北呈抛物线形。在土地封冻前挖好床，筑好床框。使用酿热物厚度为30～40厘米，每平方米苗床需马粪150～200千克、干草20～30千克、温水20千克。酿热物铺好踏实后，上盖塑料薄膜，当温度达到30℃左右时撤膜，上铺营养土，准备播种。

由于酿热物来源减少，酿热温床热量有限，床温调节困难，填充酿热物较费工等原因，限制了其发展，目前用此设备育苗的已逐渐减少。

2. 火炕温床

火炕温床在陕西等地应用比较普遍。火炕用砖或土坯砌成 3 条直烟道或曲形回龙烟道。烟道深 20 厘米，宽 20 厘米，烟道上面铺 5 厘米左右园土，园土上面铺 20 厘米左右营养土，为使床温相对均匀，靠炉灶一端铺土厚些，靠烟囱端应薄些。在床外一端砌炉灶，另一端砌烟囱，烟囱高 2 米。火炕温床对燃料要求不严，控制床内土温 20℃左右就可以了。

3. 太阳能温床

太阳能温床是利用太阳热能提高土温和气温的温床。它适于温度不特别低的地区或季节育苗。

太阳能温床床址选在水位较低、背风向阳、前无遮阴、管理方便的地方。床宽一般 2 米，长 21 米，床的中间挖长 1 米，宽 2 米（与床面相同）、深 1 米的贮热池，贮热池两侧各为 10 米长的床面。床面下挖 40 厘米深，取土后挖 5 股相互连通输热道，每条道宽 20 厘米、深 20 厘米，两条边道距南北墙边沿各 10 厘米，道之间隔墙 20 厘米，边道一头与贮热池相通，另一头向内弯，与 2、4 两条输热道相通，2、4 两条靠贮热池的一端与中间一条输热道相通，最后通至墙外，与排气烟囱相接。床北面及东西两侧用砖砌墙，北墙增高 80 厘米。南墙搭 20 厘米高的支架，上面覆盖塑料薄膜。北墙中间留东西向间隔均等的 7 个 20 厘米 × 20 厘米调气孔，东西两头墙外各建一个高于地平面 1 米的排气烟囱（底部口径 20 厘米 × 20 厘米，上部口径为 15 厘米 × 15 厘米），底部与中间输热道相通。床体建好以后要进行铺床。先在输热道上铺高粱、玉米、芦苇等硬质秸秆，上面撒一层碎草以防止漏粪，然后铺 0 ~ 15 厘米厚的酿热物，上面铺 20 厘米厚的床土。

建好床后盖上棚膜堵上气孔，晚上盖好草帘保温。播种后，当床内温度升高后打开烟囱，使热空气输送到温床底部，提高地温，午后 3 时堵好排气烟囱。

4. 电热温床

电热温床育苗是将电能转化为热能来加热床土，既可以建在日光温室内，也可以建在塑料大棚内，还可以建在阳畦内，也能单独建造一个小中棚。电热温床开始工作后，电能转化成的热能向四周均匀传导。电热线在地下的布线，平均间距8～10厘米，对土壤增温效果很好，温床内的地温和气温都较高，而且能保持稳定，有利于幼苗的生长发育。为减少耗电，白天尽量利用日光提高苗床温度，傍晚要及时覆盖保温。电热线使用的电压一般为220伏，因电热线埋在地下，一般无触电危险。但是为安全起见，在进入育苗畦操作前，一定要切断电源。要特别注意电热线在畦内要铺平，避免有传热慢的粪团、土块、瓦砾等压在电热线上，也不可往电热线上直接摆放营养钵（袋或纸筒）。要先在铺平的电热线上撒填厚度均匀的2～3厘米厚的土，然后再往上排放营养钵。具体操作方法是：依据建电热温床轮廓，整平地面后，挖深25～30厘米、宽1.3米的长方形床池，长度以地块形状和育苗数量综合考虑。池底铲平后铺5～10厘米厚的碎秸秆、锯末、河沙等作为隔热层，踏实，上面再填2厘米厚的细土再踏实，然后铺设电热线。铺线的密度根据电热线的额定功率和苗床要求的功率密度来决定。布线完毕，通电检查线路是否畅通，如没有问题，可填床土或摆钵。

采用电热温床育苗的好处：①能有效地提高地温和近地表气温，解决了冬春季育苗地温显著偏低的问题，使播种到出苗时间大大缩短，出苗率显著提高；②秧苗质量高，定植后增加产量产值；③所需的电加温线、控温仪等设备一次性投资少，只是其他加温设备的十几分之一乃至几十分之一；④设备体积小，只要将控温仪及交流接触器挂在温室某一位置就可以；⑤电热设备易于拆除，设备利用率高，一个冬春，可先后多次将不同种子分期播种在同一个电热温床上，或用同一根电加温线先后多次在不同位置铺设电热温床；⑥应用控温仪后，可以按照种子发芽出土及幼苗生长要求的温度加以自动控制，是实现蔬菜生产自动化最低投资的设备。

电热温床的设备主要是电加温线和控温仪，附属设备是开关、导线，应用功率较大时外加交流接触器，需单独计量用电量的安装电度表。

（1）电加温线 电加温线是将电能转为热能的器件，它是电热温床最基本的电气设备。电加温线可以给土壤加温和给空气加温。它们的用途不同，使用的绝缘材料不同，叫法也不同。给土壤加温的叫土壤电加温线，通称电加温线，用聚氯乙烯或聚乙烯注塑；给空气加温的叫空气加温线，它选用耐高温的聚氯乙烯或聚四氯乙烯注塑。电加温线的绝缘厚度在 0.7 ～ 0.95 毫米之间，比普通导线厚 2 ～ 3 倍，它考虑到了土壤中大量水酸碱盐等导电介质，也考虑到了散热面积，还考虑到了虫咬和小圆弧转弯处易损坏的特点。电热丝采用低电阻系数的合金材料，为防止折断，除 400 瓦以下电加温线外，其他产品现都用多股电热丝。电热丝与导线的接头采用高频热压工艺，电加温线两头一般有 2 米长导线，并与电加温线颜色不同以示区别。

电加温线在设计制造时特别注意到了使用的安全性能，它的绝缘电阻在 1×10^9 ～ 5.5×10^{10} 欧姆 / 米，接头击穿电压在 15000 伏以上，电加温线部分在 25000 伏以上。所以在 220 伏电压工作时，按规定应用是绝对安全的。

使用电加温线应注意以下事项：①严禁成圈电加温线在空气中通电使用；②电加温线不许剪短或加长；③布线时不许将电加温线交叉、重叠、扎结；④电加温线工作电压一律为 220 伏，不许两根串联，不许用△型接法接入 380 伏三相电源；⑤给土壤加温时应把整根线，包括接头部分全部均匀地埋入土中；⑥从土中取出电加温线时，禁止硬拔硬拉或用铁锹横向挖掘，以免损坏电加温线；⑦旧电加温线每年应做一次绝缘检查，可将线浸在水中，引出线端接兆欧表一端，表的另一端插入水中，摇动兆欧表绝缘电阻应大于 1 兆欧姆；⑧电加温线不用时要妥为保管，放置阴凉处，防止鼠、虫咬坏绝缘层。

（2）控温仪 控温仪是电热温床用以自动控制温度的仪器，它能自动控制电源的通断以达到控制温度的作用。使用控温仪可以节电约 1/3，可使温度不超过作物的适温范围，并使其满足各种作物对不同地温的要求。

控温原理是当感温头内热敏电阻感受的实际温度高于或等于设定值时，使控温仪的交流电桥输出正信号或零信号，继电器的触头断开，切断电源。当感温头内热敏电阻感受的实际温度低于设定值时，桥路输出负信号，经放大，驱动继电器，使触头吸合接通电源，使电加温线通电加温。重复上述过程达到控温目的。设定值是由人旋动温控旋钮并使其固定在某一指示温度的位置上，除重新设定温度外不需再旋动。

控温仪在使用时应放在干燥通风的地方，不要无事反复旋转控温旋钮以免电位器损坏。感温头的金属头部应插在床土壤里，假如线不够长，可以居中剪断加长，但最长不许超过 100 米。每台控温仪里用以控制电源的继电器负载都是额定的，如果使用电加温线功率大于额定负载，应外加交流接触器，以免烧毁控温仪。

（3）交流接触器　如果电加温线功率大于控温仪的允许负载时，应外加交流接触器。交流接触器的线圈电压有 220 伏和 380 伏两种，用 220 伏的较适宜。安装交流接触器时应注意安全，由于它的触点裸露，通断时打火花，既要防触电，又要防火。

（4）电度表　电热温床的电源接在自家照明的电度表后，如不超负荷，不需另装电度表，其他情况应安装电度表。电度表有单相表和三相四线制表。单相供电的用单相电度表，三相四线制供电的用三相四线制电度表。电度表是电业部门收费的计量仪器，必须由电业部门安装。

（5）导线　导线的选定要根据负载电流的大小选其相应的截面面积，导线截面积不许太小以免引起火灾。除了按当时负载计算外，还要考虑以后负载是否增加，以免重新更换导线。

（6）隔热层　电热温床的下面和四周设隔热层可以节约电能，又有利于迅速提高地温。我国目前在温床四周用木板等隔热的不多，在北方寒地，许多地方都在床下面使用隔热层，隔热层可用旧草帘铺两层，或铺一层旧草苫，用碎稻草、稻壳、锯末等隔热材料也可以，但用旧草苫、草帘比较省工，用后起出方便。用发泡塑料板作隔热层效果也很好，但成本较高。当基础地温相对较高，一般达到 10℃以上时，也可不设隔热层。

二、采暖与保温设施

（一）采暖

在我国北方严冬季节，要保证育苗温室秧苗正常生长发育对温度的需要，就要采暖。目前采暖形式应用较多有热水采暖或暖风机、热风机及炉道采暖。

（1）热水采暖　采用集中式加温系统，用于大面积的温室群或大型温室。系统由锅炉、管道系统、控制系统和散热器等构成。其特点是：冷热水循环，锅炉加热；可灵活调节设施内温度，局部温差不超过3℃。

（2）暖风机、热风器及燃煤热风炉　热风采暖，通过热交换器将加热空气直接送入设施内以提高设施内温度的加热方式。热空气的输送：管道输送、非管道输送。注意控制风筒出风口温度。具有加温运行费用较高，一次性投资小，安装方便简单等特点。主要用于室外设计温度较高（-10～-5℃及以上）、冬季采暖时间短的地区。尤其适合于小面积的单栋温室。适用于我国长江流域及以南地区。

（二）温室大棚的保温

1. 防寒沟

温室和日光温室的防寒沟对减少土壤热失散有重要作用。土壤的热容量是空气的1500倍左右，地温的提高主要靠太阳辐射和人为增加地温，室内气温对地温的影响只占2%左右。热传导在垂直方向的上下土层和水平方向上的温室内外土壤之间进行。挖防寒沟可以减弱水平方向的传热，经测定，有防寒沟的比不设防寒沟的地温高4℃左右，可使土壤传热系数下降30%。防寒沟按要求最好挖到当地冻土层的深度，从节约建筑成本方面考虑，防寒沟沟深30～50厘米，沟宽18厘米左右，上面盖5厘米土（图2-21）。

图2-21　防寒沟

2. 设施外覆盖保温设施

用草苫、纸被、棉被等于夜间覆盖采光屋面外侧，白天太阳升起时揭开。常用的覆盖物其保温效果如下：一层塑料薄膜2～3℃，一层蒲席3～5℃，一层稻草苫4～5℃，四层牛皮纸被3～5℃，一层棉被7～10℃（图2-22）。

图2-22　外覆盖设施

3. 设施内覆盖保温设施

用塑料薄膜、无纺布等在温室内覆盖。覆盖方式有小拱、幕帘等。一层幕帘节能率25%～30%，两层的节能率40%～45%，三层的不经常使用。室内加设小拱棚保温效果为1～3℃。一层透明膜，一层无纺布效果好，无纺布吸水透湿，降低空气湿度，能减轻苗期病害，预防因湿度大而徒长。还有用聚乙烯薄膜和真空镀铝薄膜作幕帘的，以及用类似无纺布具有吸湿性的聚乙烯醇（PVA）薄膜作幕帘的。幕帘悬挂方法有：在温室内南立面窗帘式悬挂，把薄膜加工成2～3米的条块，每块上面放置小钢环，挂在南面，白天打开，晚上拉上，阴雨天气也可不拉。或在南立面固定式内覆盖。在东西山墙加塑料薄膜内覆盖。因室内无风，可用0.01毫米左右厚的地膜扣小拱（图2-23）。

图2-23 内覆盖设施

三、催芽设备

我国目前用于大量催芽和播种出苗的较大设备一般称催芽室。仅用于催芽的小型设备很多，如发芽箱、生物培养箱、催芽缸、电热毯、催芽器等。

（一）催芽室

催芽室是一种能自动控温的育苗设施，其催芽数量大，节省能源，出苗迅速。

催芽室在我国北方寒冷地区应建在温室里，由于温室温度高，可以节省能源；在冬春温暖地区可以建在大棚或其他专门的房子里。其体积根据育苗面积和人操作方便程度而定，一个 10 立方米的催芽室一次可播种 30 亩（1 亩 =667 平方米）生产用苗。规格可自行设计，一般长 1.4 ～ 2.8 米，宽 1.8 ～ 2.2 米，高 2 米。催芽室如建在温室可用双层钢筋骨架塑料薄膜组装，间距 7 ～ 10 厘米。由于透光，能利用太阳热能，出苗后即见光。不在温室内建筑的可用双层砖墙，中间放隔热材料以利于保温。催芽室门应采用双重门以利保温，门外悬挂棉门帘。加温设备采用空气加温线，布线时空气加温线应以不小于 2 厘米的间距均匀地排在催芽室内，线要离塑料膜 5 ～ 10 厘米远。当外界 0℃催芽室内 30℃时布线功率每立方米应大于 110 瓦。如经常停电地区，应将催芽室建在加温温室内，即使停电也不会出大问题。电气设备中的开关、控温仪（感温头除外）、电度表等仪器不应放在催芽室内。

催芽盘用塑料育苗盘最好，也可用木板制作。育苗盘摆放在铁架上，铁架的规格要与催芽室相匹配，层间距离 15 厘米左右，上下分成 10 层。铁架下面装 4 个橡胶轮，便于推进推出（图 2-24）。

（二）其他催芽设备

（1）恒温箱　恒温箱是最常用设备之一，其控温准确，催芽效果好，但设备成本高，催芽量少。

（2）自制发芽箱　用木板拼制成箱体，用控温仪自动控温，用

250 瓦电加温线或 80 瓦电热毯线加热。

图2-24 催芽架（催芽室）

（3）催芽缸　在大号水缸内放一根缠有 250 瓦的电加温线小木架，注意线间应有间距，接上电源和控温仪，缸上加盖棉垫保温，缸底和缸四周都应进行保温处理。这种催芽缸一次可催 1.5 ～ 3 千克种子。

（4）电热毯催芽器　采用市售电热毯，最好有高温档和低温档的。将电热毯放在床或桌子上面覆盖塑料薄膜，薄膜上放两层纸或纱布，将浸过种的种子（沥去多余水分）铺在纸或纱布上，厚度 2 厘米左右，种子上再盖纱布，纱布上覆塑料薄膜，薄膜上盖棉被。接上电源，通过加减覆盖物调节温度。还可通过高温档或低温档来辅助调节温度。

四、补光设备

人工补光是温室大棚蔬菜育苗的一项重要技术措施，采用人工补光的主要目的是：弥补一定条件下温室光照的不足，特别是冬季育苗日照短、光照强度低，不利于秧苗生长时。包括嫁接苗在内，遇到阴雨雪天秧苗几乎停止生长，采用人工补光，一定程度上可以缓解上述问题，以便有效地维持蔬菜种苗的正常生长发育。

（一）人工补光的基本要求

光源的光谱特性与植物产生生物效应的光谱灵敏度尽量吻合，以便最大限度利用光源的辐射能量；光源所具有的辐射通量使作物能得到足够的辐射照度；光源设备经济耐用，使用方便。

（二）补光灯具

补光的灯具有日光灯、白炽灯、高压汞灯、高压钠灯、生物效应灯和农用荧光灯（图2-25）。

图2-25　补光灯

荧光灯由灯管、启辉器、灯架和灯座等组成。荧光灯灯管由玻璃管、灯丝和灯丝引出脚（灯脚）构成。灯管规格较多，有6瓦、8瓦、12瓦、15瓦、20瓦、30瓦、40瓦、100瓦等，温室常用30瓦以上的各种规格。荧光灯的发光光谱主要集中在可见光区域，其成分一般为蓝紫光16.1%、黄绿光39.3%、红橙光44.6%。荧光灯的发光光谱可通过改变荧光粉成分，以获取所需要的光谱，如采用卤磷酸钙荧光粉制成的白色荧光灯，其辐射波长范围 350～750 纳米，峰值 580 纳米，较接近太阳光。

荧光灯发光效率高，约为白炽灯的 4 倍，达 50%～84%。使用寿命长达 3000 小时以上，价格便宜，是目前使用最普遍的一种光源。

生物效应灯，可发连续光谱，其紫外光、蓝紫光和近红外光低于自然光，而绿、红、黄光比自然光高。近红外光比自然光低 25% 左右。

（三）光源的选用

光源选用的原则：①补光的目的；②光源的性能价格比。

补光目的通常有两个：①满足作物光周期的需要。抑制或促进作物花芽分化、调节开花时期，一般要求有红光，但光照度比较低，只要几十勒克斯就可满足需要，多用白炽灯；②促进作物光合作用，补充自然光照不足。要求补光照度应在植物的光补偿点以上；光照度具有一定的可调性；光线中富含红光和蓝光；有一定的光谱成分，最好近似于太阳光的连续光谱。多使用高压气体放电灯或荧光灯。选配光源时，要考虑作物种类及生育期对光照的需求。蔬菜育苗人工补光的光照度通常在 3000～6000 勒克斯。

确定了光源的光照度值后，确定选用光源的光通量，依据光通量选取光源。选取光源时注意：不同种类的光源，其光通量不同；同种光源，随其功率不同，其光效（发光效率，单位功率所产生的光通量）不同。所以，选取光源要同时考虑光源种类、功率、实际光能。

光源的性能价格比：不同种类的光源，其初装费、使用寿命、发光效率、光谱特性、可用能量等均不相同，选用时应综合考虑。一般来说，发光效率高的光源，其初装费较高，但经多年运行后，其年平均费用却比较低，综合经济效益高。

以生物效应灯和农用荧光灯补光效果最好。生物效应灯适于秧苗补光，光色为日光色，可产生连续光谱，每瓦具有 80 流明高光效，其热量损耗小，光照强度均匀，光谱分配比例与太阳光相似，如和白炽灯配合使用效果更好。BR 型农用荧光灯辐射光谱接近植物生长所需要的光谱，在低强度补光处理下可促进幼苗生长和提高秧苗质量。

补光成本较高，人工补光具体操作时，可按每平方米 50 ～ 150 瓦，灯悬挂于苗的上方 2 ～ 2.5 米处。注意灯罩应尽可能小一些，以减少阴影。照明灯具可以是活动的，可利用一套装置在同一天内先后对两组秧苗分别进行补光。黄瓜从出苗起补光 3 周，花芽分化后不再补光，开始每天光照 16 小时（包括日照及人工补光），以后每周减少 1 小时，补光时间黎明前或日落后。番茄苗补光，开始两周每天光照（包括日照及人工补光）14 ～ 16 小时，以后两周 14 小时。辣椒补光当光照强度在 3000 勒克斯，只有 18℃ 以上时补光效果好，16℃ 效果极差，而以较强光，如 6000 勒克斯进行补光时，其效果受温度影响小。

五、遮阴设备

嫁接场所和嫁接后移栽到苗床时都需要遮光，并要保持恒温、多湿。因此，要进行遮阴。遮阴设备很多，既可使用专门用于覆盖遮阴的遮阳网（图 2-26），又可就地取材，用竹劈子、苇子、秸秆等物编织成花阴帘，甚至还可利用透光率较低的旧塑料棚膜等。

图 2-26　遮阳网

遮阳网俗称遮阴网、凉爽纱，国内产品多以乙烯、聚丙烯等为原料，经加工制作编织而成一种轻量化、高强度、耐老化、网状的新型农用塑料覆盖材料。利用它覆盖作物具有一定的遮光、防暑、降温、防台风暴雨、防旱保墒和忌避病虫等功能，用来替代芦帘、秸秆等农家传统覆盖材料，进行夏秋高温季节作物的栽培或育苗，已成为我国南方地区克服蔬菜夏秋淡季的一种简易实用、低成本、高效益的蔬菜覆盖新技术。它使我国的蔬菜设施栽培从冬季拓展到夏季，成为我国热带、亚热带地区设施栽培的特色。与传统芦帘遮阳栽培相比，具有轻便、管理操作省工、省力的特点，年折旧成本一般仅为芦帘的50% ～ 70%。自其应用以来推广很快，成为夏秋高温强光季节蔬菜育苗必备的一类重要设施。

遮阳网依颜色分为黑色或银灰色，也有绿色、白色和黑白相间等品种。依遮光率分为35% ～ 50%、50% ～ 65%、65% ～ 80%、≥ 80% 等四种规格，应用最多的是35% ～ 65% 的黑网和65% 的银灰网。宽度有90厘米、150厘米、160厘米、200厘米、220厘米不等，每平方米重45 ～ 49克。可根据作物种类的需光特性、栽培季节和本地区的天气状况来选择颜色、规格和幅宽。

研究表明，遮阳网覆盖在拱棚骨架中，在一天当中，中午遮光率相对较低，早晚较高。遮阳网和其他遮阴物一样，有遮阳降温作用，炎夏覆盖，一般地表温度可降低4 ～ 6℃，地下5厘米地温较露地低3 ～ 5℃。黑色遮阳网最高温度平均降低4℃，最大降温9℃。遮阳后减缓了风速，增加了湿度，减少了土壤水分蒸发，所以还有保墒防旱效果。由于它是网状的，有透气性，覆盖在畦面上，种子出苗后不会徒长，还具有防暴雨、防雹灾等效应，因此遮阳网是目前最好的遮阴设备之一。

六、育苗容器

（一）塑料杯钵

塑料杯钵通常为一种有底、形似水杯的育苗钵，可用模具自制，也可从市场上直接购买，其型号（第一个数代表育苗钵的口径，第二个数代表育苗钵的高度，单位为厘米）有5×5、8×8、8×10、10×10、12×12、15×15等多种，可根据蔬菜育苗期的长短及苗子的大小来确定。

塑料杯钵的主要优点：钵底有孔，装土后，钵土的通透性好，有利于菜苗根系的生长；塑料钵壁不能被根系穿透，能有效地阻止钵内的根系向外伸展，有利于保持根系的完整；钵壁较厚不易破裂，便于搬运，可以进行多次倒苗，使用的时间也较长，在使用和收藏得当时，一般可以连续使用5年以上。

塑料杯钵的主要缺点是费用较高，视苗钵的大小不同，销售单价从0.05～0.1元不等。另外，塑料杯钵也存在着排水不理想的缺点，当钵土装填过紧或浇水过多时，钵内容易长时间存水。

但是塑料杯钵是目前较为理想的育苗用具，在一些生产条件较好的地方，塑料杯钵的应用已相当普及，特别是在保护地蔬菜嫁接育苗中，塑料杯钵的应用更为普遍（图2-27）。

图2-27 塑料杯钵

（二）塑料筒钵

塑料筒钵通常为一种无底的塑料育苗钵，可以用废旧的薄膜自制，也可从市场上购买。市场上销售的塑料筒钵一般为成盘的塑料管带，使用时需按所需要的长度截取，通常使用的长度为厘米。与塑料杯钵相比较，塑料筒钵的费用较低，平均每个不到一分钱。另外，塑料筒钵的渗水性也较好，钵内不易积水，有利于控制苗钵内的土壤湿度。但是，塑料筒钵容易漏土，不适合搬运，并且塑料筒钵的钵壁较薄容易破裂，使用的时间也较短，一般只能使用 1 次。

塑料筒钵属于早期的塑料育苗钵，在塑料杯钵普遍应用的今天，筒钵已很少使用了，但在个别地方塑料筒钵仍占有相当大的应用比例（图 2-28）。

图 2-28 塑料筒钵

（三）纸钵

通常用纸自制的育苗钵，分为纸筒钵和纸杯钵两种。

纸筒钵是用空粗瓶或表面光滑的粗木段作模具，把裁好的纸片在模具上缠绕一圈，叠接处用糨糊黏住，然后褪下即成。

纸杯钵是用纸张折叠而成的，为加强纸杯的耐用性，杯壁多是用双层纸叠制。

与塑料钵相比较，纸钵的成本极低，取材也很广，并且钵的渗水性比较好，苗钵不易发生积水。但纸钵易破裂，特别是被水润湿后更容易发生破裂，不耐搬运，在育苗期较长或管理不当时，通常苗尚未移植而纸钵已经破裂，造成钵内的土块外露，出现土块破碎和露根现象，护根效果不理想。另外，纸钵的保水能力也比较差，容易失水使钵土变干燥，需要经常浇水。

纸钵属于早期蔬菜育苗所用的育苗钵，目前在一些地方仍有应用，特别是在育苗量较大而生产条件又较差的地方，纸钵应用相对比较多。

（四）穴盘

穴盘是工厂化育苗的关键工具。20世纪90年代中期以前，我国所使用的穴盘多数是从欧美或者韩国引进，20世纪90年代后期起所用穴盘90%以上实现了国产化。穴盘是蔬菜、花卉、绿化苗木等穴盘苗生长的场所，育苗基质、种子和种苗培育过程在穴盘中完成。穴盘的种类按照材质、空穴数量或者颜色划分（图2-29）。

图2-29　穴盘

1. 穴盘育苗的优点

① 高出芽率，苗生命活力强，可以大大节约种子，使种苗产业可以放心采用价值很高的优秀种子。穴盘育苗适于采用高精度播种流水线，便于实现机械化育苗，并且操作简便。用高精量播种生产线实行机械化播种，作业质量高，每穴中基质填装量一致，播种深浅相差无几，压实程度、覆盖深度等都很接近。进入温室后规范化管理，苗成活率高，出苗日期和苗大小较整齐一致。

② 穴盘的穴与穴之间相对独立，既减少了一些土传病虫害的发生和蔓延，又可避免幼苗之间的营养竞争。根系可得到充分发育。

蔬菜嫁接关键技术（彩色图解＋视频升级版）

③ 穴盘育苗比传统育苗高几倍的密度，节省了育苗所需温室面积。每株商品苗所需的温室固定成本和冬季采暖费用显著下降，便于集约化管理，可提高温室利用率，穴盘育苗也有利于统一操作和控制育苗的生长发育，利于提高种苗均匀度和种苗质量。

④ 穴盘所育的种前起苗时非常方便，移栽简单。在起苗时，根系和基质网结而成的根地相当结实，不易散开。不论是手工或机械化移栽，根坨部不易散结而使根系受伤。穴盘苗定植后成活率高，缓苗期非常短或基本没有缓苗期，有利于定植后迅速恢复生长和提高幼苗对逆境的耐受力和抵抗力。即使没有经验的农家，用穴盘移栽也能取得成功。

⑤ 穴盘苗便于存放。适宜远距离运输。如果措施得当，存放时间可延长数周而不受影响；穴盘苗内采用轻基质，便于实现集装运输也便于装卸，使得种苗远程运输成为可能，可以扩大供应和销售范围，国外育前工厂的供苗半径可达 1000 千米以上，非常利于实现种苗商品化供应。

2. 穴盘规格与穴盘苗大小

穴盘可以看作是许多营养钵合为一体的连体钵。现代的穴盘已经逐渐规格化，一只穴盘上连接几十个甚至几百个大小一致上大下小的锥形小钵，每个小钵称为穴，穴与穴之间紧密连接，这样就达到最大的种植密度。现代穴盘育苗大多用泥炭、蛭石、珍珠料等轻材料作基质，操作上省时、省力，育苗密度大大增加，节省基地建设投资、冬季采暖费用和劳力耗费，经济效益大为提高。

育苗盘按照材质可划分为聚乙烯注塑、聚丙烯薄板吸塑及发泡聚苯乙烯三种。入孔的形状有圆形和方形两种。国内厂家生产的有方口盘、圆口盘两种，一般长 54 厘米，宽 27 厘米，50 孔育苗盘每个穴孔上径 5 厘米，下径 4 厘米，深 5 厘米，此外还有 72 孔、84 孔等规格；美国、德国等普遍采用方口育苗盘，一般长 54 ~ 55 厘米，宽 27 厘米左右，常用规格有 50 孔、72 孔、84 孔、128 孔、200 孔、288 孔等，穴孔深度视孔大小而异。育苗中应根据育苗种类及所需苗的大小，相应选择不同规格的育苗盘，瓜类蔬菜嫁接育苗通常选用

50 孔或 72 孔，茄果类蔬菜嫁接育苗通常选用 72 孔或 128 孔。育苗盘一般可以连续使用 2 ～ 3 年。

七、二氧化碳气肥发生装置

设施内 CO_2 施肥，是设施栽培包括蔬菜育苗过程中的一项重要管理措施。设施内 CO_2 施肥适宜的浓度范围为 600 ～ 900 微升 / 升。

理论上讲，设施内 CO_2 施肥应在作物一生中光合作用最旺盛的时期和一日中光照条件最好的时间进行。我国棚室蔬菜实际生产过程中，通常在日出或日出后 0.5 ～ 1 小时开始，通风换气前结束。

设施内 CO_2 施肥过程中，要特别注意光温水肥等多因素的环境综合调控。如增加水分和养分的供给；当光为非限制因子时，高 CO_2 浓度下的光合适温升高，适当提高温度；设施内 CO_2 施肥，可提高光能利用率，弥补弱光的损失（图 2-30）。

图 2-30　二氧化碳气肥发生装置

设施内 CO_2 施肥，除加强通风换气外，人工补充 CO_2 肥源主要途径如下：

（1）液态 CO_2　来源于酿造工业、化肥工业副产品或地贮 CO_2。

液体 CO_2 纯度高，使用安全方便，但成本较高，换气不便。

（2）燃料燃烧　将燃煤炉具进一步改造，增加对燃气净化装置，除去其中的 NO_x、SO_2、CO 等有害成分后，输入设施内。此装置以焦炭、木炭、煤球、煤块等为燃料，但一次性投资较高，对吸收过滤装置要求严格。此外，以沼气、酒精为燃料的炉或灯也可用于 CO_2 施肥。

（3）CO_2 颗粒气肥　例如山东省农科院研制的 CO_2 颗粒肥以 $CaCO_3$ 为原料，与无机酸载体、工业调理剂按科学配比组合加工而成。颗粒平均直径 1 厘米左右，施入土壤可缓慢释放 CO_2。据报道，每亩一次性施入 40～50 千克可持续放气 40 天左右。这种颗粒肥释放 CO_2 速度受温度、湿度显著影响，对贮藏条件要求严格。河南农业大学开发的 CO_2 固体颗粒肥，使用时只需放入装水的桶内搅拌即可产生 CO_2，十分方便。

（4）化学反应　利用硫酸与碳酸铵反应进行 CO_2 施肥，是目前生产上应用最多的一种形式。简易的施肥方法是在温室内分点放置塑料桶，人工放入硫酸和碳酸铵后产生 CO_2，操作不便，可控性差。近年，在山东、辽宁等地相继开发出多种成套 CO_2 施肥装置，实现硫酸、碳酸铵分装，产气可以控制，在生产中应用效果较好。由于硫酸来源有限，该法成本相对较高，有时操作不当会产生有害气体危害作物。

八、嫁接设备

在工厂化蔬菜育苗生产过程中，采用机械嫁接能有效降低劳动强度，提高生产效率和嫁接苗的成活率。日本、韩国等国对蔬菜嫁接机研究较多，并已应用于实际蔬菜育苗生产中，但这些嫁接机价格昂贵，非一般农户和中小育苗中心所能承受，不适合我国目前蔬菜生产工厂化、集约化程度不高的状况。国内蔬菜嫁接机的嫁接速度在每小时 310～600 株不等，一般需要 2～3 人配合操作，人均工作效率仍然较低，与人工作业速度（每小时 120 株）相比没有明显优势（视频2-7）。中国农业大学研制出 2JSZ-600 型单臂嫁接机，并在此基础上，研制开发一种成本增幅不高、效

视频 2-7 种苗公司人工辅助嫁接

率较高的双臂蔬菜自动嫁接机，平均嫁接速度为每小时854株，其效率相当于1名熟练工人2个工作日的嫁接工作量，效益相当可观。

随着经济技术水平发展，嫁接机械在蔬菜嫁接育苗上的使用将显现其优势（视频2-8）。目前，国内蔬菜嫁接育苗仍主要是人工嫁接方式为主。

人工嫁接常用设备如下。

视频2-8 嫁接-
自动化-嫁接机
器人

（一）切削及插孔工具

切削工具多用刮须的双面刀片，为便于操作，将刀片沿中线纵向折成两半，并截去两端无刀锋的部分。每片大约可嫁接200株，刀片切削发钝时及时更换，以免切口不齐，影响成活。

用于除去砧木生长点和插接法插孔用的竹签可自制，竹签的粗细应与接穗幼茎粗细相仿，一端削成长1～1.5厘米的双楔面，使其横切面为扁圆形，尖端稍钝。操作时让穿孔大小正好与接穗双楔面大小相吻合（图2-31）。

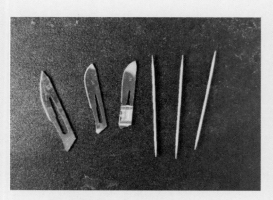

图2-31 嫁接切削插孔工具

（二）接口固定物

嫁接后，为使砧木和接穗切面紧密结合，应使用固定物固定接口，常用的固定物有以下几种。

（1）塑料嫁接夹　是嫁接专用固定夹，河北、北京等地大批量生产，小巧灵便，可提高嫁接效率，虽需一定投资，但可多次使用，是目前较为理想的接口固定物。

（2）塑料薄膜条　将塑料薄膜剪成 0.3 ～ 0.5 厘米宽的小条捆扎接口。也可将塑料薄膜剪成宽 1 ～ 1.5 厘米、长 5 ～ 6 厘米的小条，在接口绕两圈后，用回形针卡住两端。

（3）胶带纸　用长宽各 1.5 厘米的胶带纸缠绕固定接口，但操作不便，使用较少。

（三）消毒用具

使用旧嫁接夹时，应事先用福尔马林 200 倍液浸泡 8 小时消毒。嫁接时，手指、刀片和竹签应用棉球蘸 75% 的酒精消毒，以免将病菌从接口带入植物体。

（四）其他用具

为便于嫁接，提高工效，嫁接时，一般用长条凳或木板作嫁接台，专人嫁接，专人取苗运苗。砧木与接穗幼苗相似的应做出标记，以防砧木、接穗颠倒。

实行离地嫁接时，需要具备向发芽床、嫁接作业场所、移栽苗床等运苗的装苗箱。这种箱子用现有的木箱即可，但要保持清洁卫生，不能使嫁接的部位沾染尘土等，影响成活。

实行插接、切接时，接穗要在靠近苗床地面处切下，运到嫁接场所。为避免接穗萎蔫，可把接穗放到盛水的水桶或面盆的水面搬运，因此需用水桶或面盆等。

第三章
瓜类蔬菜嫁接栽培关键技术

第一节　甜瓜嫁接栽培关键技术

　　甜瓜属葫芦科黄瓜属一年生草本植物（图3-1）。我国栽培的甜瓜分为厚皮甜瓜和薄皮甜瓜两类。厚皮甜瓜香甜味美，品质佳，在国内外市场很受欢迎，但其要求温度高、昼夜温差大、光照强、空气干燥等极为严格的生态条件。20世纪80年代以前，我国厚皮甜瓜的栽培主要集中于西北。经过多年的攻关研究，目前厚皮甜瓜在华北、华南、东北等不同气候区均可栽培成功，除需要选用早熟品种外，还需要采用一定的保护设施提前育苗和定植，以使其在雨季来临之前结束生育期。薄皮甜瓜在我国各地普遍栽培，在各地形成了各自的优良地方品种。近年来，薄皮甜瓜保护地栽培迅速发展，棚室设施甜瓜栽培容易出现重茬障碍并导致病害，特别是导致枯萎病的大发生，进行嫁接栽培是防止重茬障碍和枯萎病发生的有效途径。

图 3-1 甜瓜

一、甜瓜对环境条件的要求

（一）温度

甜瓜原产于干旱较热地带，喜温、耐热、极不耐寒，遇霜即死。其生长适宜的温度，白天为 26～32℃，夜间为 15～20℃。甜瓜对低温反应敏感，温度下降到 10℃ 就停止生长，并发生生育障碍，7℃以下时发生亚急性生理伤害，5℃ 条件下 8 小时以上便可发生急性生理伤害。甜瓜不同的发育阶段对温度的要求有所不同。种子发芽的温度不低于 15℃，在 30℃ 左右发芽最快，超过 40℃ 种子发育不良。正常生长的温度为 34℃ 左右，最高不超过 40℃。开花期最适宜温度为25℃，果实发育成熟期以 30℃ 最佳，果实发育积温数在 1000℃ 以上。气温的昼夜温差愈大，对甜瓜果实发育、糖分转化与积累就愈有利。

（二）光照

甜瓜喜光，对光照要求比较严格，生育期内在光照充足的条件下才能生育良好。光照不足，植株生长发育受到抑制，果实产量低、品质低劣。通常要求 10～12 小时的长光照，在 8 小时以下短日照条件下，植株会生长不良，茎叶细长，叶片薄而颜色浅，易徒长，同化作用减弱，糖分少，品质差。开花结果期光照不足，植株表现为营养不足、花小、子房小、易落花落果；结果期光照不足，则不利于果实膨大，且会导致果实着色不良，香气不足，含糖量下降等。甜瓜的光补偿点为 4000 勒克斯，光饱和点为 55000 勒克斯。

（三）水分

甜瓜耐旱，怕淹，需水量较多。甜瓜根系浅，叶片蒸腾量大，可调节植株温度。甜瓜性喜干燥，需要相对湿度低的环境，一般相对湿度在 50% 以下最好。当甜瓜果实发育成熟时，多雨和浇水过多，会降低糖含量。甜瓜种子发育时需要充足水分，因而在播种前要灌足水。在苗期需水不多，但因植株根系浅，要保持土壤湿润。在生长旺盛期，直到开花结果，是甜瓜需水量较多的时期，应增加灌水数量，保持土壤中充足的水分。在果实膨大期，是甜瓜对水分的需求敏感期，果实膨大前期水分不足，会影响果实膨大，导致产量降低，且易出现畸形瓜；后期水分过多，则会使果实含糖量降低，品质下降。果实成熟期，土壤湿度宜低，但不能过低，否则易发生裂果。

（四）土壤

甜瓜根系强壮，吸收能力强，对土壤条件的要求不高，以通气、透水良好的沙壤土为最好。但沙壤土保水、保肥能力差，有机质含量少，肥力差，植株生育后期容易早衰，影响果实的品质和产量，在生长发育的中后期要加强肥水管理，增施有机肥，改善土壤的保水、保肥能力。新开垦的地适宜种植甜瓜。甜瓜不适宜栽植在排水不良的黏重土壤中，甜瓜适宜的 pH 为 6 ~ 7，可耐轻度盐碱。

二、砧木和接穗品种的选择

（一）砧木品种的选择

甜瓜嫁接栽培起步较晚，目前生产中所采用的砧木以南瓜为主，冬瓜及甜瓜共砧也有应用。甜瓜砧木的种类及品种请参阅第一章第二节相关内容。

近年随着品种改良工作的进展，国外已出现了栽培品种本身具有抗病虫害的品种。但是在病菌密度大，或在土壤水分大的土地上连作，又要早定植早收时，一般多采取用南瓜或共砧嫁接。目前甜瓜嫁接主要砧木有'新土佐'南瓜、'国砧1号'、'超丰2号'甜瓜专用砧、'世纪星'甜瓜专用砧以及葫芦科杂交一代砧木等。

甜瓜品种多，变化也快，选择适宜的砧木是很复杂的事情。因此，必须目的明确，慎重从事。下列条件供选用砧木时参考。

① 能回避土壤病虫害、耐湿，在低温条件下能生长，且能维持旺盛的长势时，可用杂交南瓜作砧木。杂交南瓜可用以嫁接'王子''伊而莎白''金奖'等甜瓜丛种。但嫁接后容易疯长，瓜皮易发生斑点，瓜肉容易变差，因此须控制施肥以平衡长势。

② 能回避土壤病害、耐低温，要求长势比自根苗强，能维持瓜原来的品质时，可用扁形的带竖条沟的南瓜（日本南瓜）。但嫁接后的植株，对立枯病抗性较差。

③ 砧木能回避土壤病虫害，长势比自根强，且要求瓜的糖度和肉质不亚于自根时，可用甜瓜共砧。共砧耐蔓割病、较耐低温、耐湿。嫁接亲和性及瓜的品质都优于其他砧木，使用较多。

④ 能回避土壤病虫害，在整个生长发育期间能维持一定长势且瓜的品质也较好时，可用冬瓜砧。冬瓜是喜高温作物，不耐低温，因此用冬瓜作砧木时不宜早栽。网纹系甜瓜多用冬瓜作砧木。

（二）接穗品种的选择

甜瓜品种选用，与所用的栽培设施和季节茬口要相适应。特别注意其对温度、光照和湿度环境的要求。在长江三角洲和南方多雨地区栽培成功的厚皮甜瓜，多为中小型早中熟品种，一般选用日本和我国台湾比较耐湿的杂种一代，白皮、黄皮和网纹三个类型中的一些适应品种。薄皮甜瓜品种较多，其次是厚皮甜瓜与薄皮甜瓜的杂交一代品种。北方地区，则主要以厚皮甜瓜进行设施栽培为主。棚室栽培甜瓜，厚皮甜瓜宜选择颜色好，瓜形正，肉厚，甜多汁，耐运输的品种。薄厚皮中间型，则选择具有普通瓜的香味和厚皮甜瓜的清香味，含糖量高的品种。薄皮甜瓜型，宜选择早熟、风味香脆、抗病能力强的甜瓜品种（图3-2）。

图 3-2　甜瓜（接穗）

各类优良品种及其简介如下，供参考。

伊丽莎白　从日本引进的特早熟品种。果实圆球形，果皮黄艳光滑。果肉白色，肉厚 2.5 厘米，肉软质细，多汁微香，含糖量 13%～15%，瓤色淡黄，种子黄白色。果形整齐，坐瓜一致，单株结瓜 2～3 个。本品种抗湿、抗病，但不抗白粉病。果实发育期 30 天，单瓜重 500～1000 克。亩产 1500～2000 千克，高产，优质，抗性强，容易栽培。全生育期 100 天左右。适合保护地早熟栽培。

状元　一代杂种。成熟时果面呈金黄色，果实橄榄形，脐小。果肉白色，靠腔部为淡橙色，含糖量 14%～16%，肉质细嫩，品质优良。果皮坚硬，不易裂果，耐贮运。早熟，易结果，开花后 40 天左右成熟、单瓜重约 1.5 千克，本品种株型小，适于密植，低温下果实膨大良好。

蜜世界　一代杂种。果实长球形，果皮淡白绿色，果面光滑，但湿度高或低节位结果时。果面偶有稀少网纹。肉色绿，质柔软，细嫩多汁，含糖量 14%～18%，品质优，果肉不易发酵，耐贮运。低温结果力强。开花至成熟需 45 天左右，单瓜重一般为 1.4～2 千克。

新世纪 一代杂种。果实橄榄形或椭圆形，成熟时果皮淡黄绿色，有稀疏网纹。果肉厚，淡橙色，肉质脆嫩细致，含糖量 14% 左右，风味佳。果硬、果梗不易脱落，耐贮运。生长健壮，耐低温，结果力强，单瓜重约 1.5 千克。

冀蜜瓜 1 号 河北农业大学选育品种。果实圆形，果皮金黄，有稀疏网纹。果肉浅绿，厚 3 厘米，松软多汁，香气浓郁，口感好，平均含糖量 13.2%，高者达 16%。耐运输，耐旱，耐瘠薄，抗病，适应性强，坐果稳定。早熟，生育期 86～90 天，果实发育期 30～32 天，单瓜重 1～1.5 千克，亩产约 2000 千克。

大庆蜜瓜 大庆师范专科学校选育，适于温室和大棚栽培的杂交一代厚皮网纹甜瓜品种。以子蔓着生为主，孙蔓着生少，主蔓着生更少。成熟的果实圆球形或阔卵圆形，蒂处有瓢把状凸起，直径在 12 厘米左右；幼果果皮淡绿色，随着生长渐转乳白色，成熟后呈淡黄色，皮布网纹。宿蒂，种腔小，肉厚 3 厘米左右，肉白色或淡绿色。贮后变软，香味浓郁，甘甜多汁，果实在常温下可贮存 2 周，随着贮存时间的延长，糖度降低。表现为高产稳定，抗病性强，品质好，果形整齐美观。开花到果实成熟 40～45 天，单瓜重 750～1000 克，一般亩产 2000 千克。

女皇 河北农业大学育成的一代杂种。果实圆形，果皮亮黄白色，密布美丽细网纹。含糖量 13%～16%，果肉厚，细嫩多汁，香气浓。极耐贮藏运输。在低温短日照条件下生育良好。节间紧凑，便于支架栽培，可留二茬瓜。生长健壮，高抗枯萎病和各种叶部病害，耐湿，耐弱光，耐低温，是典型的保护地栽培品种。中晚熟，生育期 95 天左右，单瓜重 1.2～1.5 千克。

中甜 1 号 中国农业科学院郑州果树研究所选育。是优质、高产、耐湿、抗病、易于栽培的极早熟厚皮甜瓜杂交一代。果实长椭圆形，果皮黄色，上有 10 条银白色纵沟。果肉纯白色，肉厚 2.5 厘米左右，肉质细脆爽口，含糖量 13.5%～15.5%。耐贮运性好，常温下可存放 20 天以上。对霜霉病、白粉病等有较强抗性，坐果性好。生育期 85～88 天，单瓜重 1.2 千克左右，一般亩产 2500～3000 千克，高者可达 3500 千克。适应性广，在保护地、露地条件下均可栽培。

京玉 2 号　国家蔬菜工程技术研究中心选育品种。果实高圆形，果皮洁白有透明感。果肉浅橙色，肉质酥脆爽口，含糖量 15% ～ 17%，高可达 18%。成熟后不变黄，不落蒂。耐低温弱光，抗白粉病，耐霜霉病。果实发育期 40 天左右，单瓜重 1.1 ～ 1.6 千克。特别适合春季保护地特色优质栽培。

中蜜 1 号　中国农业科学院蔬菜花卉研究所选育。中熟，厚皮甜瓜。抗性强，子蔓结瓜，易授粉，坐果率高。圆或高圆形。授粉后 40 ～ 45 天成熟。浅青绿果皮，网纹细密均匀，折光糖度 15% 以上。单果重 1.0 千克左右。果瓤绿色，质脆清香，含糖量高。亩产量约 2500 千克。各地保护地均可种植。

中蜜 2 号　晚熟网纹品种。果实圆形，果皮绿色，灰白网纹凸起，较密，均匀，极美观。果肉浅绿色，质软，香甜，含糖量 15% ～ 17%。植株生长健壮，抗白粉病，易坐果。授粉后 55 天左右成熟，单瓜重 1 千克左右，亩产 2000 ～ 2500 千克。

中蜜 3 号　晚熟网纹品种。果实圆形或高圆形，果皮灰绿色，网纹均匀美观。果肉橙红色，质软，含糖量 15%。植株健壮，授粉后 55 天成熟，亩产 2000 ～ 3000 千克。

中蜜 4 号　中熟网纹品种。果实椭圆形，果皮黄色，网纹灰白色，细密均匀。果肉橙红色，肉质脆，香甜，含糖量 15% 左右。植株健壮，易坐果，授粉后 40 ～ 45 天成熟，单瓜重 0.8 千克左右，亩产 1600 ～ 2500 千克。

蜜冠　河北农业大学选育。早熟，果实椭圆形，果皮黄色，有稀疏网纹。果肉白色，果肉厚 3.5 厘米，果肉松脆，爽口多汁，芳香浓郁，含糖量 13% ～ 16%。耐贮运；该品种生长势强，耐低温。生育期 90 天，开花至果实成熟 38 天左右，单瓜重 1.5 ～ 2 千克。冬春茬和秋冬茬日光温室栽培表现良好，优质，丰产。

益都银瓜　生产中有大银瓜、小银瓜、火银瓜之分，以大银瓜种植面积最大。大银瓜是中熟种，生育期约 90 天，果实发育期 30 ～ 32 天。果实圆筒形，顶端稍大，瓜面中部略有棱状突起。果皮白色或黄白色。白肉，肉厚 2 ～ 3.5 厘米，果肉细嫩脆甜，清香，含糖量 10% ～ 13%，种子白色，千粒重 14 克。品质极优，较抗枯萎病，但不耐贮运。单瓜重 0.6 ~ 2 千克，亩产 2000 ~ 2500 千克。

华南 108　果实扁圆形，顶端稍大，果脐大，脐部有 10 条放射状短浅沟，果皮白绿色，成熟时转白微带黄色，果面光滑。果肉白绿色或黄绿色，肉厚 1.8 厘米，肉质沙脆适中，带蜜糖味，香甜可口，含糖量 13% 以上，高者达 16%，种子黄白色。适应性广，耐运输。中熟种，生育期约 90 天，单瓜重 0.5 ~ 0.7 千克。

白沙蜜　黑龙江省地方品种。果实长卵形，顶部大而平，果形指数 2，果皮黄绿底色，覆深绿色斑块，瓜面有 10 条白绿色浅纵沟，清爽美观。果肉白色，肉厚 2 厘米，含糖量 12% 以上。品质好，耐运输。较抗病，不耐旱。单株结瓜 1 ~ 2 个，中早熟，生育期 80 ~ 85 天，平均单瓜重 0.5 ~ 0.6 千克，大者可达 1.75 千克，亩产约 2000 千克。黑龙江、辽宁、吉林、河北、河南、山西等省大面积种植。

银灰　台湾农友种苗公司选育。果实圆形或略扁圆形，果皮绿白色，成熟时稍带黄色。含糖量 13% ~ 17%，淡绿白肉，质细。不落蒂，不裂果，耐湿，耐热，结果力强。早熟，单瓜重 0.4 千克左右。

金辉　台湾农友种苗公司选育。果实椭圆形，金黄皮，外观美，白肉。耐热，耐湿，抗病性强。特早熟品种，平均单瓜重 0.4 千克。

三峡　薄皮与厚皮甜瓜的早熟杂交一代。果实卵圆形，表皮光滑，呈乳白色，充分成熟后色较深。果肉厚，细脆多汁，醇香。含糖量 12% ~ 14%，可食率高。保护地或露地兼用品种，高产、优质。生长旺盛，耐湿，耐热，抗病，适应性强。主蔓、子蔓、孙蔓均可坐瓜、单株留瓜 2 ~ 3 个。该品种可作为薄皮甜瓜栽培与食用，既具有薄皮甜瓜适应性强、抗病、易栽培的特性，又具有厚皮甜瓜优质、高产的特点。单瓜重 0.7 ~ 1.2 千克，每亩可产 6000 千克。适合保护地育苗、小中棚定植、早熟爬地栽培。

龙甜 1 号　是一个早熟、优质、高产、抗病的优良品种。1984 年由黑龙江省农作物品种审定委员会审定并命名，1986 年获黑龙江省农业科技进步奖，1991 年获黑龙江省科技进步奖。果实圆形或短卵圆形，纵径 10 厘米，横径 9 厘米，瓜皮绿色，成熟时为黄白色，瓜面光滑有光泽，有 10 条明显纵沟。果肉浅黄色，平均肉厚 2 ~ 2.5

厘米，最厚 3 厘米，可食率高，肉质细脆香味浓，味极甜，含糖量 12.5%～17%。子蔓孙蔓均能结瓜，一般单株可结 3～5 个瓜。生长势强，抗病。从播种到果实成熟需 70～80 天，平均单瓜重 0.25～0.5 千克，平均亩产 2000～2200 千克。是黑龙江省甜瓜的主栽品种。

龙甜 2 号　1992 年由黑龙江省农作物品种审定委员会审定并命名。果实长筒形，果皮绿色，带绿条块，上有浅黄色较宽条带，阳面黄，瓜面光滑无棱沟。果肉白色，厚 2.5 厘米，肉质沙面，清香有甜味，口感好，含糖量 10%～12%，品质佳。耐贮运，瓜皮有韧性，长途运输耐磨损，皮不变色，瓜不破裂。抗逆性强，抗白粉病，种子白色。单株结瓜 2～3 个，中晚熟品种、生育期 85～90 天，平均亩产 2400～2600 千克。

龙甜 3 号　1995 年由黑龙江省农作物品种审定委员会审定并命名。1992 年在吉林名特优新品种评比会上获一等奖。果实卵圆形，金黄色覆白条带，瓜面光滑，外观美丽。果肉厚 2 厘米，质脆味甜，过熟沙面，清香味好，含糖量 11%，高者达 16%，口感好，品质佳。果实不易开裂，耐贮运。植株高抗各种病害，在连作条件下仍能获得较高产量。种子白色，中熟品种，生育期 80～85 天。

龙甜 4 号　是由黑龙江省农业科学院园艺研究所选育。1998 年通过黑龙江省农作物品种审定委员会审定并命名。果实长卵圆形，成熟时黄白色，外观洁净美丽。果肉白色，肉质细腻，前期脆甜，后期粉面，口感好，甜度高，含糖量 13%～15%。坐果率高，平均单株结瓜 4 个，多的可达 7～8 个，果实大小整齐，商品率高。耐贮运，室温放置 7 天不倒瓤，不变质，运输过程中不易裂瓜破损。植株生长健壮，根系发达，吸水吸肥能力强，抗干旱，耐瘠薄。对多种病害特别是枯萎病抗性突出。适应性极强，稳产。较早熟，生育期 73 天左右，连续结瓜性强，采收期长，终收期与中晚熟品种相似，单瓜重 0.4～0.6 千克，亩产 2500 千以上。

黄金道　黑龙江省地方良种。果实卵形，皮色金黄，有深绿色花斑，形成条带，并有 10 条黄绿色浅纵沟。果肉浅橘色，肉厚 2 厘米，肉质松脆，含糖量 11%。种子浅黄色，千粒重 22 克。单株结瓜 2～3 个，生育期 90 天以上，平均单瓜重 0.8 千克，亩产 2000～2500 千克，在黑龙江、辽宁、吉林三省种植。

雪龙　植株长势健壮，综合抗性好，易坐果。果实成熟期38天，单果重1.8千克。果皮白色，果肉浅绿，肉厚3.8厘米，外观晶莹剔透，口感清脆爽口，商品率高，货架期长。成熟后折光糖含量17%，果肉脆质，耐贮运。适于保护地春秋栽培。

东方蜜一号　早中熟，植株长势健旺，坐果容易，丰产性好，耐湿耐弱光，耐热性好，抗病性较强。果实椭圆形，果皮白色带细纹，平均单果重1.5千克，耐贮运。果肉橘红色，肉厚3.5～4.0厘米，肉质细嫩，松脆爽口，细腻多汁，中心含糖量16%左右，口感风味极佳。春季栽培全生育期约110天，夏秋季栽培约80天，果实发育期40天。适于设施栽培的哈密瓜型甜瓜。

橙露　生育强健，抗病性强，易栽培，果实高球形，网纹粗美，开花后55天左右成熟，果重约1.5千克，果皮灰白绿色，果肉橙色，肉质柔软细嫩，风味特别鲜美，糖度约16%，不易裂果，不脱蒂，耐贮运。

丰雷　厚皮甜瓜，外形独特，品质香甜浓郁，综合抗性优良，抗逆性强，适于全国大部分地区种植，植株长势中等，果实成熟期35天，单瓜重1.3～1.5千克，果皮黄绿，沟肋明显。果肉浅绿色，肉厚3.5厘米，折光糖含量16%。耐贮运，货架期长。适于春秋保护地和露地栽培。

瑞龙　高档网纹甜瓜。网纹均匀，果形周正，外观漂亮，植株长势中等，叶片较小，适于保护地弱光条件栽培，果实成熟期50天，单瓜重2.0千克左右，果皮灰绿，网纹均匀，果肉黄绿色，肉厚4.5厘米，折光糖含量17%左右。果肉柔软多汁，风味清香优雅，是甜瓜中的高档品种。亩产3000千克以上，适于春季保护地栽培。

蜜龙　天津市农科院蔬菜研究所选育。网纹甜瓜。植株长势健壮，叶片肥厚。果实成熟期53天，单瓜重1.7千克。果实高圆形，果皮灰绿，有稀疏暗绿斑块，果面网纹均匀规则。果肉橙色，肉厚3.7厘米，肉质脆，折光糖含量16%。高抗白粉病，耐贮运。产量3000千克/亩。适于全国保护地种植。

瑞龙2号　秋季专用品种，以综合抗性突出，网纹形成早，纹理粗匀规则著称。果实发育期 50 天，单瓜重 1.5 千克，含糖量 17%，汁多味甜，芳香优雅。

碧龙 早熟，网纹甜瓜。该品种对低温耐性好，早春栽培坐果率高，整齐一致。植株长势中等，叶色浓绿，节间较短，果实成熟期 48 天，单果重 1.8 千克。果皮浓绿色，果面密覆网纹。果肉碧绿色，肉厚 3.8 厘米，成熟后折光糖含量 17%，果肉脆质，货架期长，耐贮运。适于保护地春秋栽培。

东方蜜二号 中熟。植株生长势较强，坐果整齐一致，耐湿耐弱光，耐热性好，综合抗性好。果实椭圆形，黄皮网纹，平均单果重 1.3～1.5 千克，耐贮运。果肉橘红色，肉厚 3.4～3.8 厘米，肉质松脆细腻，中心含糖量 16% 以上，口感风味上佳。春季栽培全生育期约 120 天，夏秋季栽培约 90 天，果实发育期 45 天左右。适于设施栽培的哈密瓜型甜瓜。

京玉 279 厚皮甜瓜。果实卵圆形，果皮灰绿色，果肉翠绿色，单瓜重 0.5～0.8 千克，折光糖含量 14%～17%，肉质细腻，风味独特，令人回味。抗枯萎病。耐储运。适于日光温室及大棚栽培，少雨地区可露地栽培。

京玉四号 网纹甜瓜，品质上乘，圆球形，皮灰绿色，肉橙红色，含糖量 15%～18%，单果重 1.3～2.2 千克，耐贮，货架期长，抗白粉病，适合保护地高档礼品栽培。

京玉五号 圆球形，皮灰绿色覆盖均匀突起网纹，肉绿色。细腻多汁，风味独特，含糖量 15%～18%，果重 1.2～2.2 千克，耐白粉病，适合保护地高档礼品栽培。

迷你哈密 果实长圆，果皮灰绿色，上覆均匀规则网纹，果肉浅橙色，松脆爽口，折光糖含量 14%～17%，抗逆性强。

玉露 中早熟，生长强健，抗枯萎病，耐霜霉病，结果力强，栽培容易，适于夏作，果实球形，成熟果奶油色稍带淡黄色，果面有疏网纹，果重约 1.5 千克，肉色淡绿，糖度约 16%，充分成熟时易脱蒂，宜适期采收。

天蜜 低温生长性良好，果实高球乃至短椭圆形，网纹细美。外观十分可爱，果重约 1.2 千克，开花后 40～50 天左右成熟，糖度约

16%，果肉纯白色，肉厚，肉质特别柔软细嫩，入口即化，汁多，风味鲜美。抗枯萎病，适于设施栽培。

抗病 3800　大果，网纹甜瓜，较抗枯萎病，栽培容易，耐低温，耐弱光，易着果，果实椭圆形，灰绿皮，网纹安定，果重约 2.5 千克，果肉橙色，糖度约 15%，肉质脆爽，全生育期约 90 ～ 120 天，果实发育期约 45 ～ 55 天。

天橙　生育强健，易着果，果实高球形，网纹细密，果皮绿灰色，单果重约 1.8 千克，果肉橙色，糖度约 16%，质地细软，产量高。全生育期日数约 95 天，开花至成熟约 47 天。

佳蜜　植株强健，抗枯萎病，果实高球形，网纹细密安定美观，果皮灰绿色，单果重约 2 千克，果肉绿白色，糖度约 16%，质地细软多汁，风味佳。结果力强、不易脱蒂，耐贮运。全生育期约 90 天，开花至成熟约 45 天。

新世纪　网纹甜瓜。生育强健，果实橄榄形至椭圆形，微有沟肋，成熟时果皮淡黄绿色，有稀疏网纹，果重约 1.5 千克，大的可达 3 千克以上，果肉厚，肉色淡橙，肉质特别脆嫩，糖度约 15%，果梗不易脱落，果硬，耐贮运。

香妃　早熟，网纹甜瓜。耐病，结果力强，果实纺锤形，果皮黄绿色，果面有稀疏网纹，果重约 2 千克，肉厚淡橙色，肉质脆嫩，糖度约 15%，开花后约 40 天成熟，耐贮运。

橙蜜　网纹甜瓜。生育强健，抗病性强。果实短椭圆形，灰绿皮，网纹细密，果重约 3 千克，果肉橙红色，糖度约 15%，肉质细嫩爽口，耐贮运，全生育期约 95 天。

长香玉　网纹甜瓜。生育强健，较抗枯萎病，果实长椭圆形，灰绿皮，网纹细密安定，果重约 2.5 千克，果肉橙红色，糖度约 16%，肉质细软有香味，全生育期约 90 天。

罗密欧　网纹甜瓜。抗病性强，结果容易，椭圆形果，果重约 3.5 千克，果面淡黄有斑点，有稀疏网纹。果肉淡橙色，果肉厚，糖度约 15%，质地脆爽，风味佳。适于温暖期栽培，全生育期约 75 ～ 85 天，开花至采收约 40 ～ 45 天。

丰甜四号　长势稳健，抗性强，适应性广，易坐果且整齐，易栽培。果实椭圆形，淡青底色，果面密，被细网，果肉橘红色，质细脆，口感极佳，单果重 1.5 千克左右，较耐贮运。

皖哈密一号 中熟，哈密瓜。果实椭圆形，果皮灰白色覆密网；果肉橘红色，厚 3.8 ～ 4.2 厘米，肉质细嫩脆，汁多味甜，中心糖可达 15% ～ 18%；单瓜重可达 1.5 ～ 1.8 千克，中小型优质品种。皮质韧，耐贮运。成熟期 40 ～ 45 天。

金帅 早熟，哈密瓜，长势强健，果实圆球形，光皮，成熟果金黄色；果肉浅橘红色，肉厚 4.0 厘米左右，肉质细嫩，酥脆爽口。可溶性固形物含量 15% ～ 16%，高可达 17% 以上，香味纯正，口感极好，耐贮运。平均单瓜重 1.5 ～ 2.0 千克。雌花开放至成熟 36 天左右，全生育期 95 天左右，抗性较强，不易早衰。

甜美 早熟，厚皮甜瓜。果实圆形，果皮白色，极光滑，外观极美丽，果肉白色，肉厚 3.2 厘米，肉质细软，可溶性固形物含量 17%，香味纯正，口感好，不脱蒂，耐贮运性强，平均单果重 1.4 千克，雌花开放至成熟 30 天左右。

翠蜜 早熟，网纹甜瓜。果皮灰绿色覆盖细密网，果肉绿色，果形美观。单果重 1.5 千克，中心可溶性固形物含量 17% 左右，肉质脆甜。坐果至成熟 40 ～ 42 天，外观美丽，抗性好，品质优。适宜全国各地保护地种植及海南冬季和西北露地栽培。

网蜜 早中熟，网纹甜瓜。网纹形成早且易全果成密网；网纹棕黄至淡绿色，果肉橘红色，肉质细嫩酥软爽口，成熟果香味浓，肉厚 3.5 厘米左右，单果重 1.5 千克以上，可溶性固形物含量 15%。雌花开放至果实成熟 35 天左右。

金奇 早熟，哈密瓜。植株生长势强，全生育期 92 天，雌花开放至成熟 32 天左右。果实正圆球形，成熟果金黄色，果面较光滑；果肉浅橘红色，肉厚 4.0 厘米左右，肉质细嫩，酥脆爽口，可溶性固形物含量 15% ～ 16%，口感极好，耐贮运性极强。平均单瓜重 1.5 千克，亩产 2500 千克以上。

丰蜜 网纹哈密瓜。果实长椭圆形，雌花开放至成熟 47 天，网纹较好。果肉深橘红色，肉色美，市场好，肉质细嫩爽口，口感极佳，成熟果果皮黄色，肉厚 4.2 厘米，平均单果重 2.3 千克以上，含糖量 17%，产量高而稳定。适于全国各地栽培。

安蜜 中熟，哈密瓜。网纹形成早且易全果成密网。果实短椭圆形，果肉橘红色，肉质细嫩爽口，成熟果果皮黄色，肉厚 4 厘米，雌花开放至成熟 45 天。平均单果重 2.0 千克以上，含糖量 17%。极耐贮运，产量高而稳定。

鲁厚甜 1 号 山东省农科院蔬菜研究所选育。适应性强，生长健壮，抗病，易坐果，开花至果实成熟需 50 天左右，果实高球形，单果重 1.2 ～ 1.5 千克，果皮灰绿色，网纹细密，果肉厚，黄绿色酥脆细腻，清香多汁，含糖量 15% 左右，果皮硬，耐储运。

三、嫁接育苗技术

（一）砧木和接穗播期的确定

为了使砧木和接穗的最适嫁接期协调一致，应从播种期上进行调整。甜瓜嫁接育苗的苗期长短因季节不同而异。一般高温期瓜苗生长较快，育苗时间 20 天左右为宜；低温期育苗时，瓜苗生长缓慢，育苗所需的时间也比较长，一般需要 40 天左右，其中早熟栽培以 35 天左右为宜。

适宜播种期的确定主要取决于砧木种类和嫁接方法。因为不同的嫁接方法对砧木的大小要求不一样，而不同砧木种类的幼苗又存在生长快慢的差别，所以要想使砧木的嫁接适期与接穗的嫁接适期相遇，必须通过调整播种期来确定。

甜瓜的播种期按育苗期的要求确定即可。砧木的播种期以甜瓜的播种期为依据或提前或延后，如实行插接和劈接时，要求接穗小，南瓜砧应较甜瓜早播种 3 ～ 4 天；甜瓜砧采用靠接法进行嫁接时，要求有较大的接穗，则与接穗同时播种，插接和劈接应早播 5 ～ 7 天。

以厚皮甜瓜为例，生产上甜瓜的生产季节茬口主要有冬季栽培、春季栽培、夏季栽培和秋季栽培。嫁接育苗时根据季节气候特点和嫁接方法确定砧木和接穗的播种期。

① 冬季栽培：一般于9月中旬～12月之间播种、嫁接育苗，1～4月采收。这个季节日照不足，温度低，生长发育慢，须选用生长发育快，瓜膨大快的品种和品系。

② 春季栽培：于12月～次年4月中旬播种、嫁接育苗，4～7月采收。这个时期气候条件适合，甜瓜植株长势旺。瓜形一般是圆球形，网纹细密。瓜的外观、肉质、食味均极优良。只要在育苗期和定植初期有暖气加温，就能生产出优质的甜瓜。

③ 夏季栽培：4月下旬到7月上旬之间播种、嫁接育苗，8～10月上旬采收。生长发育期间正值雨季，日照少，且有遭遇盛夏高温和播种稍晚易赶上秋季不正常气候、遭遇突然降温的危险。但炎热的夏天甜瓜能在温室大棚里栽培，可有效地利用温室，实行轮作用。

④ 秋季栽培：在炎热的夏季，从7月下旬即可开始播种，一直到9月上旬之间均可播种育苗，11～12月收获。育苗期到定植初期气温高，不易坐果，以后又会遇到秋季低温等不正常气候，瓜膨大慢，网纹发生得差，不容易生产优质甜瓜。

（二）种子处理与浸种催芽

1. 消毒处理

种子消毒主要是对种子上携带的病毒和疫霉病菌等进行灭杀。灭杀病毒常用药剂为10倍的磷酸三钠药液，浸种时间30分钟，浸后用清水把种子上的残留药液淘洗掉。灭杀疫霉病、苗期立枯病、蔓枯病等病菌可用200倍的苯菌灵药液或500倍的甲基硫菌灵药液等浸种30分钟，浸后淘洗净种子。也可以用热水浸种法灭杀病菌。

2. 温水浸种

浸种之前，先根据嫁接方法和砧木及接穗种子的发芽特性，确定砧木和接穗具体的浸种催芽时间。甜瓜、南瓜种子最好进行温汤浸种，精选好的甜瓜、南瓜种子均用55℃温水进行温汤浸种15分钟，烫种时不断搅动并加热水，保持恒温 15 分钟后，只搅动不再加热水，当温度下降到 30℃ 时，停止搅动，让其自然降到常温，然后进行常温浸种，甜瓜种子 6 ~ 8 小时，南瓜种子 10 ~ 12 小时。常温浸种后，用清水搓洗掉种子上的黏液。

3. 催芽

将甜瓜和南瓜分别种子用湿纱布包住，放在 28 ~ 30℃ 的环境中催芽，待有 60% 种子露白时即可播种。催芽过程中每天用 28℃ 的清水淘洗种子 2 次，催芽过程中应注意保温保湿，使温湿度平稳一致。甜瓜从浸种开始到种子出芽一般需要 16 ~ 20 小时，通常 24 小时后就可出齐芽。砧木从浸种到催出芽一般需要 48 小时以上。

（三）床土配制

肥沃的田园土 6 份，腐熟的优质粪肥 4 份，每立方米田园土加入鸡粪 15 千克、过磷酸钙 3 千克、草木灰 6 千克。为防止病害发生，每立方米床土再加入 50% 多菌灵粉 80 ~ 100 克、25% 敌百虫 60 克，充分混匀后备用。在温室中做成南北方向、宽 1.2 米、深 0.1 米的苗床，将配好的营养土装入营养钵或育苗盘备用。

（四）播种

甜瓜播种应采取密集撒播法，以培育出整齐而健壮的甜瓜苗。但如果采取甜瓜和砧木原地劈接法或靠接法嫁接，接穗可播在育苗盘中，使根在整个嫁接过程中不受伤害，同时育苗盘可以移动，随时调整位置，争取更多的光照条件，使接穗胚轴粗壮，为嫁接打下良好的基础。砧木播种应采取育苗钵直播种法，以保护根系不受伤害。播前先浇底水，水渗下后随即点播种子，播种时胚根朝下，砧木每钵播 1 粒种子，播后覆盖潮湿的细土，厚 1.5 ~ 2.0 厘米。育苗钵摆好后上盖地膜。如果采取砧木离地靠接法或砧木断根扦插法嫁接，就应选择密集撒播法来播种砧木（图 3-3）。

图3-3 播种（甜瓜接穗）

（五）播种后管理

1. 甜瓜苗床管理

（1）温度管理　播种后出苗前要保持苗床较高的温度，此期的适宜温度为25～32℃。温度适宜时，通常播种3天后种子开始出苗，当大部分种子出苗时，揭去地膜并对苗床通风，使苗床的温度下降，白天温度保持22～28℃，夜间温度保持12～15℃，防止幼茎生长过快，形成高脚苗。揭膜要在下午或傍晚进行，早晨揭膜有时会使苗子失水，造成萎蔫而死亡。

（2）浇水管理　播种时浇足底水后，种子出苗前不再浇水。出苗后也要适当控制浇水，保持苗床表面见干见湿。浇水过多、苗床表面湿度偏大时，甜瓜苗茎容易旺长，也容易引起幼苗发病。

（3）光照管理　出苗后要保持苗床充足的光照，光照不足时，瓜苗较弱，茎秆不充实，瓜苗也容易发病。

（4）防病管理　甜瓜苗容易发生猝倒病和立枯病，造成死苗，要加强苗床的湿度管理，避免苗床湿度长时间偏高。另外，从出苗后开始，每周用1000倍的高锰酸钾药液或用霜霉威盐酸盐药液浇灌根部1次。

2. 砧木苗床管理

（1）温度管理　播种后出苗前要保持苗床较高的温度，冬瓜砧和甜瓜砧苗床可按甜瓜苗床的温度管理要求进行管理，南瓜砧中的野生南瓜苗床的温度可适当高一些，促早发芽和发芽整齐。出苗后，要适当降低温度，防止苗茎生长太快，导致苗茎细弱不充实。一般来讲，甜瓜砧和冬瓜砧苗床可按甜瓜的温度管理要求进行管理；南瓜砧出苗后生长较快，应降低温度，白天温度保持25℃左右，夜间温度保持12℃左右。

（2）浇水管理　播种时浇足底水后，发芽期一般不再浇水。出苗后，应勤喷浇水，使苗床表面经常保持湿润，保持砧木苗较强的生长势（砧木苗是通过降低苗床温度来防止旺长的，不能控水）。苗床长时间干旱时，一是不利于苗茎的伸长；二是苗茎较细，质地粗硬，也不利于嫁接和培育健壮的嫁接苗。

（3）光照和防病管理　同甜瓜接穗管理。

四、嫁接

甜瓜嫁接通常采用靠接、顶插接、劈接和贴靠接等方法，操作过程简介如下：

（一）靠接法

主要应用于苗茎较细的甜瓜砧嫁接。多采取顶端靠接法，以加强嫁接苗的防病效果。嫁接前2天要在苗子上喷洒百菌清或多菌灵，嫁接前1天下午苗床要浇透水。靠接是目前甜瓜嫁接最多采用的方法，其便于操作，并且成活率高。南瓜和甜瓜两片子叶充分展开，真叶露心时为嫁接适期。接穗比砧木适当早播7～10天，嫁接时，先去掉砧木生长点，再在子叶下0.5～1厘米处呈45°向下斜削一切口，深达茎粗度的1/2～2/3，长0.8厘米左右。取接穗苗，用刀片在子叶下1～1.5厘米处呈45°向上斜切，深度达茎粗度的3/4，长0.8厘米左右。砧木和接穗的切口嵌合，用嫁接夹固定接口部位。嫁接后将砧木、接穗同时栽入苗钵，两者根部保持一定距离，一般1厘米左右，以便断根。嫁接后7～10天，切断接穗的根部。

（二）顶插接法

砧木提前 5 ～ 7 天播种，砧木真叶露出、接穗子叶完全展开时为嫁接适期。二者任何一方超过适宜期，嫁接成活率都低。嫁接时，用刀片或竹签去掉砧木真叶和生长点。用与接穗下胚轴粗细相同、尖端削成楔形的竹签，靠砧木一侧子叶，朝下方斜插一深约 1 厘米的斜孔，以不划破外表皮、隐约可见竹签为宜。将接穗下胚轴削成楔形面，长约 1 厘米左右。将插入砧木中的竹签拔出，将削好的接穗插入砧木的插孔中，并使接穗叶与砧木子叶呈"十"字状。

（三）劈接法

劈接法比靠接接触面大，愈合得好，操作简便，而且可以协调南瓜砧木较大和厚皮甜瓜接穗较小的差异，但必须严格掌握嫁接的适宜时期。砧木比接穗早播 5 ～ 7 天，砧木真叶显露、接穗子叶展开时为嫁接适期。先用刀片去掉砧木真叶和生长点，再从两片子叶中间将幼茎向下劈开，深约 1 厘米，以不切到髓部（空心）为宜。取接穗，将接穗胚轴削成楔形，削面长约 1 厘米。将削好的接穗插入砧木劈口中，使接穗与砧木表面平整对齐，用夹子固定。

（四）贴靠接

这是甜瓜独特的一种靠接方法。用刀片把砧木生长点连同一片子叶由胚轴上部削掉，切口长 0.7 ～ 1.0 厘米。再把接穗在子叶下方 0.5 厘米处沿胚轴向下切一弧形凹面，凹面大小与砧木的切面相当，深及下胚轴的 2/5 左右。然后将接穗的切口与砧木的切口靠合在一起，再用夹子固定。成活后再切断接穗的下胚轴。

五、嫁接苗管理

（一）接口愈合前的管理

1. 温度管理

嫁接后到嫁接苗成活前要保持嫁接苗床内温度适宜，温度偏高时，瓜苗失水较快，容易发生萎蔫，温度偏低时，甜瓜苗与砧木苗间的接面愈合质量差，嫁接苗也不易成活。此期的适宜温度为 25～30℃，地温 25℃。夜间最低温度不低于 15℃，白天的最高温度不超过 32℃。嫁接苗成活后，白天温度保持 25～30℃，夜间温度保持 15℃左右。嫁接苗定植前 1 周要逐渐降低温度，对瓜苗进行耐寒性锻炼，此期的白天温度可降低到 20～25℃，夜间温度可降低到 8℃左右。

在具体的温度管理上，甜瓜断根嫁接苗对温度的要求较为严格，应严格按适宜温度进行管理；甜瓜不断根嫁接苗对温度的要求相对较松一些，对温度的要求范围也大一些，可适当放宽温度管理。

2. 湿度管理

嫁接后前 3 天要保持苗床内较高的空气湿度，要求不低于 90%。从第 4 天开始要对苗床早、晚进行适当通风，降低空气湿度，避免湿度长时间过高引起瓜苗腐烂。初期通风的时间要短，通风口也要小，待瓜苗适应后再加大通风量。适宜的通风时间和通风口大小是通风后瓜苗不发生萎蔫的关键。

苗床开始大通风后，苗土失水加快，容易变干燥，要勤浇水。甜瓜苗较易发生猝倒病和立枯病，浇水时要浇小水，同时浇水后要对苗床进行大通风。

3. 光照管理

嫁接后需要短时间的遮光，避免阳光直射秧苗而引起接穗的萎蔫。嫁接后前 3 天如果为晴天，要用草苫对苗床进行遮阴。从第 4 天开始，上午推迟遮光时间，下午提前揭苫的时间，逐日缩短遮光的时间。适宜的照光时间是遮光前瓜苗不发生萎蔫，揭苫后瓜苗也不发生萎蔫。如果嫁接苗发生萎蔫，要用喷雾器喷水。当嫁接苗完全成活后，去掉草苫，对嫁接苗进行自然光照管理。

（二）接口愈合后的管理

1. 分床管理

通常于嫁接后第 10 天左右，当嫁接苗完全成活后，根据苗子的长相不同，将嫁接苗按成活好、成活差和没成活进行分类。把成活好的苗集中于一起，在培育壮苗的环境下进行管理，把成活差的苗也集中于一起，继续给予成活期间的条件进行培育，待生长转旺后，再进入培育壮苗的条件下进行管理。把没成活的苗从苗床中剔出。

2. 抹茬、抹根及断根

嫁接成活后砧木苗上长出的枝蔓要随长出随抹掉，防止枝蔓与甜瓜苗穗争夺营养而抑制甜瓜苗穗的生长。注意不要碰伤接穗和砧木子叶，更不要碰坏接口。甜瓜苗茎上长出的不定根也要随长出随抹掉，避免不定根扎入地里后，与砧木根系争夺营养而抑制砧木根系的生长，并使嫁接失去意义。甜瓜带根嫁接苗要在嫁接苗完全成活后（通常在嫁接后第 10 天左右），选阴天或于晴天下午用刀片从接口下、紧靠接口把苗茎切断，切断的苗茎要连根从地里拔出扔掉。为安全起见，可少切几颗作试验，1 ～ 2 天后不萎蔫时再全部切断接穗胚芽轴下部。甜瓜断根后要对苗床进行短期遮光，并勤浇水保证水分供应，对发生倒伏的苗要及时支扶好。移栽后，在确定成活后及时去除嫁接夹。

3. 定植前锻炼

定植前一周要对幼苗进行低温锻炼，揭掉覆盖物通风降温，白天温度在 22 ～ 24℃，夜间可降至 15℃，使嫁接苗逐渐适应外界气候条件。秧苗具有 3 ～ 4 片真叶，便可定植田间。

六、定植

（一）定植前准备

1. 定植期

厚皮甜瓜发苗快，秋季育苗期一般 25 天左右。就苗子的大小来讲，当嫁接苗成活后，并且第三个叶片充分展开后定植为宜。育苗时间过长，容易导致苗子老化。

2. 定植密度

厚皮甜瓜冬春温室栽培宜稀植，适宜的株行距即大果型品种：大行距 90 ～ 100 厘米、小行距 70 ～ 80 厘米，株距 40 厘米，每平方米栽苗 2.6 株左右。中果型品种：大行距 90 厘米左右、小行距 70 厘米左右，株距 40 厘米左右，每平方米栽苗 3 株左右。小果型品种：大行距 80 厘米左右、小行距 70 厘米左右，株距 40 厘米左右，每平方米栽苗 3.3 株左右。

3. 定植方法

在地膜表面按株距用刀片划"十"字形口，并挖穴栽苗，栽苗后再将地膜铺平并用土压好。适宜的栽苗深度为育苗钵面与垄背面平。

施肥后浇足底水，并且定植时土壤湿度也比较大时，只需在定植时将定植穴浇足水即可。如果定植时土壤比较干旱，并且施肥后没有浇水造墒，应在栽苗后对全田浇一次大水，浇水量要求是浇水后能够渗湿透垄背（图3-4）。

图3-4 定植后甜瓜

（二）定植后管理

1. 温度管理

温室栽培可以根据甜瓜生长需要调控温度，日光温室、塑料大棚、小棚可采取保温和通风降温调控温度。定植后应以较高的温度促进成活，一般白天 30℃，前半夜为 22 ～ 24℃，后半夜 20 ～ 22℃；抽蔓期白天最高温度 26 ～ 28℃，夜间最低 17 ～ 18℃，地温 23 ～ 25℃；开花坐果期则需较高的夜温，最低气温为 18 ～ 20℃；果实肥大期白天 27 ～ 30℃，夜间 15 ～ 20℃。气温 32℃以上，10℃以下对坐果和果实膨大都不利。昼夜温差在结果期维持在 10 ～ 12℃或更高，以利于果实糖分积累。

白天温度应根据日照条件来调节。日照充足的晴天，可保持适温的高限，因较高的温度有利于光合作用，而光照弱的阴天则应适当降低气温，以减少呼吸作用的消耗。夜间温度应采取分段管理，前半夜的温度应略高，以利于同化产物的运转，后半夜应适当降温，以把呼吸消耗降到最低。甜瓜对地温要求较高，在寒冷季节栽培应采取提高地温的措施，如多施有机肥、地面覆盖、电热加温等。

2. 肥水管理

厚皮甜瓜对水分要求严格。灌溉要点是，定植时为促进成活应稍多些，成活以后则应控制水分，然后配合生育条件，增加灌水量，在授粉期前应控制浇水。到坐瓜前，只要土壤不十分干旱，瓜秧也不表现出缺水症状时，就不浇水。个别植株出现缺水症状，需要浇水时，应单独浇"偏心水"，在植株的旁边进行点浇水，严禁全田浇水。果实膨大期则应增加水量，成熟期再次控水，以提高品质和耐贮性。为了降低空气湿度，可采用滴灌或膜下暗灌，空气相对湿度一般控制在50% ～ 70%。

基肥施足，追肥 1 ～ 2 次即可，第一次在开花前 4 ～ 5 天，第二次在果实肥大盛期。在每株甜瓜的旁边距茎 10 厘米远处，用细木棍在植株的两侧，各插 1 个孔，孔深 15 厘米以上。每株用复合肥 10 克或磷酸氢二铵 10 克、硫酸钾 5 克，将肥均匀撒入孔洞内。施肥后用土盖好施肥孔。生长后期根系的吸收能力衰退，可用 0.3% 尿素、0.2% 磷酸二氢钾或 0.3% 氮、磷、钾复合肥进行叶面喷肥。

3. 整枝、抹杈、打卷须

厚皮甜瓜以子蔓或孙蔓结果为主。保护地直立栽培空间有限，整枝严格（图 3-5）。为了保证产量和品质，一般多采用单蔓或双蔓整枝。单蔓整枝在 6 叶以下摘除侧蔓，选 6～10 节的子蔓结果，有雌花的子蔓留 2 叶摘心，无雌花侧蔓从基部剪除，主蔓 20 节以后摘心；双蔓整枝 3 叶期在苗床摘心，留 2 条子蔓，选子蔓 3～8 节的孙蔓坐果，具有雌花的孙蔓留 2 片叶摘心，无雌花孙蔓则自基部剪除，两条子蔓 12～15 节后摘心。单蔓整枝结果数少，但果形较大，同时密度可增加。整枝应在植株生长过程中随时进行，以免养分浪费，伤口小也易愈合。同时整枝应尽量在晴天进行，这样有利于伤口愈合，减少病菌由伤口侵入。

图 3-5

图3-5 甜瓜整枝

　　嫁接甜瓜在植株营养供应不足时，容易形成和尚头瓜以及发酵瓜等不良瓜，故坐瓜后要根据植株的生长情况进行抹杈。对长势比较强的植株，可不留侧枝，长势弱的植株应适当保留部分侧枝，保证植株有足够多的叶面积制造营养。甜瓜的茎部容易发生疫病，特别是侧枝抹杈的伤口处容易染病。为减少病害，抹杈时要求在侧枝的基部留下1厘米左右长的短茬保护主茎，并且抹杈时间要安排在晴暖天的上午，植株茎叶表面无露水时进行。

　　厚皮甜瓜茎蔓上的卷须数量比较多，对植株的营养消耗量也比较大，要随长出随打掉。打卷须时也应在基部留下一小段断茬，保护主茎。

4. 促进坐果

　　甜瓜属于两性花，保护地栽培不利于昆虫传粉，为确保产量，应进行人工辅助授粉，以提高结果率。每天上午8～10时，将当天开放的雄花去掉花瓣，在当天开放的结实花柱头上轻轻碰一碰即可，但要注意分布均匀，否则容易形成扁头瓜。授粉后要注意防水，防止水滴落入雌花内，破坏花粉。如果授粉期间，温室内的空气湿度比较大，薄膜上的水滴比较多时，应在开花前以及开花授粉后用防水纸袋将雌花套好。采用对氯苯氧乙酸（番茄灵）蘸花也可提高坐果率，方法是：上午8～10时选择当天开放的结实花，用20毫克/升的药液蘸果柄，注意不要让子房蘸上药，不要重复蘸药，以免出现裂果或畸形果。此法比人工授粉省工，坐果率达 95%。坐果后 6～7 天，当果有乒乓球大小时，在结果预备蔓中选大、圆而稍长的瓜留下，摘除小、短圆和畸形的瓜。小型果品种一般单株留 2 个瓜；大型果品种留 1 个瓜。半直立栽培单株留 2～3 个。定瓜后将结瓜枝用宽软的塑料带吊起，向水平方向牵引，使结瓜枝与果梗呈"T"字形，防止坠秧。

为确保理想节位结果，气温低，昆虫活动少，宜行人工授粉，时间为每天上午 7～10 时，授粉温度以 25℃为佳，并挂上标记（图3-6）。

图 3-6　甜瓜人工授粉

5. 适时留瓜

宜按品质第一、产量第二的原则进行留瓜，当坐果后 5～10 天，幼果似鸡蛋大时，应进行疏果，选果形端正者留瓜，顺便把花痕部的花瓣去掉，减少病菌侵入，留果数视品种特性和生长情况而定，小果型品种（单瓜重 500 克以下）每株留瓜 2 个，适宜的留瓜节位为

12～15节；大果型品种（单瓜重1千克以上）每株留一个瓜，适宜的留瓜节位为15～18节。要求在晴暖天中午前后留瓜。此时温室内的温度比较高，瓜的生长情况好坏易于判断。要选留生长快、瓜形端正、瓜色鲜艳、果面上茸毛多而密并且色泽也鲜艳、无病虫为害的瓜，其余的瓜用剪刀留下一小段果柄剪掉。顶部的二茬瓜一般不十分注重瓜的位置，只要瓜形端正、生长快，哪个瓜先坐住就留下哪一个，将其余的剪掉。

果实膨大后要及时进行吊瓜，以免瓜蔓折断和果实脱落。吊瓜可以提高瓜的产量和商品性，当幼瓜长到鸡蛋大小时，要及时用网袋或绳将瓜系吊起来，但注意吊瓜位置不可超过坐瓜节位。瓜可用软绳或塑料绳缚在瓜柄基部（果梗部）的侧枝上吊起，使结果枝呈水平状态（图3-7）。

图3-7　甜瓜吊瓜栽培

七、病虫害防治

（一）病害

1. 枯萎病

又称蔓割病、萎蔫病，是典型的土壤传播病害。病菌从幼根及根颈伤口侵入，维管束寄生，从幼苗到生长后期都可发病，但多发生在结果之后。病株生长缓慢，初期下部的叶片白天萎蔫，夜间恢复，病情逐渐向上发展，有时仅 1 ～ 2 条蔓萎蔫，如此反复数日后，致使全株迅速萎蔫，青枯死亡。后期病株基部根茎处出现黄褐色条斑，纵裂，茎维管束呈黄褐色，病斑上产生红褐色树脂状分泌物。

防治措施：重茬种植的温室，在甜瓜苗移栽成活后，可用 50% 多菌灵可湿性粉剂 500 倍液灌根预防。初发病时，也可用此法，药剂浓度可加大到 300 倍。若发病到中后期，叶片已开始萎蔫下垂，应及时拔除病株。

2. 猝倒病

主要在苗期发生，为子叶出苗至第一片真叶展开前的一段时间。瓜苗发病初期，苗茎靠近地面处或地面下的部分呈现出水浸状病斑，很快变为黄褐色，并失水、干缩、变细，因支撑不了子叶而发生倒伏。由于该病发病比较快，往往在子叶尚绿时就已经发生倒伏，故被称为"猝倒病"。该病在苗床内的蔓延也很快，一般从开始出现病苗到全苗床发病，条件适宜时只需数小时，故该病对甜瓜的为害比较严重，是甜瓜苗期重点预防的病害之一。

防治措施：苗床营养土配制时按每平方米苗床施用 70% 甲基硫菌灵可湿性粉剂 20 克左右。需注意的是，厚皮甜瓜苗对敌磺钠、辛硫磷两药物反应比较敏感，容易发生药害，配制育苗土时不要选择上述两种药物。在出苗初期，用 1000 倍的高锰酸钾溶液浇灌育苗钵土。初发病时，可用 64% 噁霜灵可湿性粉剂 300 ～ 500 倍液或 75% 百菌清可湿性粉剂 600 倍液喷雾。

3. 霜霉病

霜霉病属于真菌病害，高温高湿条件下有利于发病，主要危害叶片，发病重时茎蔓也能发病。发病初期，叶片上出现界限不明的水浸状浅黄色小斑点，逐渐扩大成浅褐色多角形病斑。潮湿时叶背面生黑灰色霉层。多从植株下部往上发展（图 3-8）。

防治措施：可用 72% 霜脲·锰锌可湿性粉剂 600 ～ 800 倍液或 50% 多菌灵可湿性粉剂 500 ～ 800 倍液喷雾，5 天 1 次，连用 2 ～ 3 次。

图 3-8　甜瓜霜霉病

4. 白粉病

真菌性病害，主要危害叶片，也危害瓜蔓及叶柄。发病初期，叶上产生白色圆形粉状斑点，以后逐渐扩大成片，渐成灰白色，恰似一层白粉，以后病斑布满整个叶面，叶片变黄、干枯。中部叶片发病较多（图 3-9）。

图 3-9　甜瓜白粉病

蔬菜嫁接关键技术（彩色图解＋视频升级版）

防治措施： 用 45% 硫黄胶悬剂 500 倍液或 70% 甲基硫菌灵 1000 倍液喷雾，每 7 天喷 1 次，可有效防除。注意交替用药。

5. 角斑病

属于细菌性病害，主要危害甜瓜的叶片。叶片受害后，初生针头大小的水浸状病斑，以后病斑扩大，并沿叶脉扩展而形成多角形病斑。病斑黄褐色，空气湿度比较大时，叶背面病斑上产生乳白色的黏液，干后成为一层黄白色膜。病斑发展到中后期，中间干枯脆裂，易穿孔。瓜上病斑呈水浸状，近圆形，后变为淡灰色，最后瓜变软腐烂。

防治措施： 喷施 72% 农用链霉素可溶性粉剂 5000 倍液或新植霉素 4000 倍液。

6. 病毒病

又称为甜瓜"鸡爪病""麻疯病"。危害厚皮甜瓜的病毒种类主要有黄瓜花叶病毒、甜瓜花叶病毒和西瓜花叶病毒等。症状表现各有差异，主要有花叶型、皱缩型、绿斑型和黄化型等。复合感染症状复杂且易发病。高温干旱有利于发病。前期感染对产量和品质影响大。田间主要靠蚜虫和整枝摩擦等传播。

防治措施： 要做好种子消毒，用 55 ～ 60℃ 的热水浸种 15 分钟；或用 10% 磷酸三钠溶液浸种 20 分钟，浸种后用清水冲洗种子，再用温水浸种 8 小时，之后催芽。在整枝、授粉等田间作业时，尽量防止接触传病。加强田间管理，增施磷钾肥，提高植株抗病能力。及时防治蚜虫、白粉虱等病毒传播媒介。发现病株立即拔除烧毁。发病初期喷 600 倍异戊烯基腺嘌呤（5406 细胞分裂素），或 1000 倍高锰酸钾液，或 1.5% 植病灵乳剂 1000 倍液。

（二）虫害

主要有蚜虫、粉虱和潜叶蝇。

1. 蚜虫

蚜虫（图 3-10）群居在嫩叶的背面以及嫩枝、幼瓜的表面，吸食汁液，使植株营养不良，生长停滞，后期褪绿变黄、早衰，造成叶片卷曲，并在叶面、果面上大量分泌蜜露，引发煤污病。

图3-10 蚜虫

防治措施：苗床内高温高湿，蚜虫易发生，因此苗床内应注意通风排湿，控制温度。苗期蚜虫发生都有明显的点片阶段，一般称之为"窝子密"，此时是防治的最佳时期。如果只有几株秧苗发生蚜虫为害，可以局部用药防治，如已多点发生则应全面喷药，使用40%乐果乳剂1200～1500倍液，或70%灭蚜硫磷可湿性粉剂2000倍液，或4%鱼藤酮乳剂800～1000倍液，或20%氰戊菊酯乳剂，或2.5%除虫菊酯乳剂3000～4000倍液，或溴氰菊酯5000倍液，喷洒防治。可选用10%吡虫啉可湿性粉剂4000倍液，或25%噻虫嗪水分散剂10000倍液等喷雾。一般喷药后15天不可采收，最好交替用药，以免产生抗药性。为防止蚜虫产生抗药性，提倡多种药剂轮换使用。温室内还可以采用敌敌畏烟剂（每亩用量350克）熏蒸方法防治。在育苗温室放风部位装上防虫网（20目），温室内挂黄板等都是有效的防治措施。另外，应及时清除育苗温室周围的杂草，切断蚜虫的栖息场所和中间寄主。

2. 粉虱

白粉虱和烟粉虱，主要以成虫和幼虫群聚于叶背吸食组织汁液，使叶片褪绿、变黄、白化、萎蔫，植株生长衰弱，严重时可使全株枯死。具有趋黄性和趋嫩性。成虫分泌蜜露，还可诱发霉污病，不仅影响叶片光合作用，还可导致蔬菜品质下降。可传播病毒病，造成病毒病等病害传播流行。一般受害蔬菜可减产 15% ～ 30%。烟粉虱是近几年棚室蔬菜的重要虫害，也是暴发性害虫，寄主涉及除葱蒜类的大部分蔬菜种类（图 3-11）。

图 3-11　白粉虱、烟粉虱

防治措施：

① 农业防治。清洁田园，培育壮苗和无虫苗。合理安排茬口，注意十字花科、茄科、豆科、葫芦科等易感蔬菜与葱、蒜等抗性蔬菜进行轮作换茬。冬季种植其不嗜好的寄主植物，可起到拆桥断代的作用。根据白粉虱和烟粉虱在植株上的分布特点，适当摘除植株底部老叶，携出室外进行销毁，以减少室内虫口基数。

② 物理防治。应在大棚温室通风口设置防虫网，高度可与作物持平或略低于植株，严防粉虱类进入。白粉虱和烟粉虱具有趋黄习性，可在棚室内设置黄色诱虫板诱杀成虫。

③ 生物防治。有条件的可利用设施相对独立的密闭环境，释放

寄生蜂、瓢虫、草蛉等有效防控天敌，抑制白粉虱和烟粉虱的发生危害。

④ 药剂防治。选用 25% 噻虫嗪 3000 倍液、80% 氟虫腈 15000 倍液、50% 丁醚脲 1000 倍液、烯啶虫胺 2000 ～ 3000 倍液喷雾防治。用 25% 噻嗪酮可湿性粉剂 1000 ～ 1500 倍喷洒，对若虫具有较强的选择性，对卵和 4 龄若虫（伪蛹）防效差，对成虫无效，喷洒药液时尽量做到喷雾全面、均匀。

在棚室生产中，当成虫密度较低时是防治的适期。成虫密度稍高（每株 5 ～ 10 头），喷雾量和浓度可适当提高。2.5% 联苯菊酯乳油（天王星）1500 ～ 2000 倍液对成虫有较好的防治效果。用吡虫啉 2000 ～ 3000 倍液；毙虱狂烟剂 200 克 / 亩烟熏或蚜虫清烟剂 200 克 / 亩烟熏；2.5% 溴氰菊酯 1000 ～ 1500 倍液；25% 灭螨猛乳油 1000 倍液；2.5% 高效氯氟氰菊酯乳油；20% 甲氰菊酯乳油 2000 倍液；90% 灭多威可湿性粉剂 2000 ～ 2500 倍液喷施都有较好的防治效果。而在连阴天及多雨季节，虫口基数大时可选用烟熏剂进行防治。

3. 斑潜蝇

蔬菜斑潜蝇是一种极小的蝇类，成虫灰黑色，幼虫为无头蛆，最大的长 3 毫米，初期无色，渐变为淡橙黄色和橙黄色。成虫用产卵器刺伤叶片产卵于叶表皮下，幼虫在叶片上表皮下蛀食叶肉组织，形成极明显的蛇形潜道，严重时虫道布满叶面，使叶片的功能丧失，最后干枯。幼虫成熟后脱叶化蛹。包括美洲斑潜蝇、南美斑潜蝇、番茄斑潜蝇、三叶草斑潜蝇等，寄主植物广。

防治措施：

① 农业措施。注意田间清洁，对受害蔬菜田中的枯残叶、茎，要集中堆沤或深埋，以消灭虫源。在发生代数少、虫量少或保护地内，及时摘除虫叶（株），并将这些虫叶带出田块或大棚，集中销毁。利用夏季高温闷棚和冬季低温冷冻，可有效降低虫口基数。在化蛹高峰期，适量浇水和深耕，创造不适合其羽化的环境。作物收获后立即深翻，将落地虫蛹翻入土中，使其不能羽化。

② 物理防治。前茬收获后下茬种植前，及早设置防虫网。根据斑潜蝇成虫的趋黄习性，可在棚室内用灭蝇纸或黄板诱杀成虫。或利用盛夏换茬季节选晴天高温闷棚，将棚室温度控制在 60 ～ 70℃，闷 1 周左右能起到杀虫杀卵的作用。

③ 药剂防治。防治蔬菜斑潜蝇，一定要选用高效、低毒、低残留的药剂，一般要连用 2 ～ 3 天。如氰戊菊酯、甲氰菊酯、氯氰菊酯、S- 氰戊菊酯、高效氯氟氰菊酯、辛硫磷、喹硫磷、阿维菌素等农药防治效果均较理想。如用 1.8% 阿维菌素乳油 2500 ～ 3000 倍液喷雾，药后 10 天防效达 85% ～ 99%，药后 15 天防效达 91% ～ 100%。用 5% S- 氰戊菊酯乳油 2000 倍液喷雾防效达 88%。可选用 75% 灭蝇胺 2500 ～ 3000 倍液、10% 吡虫啉 1000 倍液、1.5% 甲氨基阿维菌素苯甲酸盐 1500 ～ 2000 倍液喷雾防治。用药剂防治斑潜蝇提倡轮换交替用药，以防止抗药性的产生。防治适期在低龄幼虫盛发期。

八、采收

甜瓜采收期是否适当，直接影响到商品价值。采收适期应是果实糖分已达最高点、但果实尚未变软时最好。一般可从外观、开花日数、试食结果等几方面综合起来确定适宜的收获期。收获适期一般早熟品种为开花后 40 ～ 50 天、晚熟品种 50 ～ 60 天，可结合授粉、吊牌记录开花日，以作为收获的标志。

可通过看闻听等来判断。例如瓜皮表现出固有色泽，果实脐部具有本品种特有香味，用指弹瓜面发出空浊音，均可判断为熟瓜。

采收宜选果实温度低的清晨进行，用小刀或剪刀采摘。收获时要保留瓜梗及瓜梗着生的一小段（3 厘米左右）结果枝，剪成"T"形，果实贴上标签，用包装纸包裹或塑料网果套包装，单层纸箱装箱，纸箱外设计通风孔，内衬垫碎纸屑，切勿使果实在箱内摇动。网纹甜瓜一般有后熟作用，采收后放在 0 ～ 4℃ 条件下 2 ～ 3 天食用品质最好（图 3-12）。

图 3-12　甜瓜采收

第二节　西瓜嫁接栽培关键技术

西瓜原产于非洲南部，为葫芦科西瓜属 1 年生蔓生藤本植物，是夏季主要果蔬。西瓜可清热解暑，对高血压、肾炎、浮肿、糖尿病和膀胱炎具有一定辅助疗效。近年来，居民对西瓜的消费需求越来越高，冬春淡季已经成为消费热点，棚室西瓜栽培面积迅速增加，并取得较好的经济效益（图 3-13）。

图 3-13　西瓜

一、西瓜对环境条件的要求

（一）温度

西瓜是喜温耐热性作物，对温度的要求较高且比较严格。对低温反应敏感，遇霜即死。适宜生长发育的温度是 $18 \sim 32℃$。在此范围内，温度越高，同化能力越强，越有利于西瓜的生育。在 $40℃$ 高温下，西瓜也能维持正常的同化作用，但时间不宜长。若遇到 $45℃$ 的高温，细胞原生质凝固而生长受阻。西瓜在 $15℃$ 时开始生长，$10℃$ 时生长停止，$5℃$ 时地上部受害。但幼苗期能忍耐 $2℃$ 左右的低温。根系生长的适温为 $25 \sim 30℃$，伸长的最低温度为 $8℃$，产生根毛的最低温度为 $14℃$。

西瓜不同生育期对温度的要求不同，种子发芽的最低温度在 $15℃$ 以上，发芽最适温为 $25 \sim 30℃$，在 $15 \sim 35℃$ 的范围内，随着温度升高，发芽时间缩短。幼苗期最适宜温度为 $22 \sim 25℃$。伸蔓期适宜温度为 $25 \sim 28℃$。西瓜开花坐果期的温度低限为 $18℃$，温度低于 $18℃$，雌花发育不正常，花粉萌发受阻，花粉管伸长慢，甚至失去活力，往往造成授粉不受精，则很难坐果，即使坐果，易畸形，果皮变厚，成熟期延长。结果期适宜温度为 $30 \sim 35℃$，并喜好较大的昼夜温差。在适温范围内，昼夜温差大，有利于植株各器官的生长发育和果实中糖分的积累。

（二）光照

西瓜是需光最强的作物之一。据测定，光饱和点为 80000 勒克斯，光补偿点为 4000 勒克斯，在这一范围内，随着光照的增强，叶片光合作用逐渐增强。西瓜对光照强度较敏感，在较强的光照下，植株生长稳健，茎粗，节间短，叶片厚实，叶色深绿，株形紧凑；在弱光条件下，植株出现徒长现象，节间长，叶大而薄，叶色淡，机械组织不发达而易感病。若幼苗期连续阴天，光照不足，则子叶黄化，失去制造养分功能而僵化死亡。开花结果期阳光充足，则雌、雄蕊发育正常，授粉受精顺利，坐果率提高，子房膨大较快，糖分积累较多。反之，若光照不足，易造成坐果困难，出现化瓜现象。同时，弱光条件下形成的果实往往含糖量低，品质下降。生产中发现，西瓜在晴天多、日照充足、结果期气温高的年份，根深、茎粗、叶茂，病害轻，膨瓜快，产量高，品质好。

日照长短对西瓜生长发育也有一定影响。西瓜属短日照植物，光周期为 10 ～ 12 小时。在保证正常生长的情况下，短日照可促进花芽分化。苗期适当的低温和短日照是获得西瓜早熟丰产的重要因素。但当日照少于 8 小时时，对西瓜生长发育不利。

光质对西瓜的影响表现为，若光谱中短波光即蓝紫光较多时，对茎蔓的生长有一定的抑制作用，而长波光即红光可加速茎蔓生长。

（三）水分

西瓜耐旱能力较强。嫁接西瓜根系发达，可以吸收土壤中较大范围的水分，同时其地上部具有茸毛，叶片裂刻较多，可减少水分通过叶面的蒸腾。虽然如此，因西瓜茎叶繁茂，茎叶和果实中都含有大量的水分，是需水量较多的作物。对水分条件的要求取决于根的吸收能力与地上部分的蒸腾强度。一株 2 ～ 3 片真叶的幼苗，每昼夜的蒸腾水量为 170 克，雌花开放时达 250 克，在膨瓜期耗水可达数千克。一株西瓜一生中可消耗 1000 千克水。

西瓜对土壤水分的要求在不同生育期内不同，幼苗期为土壤田间持水量的 65%，不宜过湿，否则易感病。伸蔓期增加至 70% 左右，促进瓜蔓生长，扩大叶面积，积累营养。果实膨大期为 75% 左右，保证水分充足，加速果实膨大。土壤水分状况直接影响植株的生育。西瓜对水分的敏感时期，一是在坐果节位雌花现蕾期，此时如水分不足，雌花花蕾小，无光泽，子房小，影响坐果；二是在果实膨大期，如土壤水分不足，影响果实膨大，同时易出现畸形果、裂果、皮厚、中心空等现象，严重影响商品性。

西瓜需水量大，但要求空气干燥，适宜空气相对湿度为 50% ～ 60%，较低的空气湿度不仅有利于果实的膨大，并且可提高果实的含糖量。西瓜根系不耐水涝，瓜田积水后植株根部易腐烂，可能造成西瓜全田死亡。

（四）土壤

西瓜对土壤条件要求不严格，沙土、壤土、黏土地均可栽培。土层深、排水良好、有机质含量丰富的沙质壤土有利于西瓜根系和地上部的生长发育，需注意增施有机肥，追肥按"少量多次"来调节植株的营养平衡。黏土最好在整地时掺施适量的沙土进行改良，并结合增施有机肥，改善土壤通气状况。新垦土地也可种植西瓜，病害轻，但肥力相对不足，要注意增施有机肥。

西瓜对土壤的酸碱性要求不严格，适宜在中性土壤中生长，适宜 pH 为 5～7。在枯萎病发生较重的地区，土壤酸性较小为好。在碱性土壤中育苗，往往出苗率不高。西瓜在盐碱地栽培时，最好在非碱性土壤上育苗后再移栽。西瓜在土壤含盐量低于 0.2% 以下时可正常生长，在含盐量较高的土壤上，易造成生理障碍，甚至死亡。

二、砧木和接穗品种的选择

（一）砧木品种的选择

在西瓜砧木选育方面，日本起步较早，已培育出 10 余个西瓜专用砧，我国对西瓜砧木选育的研究较晚，目前生产上应用的砧木种类主要有瓠瓜、南瓜、冬瓜和共砧的西瓜等。南瓜作砧木对果实品质有影响，冬瓜作砧木，有时表现果肉软绵。瓠瓜作砧木不影响果实甜度、质地、色泽，以及口感、风味等。作砧木用的瓠瓜品种较多，除长颈葫芦、圆葫芦、大葫芦等地方种外，还从日本、我国台湾引进了'相生''勇士'等品种。近几年，国内一些单位也相继培育出一些西瓜专用砧木，如中国农业科学院郑州果树研究所育成的'超丰'F1 等。西瓜主要砧木种类及品种简介，请参阅第一章第二节相应内容。

西瓜主要砧木品种的选择：砧木与西瓜的亲和力强，嫁接成活率高，抗枯萎病，不影响西瓜果实的品质和口感风味，砧木对不良条件适应力强。

大量的研究表明，砧木不同，其特性也有差异。对西瓜接穗和组合效应也不同。除上述效应外还表现以下几方面。抗病性：南瓜强于葫芦，葫芦强于冬瓜。抗旱性：葫芦最强，其次是冬瓜，再次之是南瓜。低温生长性：南瓜好于葫芦，葫芦好于冬瓜。亲和性：南瓜与西瓜的嫁接亲和力是从种子发芽后逐渐增强，至子叶完全展平后最强，而葫芦和冬瓜在第一片真叶半展开时达到最强，一般比南瓜晚 4～5 天。肉质：葫芦优于南瓜和冬瓜。生长势：南瓜优于葫芦和冬瓜。果型和外观：共砧＞冬瓜＞葫芦＞南瓜。

（二）接穗品种的选择

西瓜品种类型很多，按果实大小分，有大、中果类型和微型礼品果类型；按果实有无种子分为普通西瓜、少籽西瓜和无籽西瓜。西瓜嫁接栽培接穗的选择应根据栽培形式和栽培季节选择品质好、产量高、抗病性强的品种。大、中果类型主要优良品种如下。

郑杂 6 号　中国农科院郑州果树研究所选育，杂交一代，早熟品种，其果实椭圆形，果皮黄绿底、上有宽条带，果皮薄，果肉大红，多汁，脆沙，糖含量 10.5% 左右。瓜蔓长势中等，耐旱性强，容易坐果，自开花到果实成熟要 23～30 天。一般单瓜重 5 千克，全育期 85 天。

早红宝　开封市蔬菜研究所选育，杂交一代，早熟品种。果实椭圆形，皮光滑，呈淡绿色，有青色网纹，果皮厚约 1 厘米，韧而不裂，籽小，瓤色鲜红，肉质松脆爽口，糖含量较高。植株生长健壮，本身就具有较强的抗枯萎病的能力，全育期约 90 天，易坐果，果实自开花至成熟 28 天左右，单瓜重约 4.5 千克。

郑杂 9 号　中国农科院郑州果树研究所选育，杂交一代，早熟品种。其果实椭圆形，果皮灰绿色有网纹，果肉红色，运贮性一般，瓤色鲜红，质地脆沙，汁多，中心糖含量 11% 以上。早熟，生育期 85～90 天。果实发育期 28～30 天，单瓜重 4.5 千克，一般亩产 3500～4000 千克。

京欣 1 号　国家蔬菜技术工程中心选育，优质、早熟一代西瓜杂种。果实圆形，花皮，瓤红包，肉质脆爽，口感好，含糖量 12%，坐果性好，适应性广，抗病性强。生育期 90 天，单瓜重 5～7 千克，一般亩产 3000 ～ 4000 千克。为华北地区西瓜早熟栽培的主栽品种之一。

京欣 2 号　早熟，杂交一代西瓜品种。果实外形似'京欣 1 号'。圆果，绿底覆条纹，条纹稍窄，有蜡粉，瓜瓤红色。具有果肉脆嫩、口感好、甜度高等优良品质特性。在早春保护地生产低温弱光下，坐瓜性好、整齐、膨瓜快，可提早上市 2 ～ 3 天，单瓜重大，增产 10% 左右，果实耐裂性有所提高。

西农 8 号　中熟品种，植株生长势强，茎蔓粗壮，主蔓长约 2.8 米。分枝力中等，叶片大而较厚，色浓绿。第一雌花一般在第七至第八节出现，其后每隔 3 ～ 5 节再现雌花，坐果率极高。果实外形美观，类似金钟冠龙，果皮底色浅绿，具边缘清晰的浓绿色条带。果皮坚韧，耐贮运。果肉红色，质细味甜，含糖量 11.5% ～ 12.5%，梯度小，口感好，品质极佳。本品种适应性特强，不易产生畸形果，商品率高。高抗枯萎病，兼抗炭疽病，可适度连茬栽培，具有一定的抗旱性和耐湿性。果实发育期 36 天左右，生育期 95 天，果实大型，一般单瓜重 8 千克，大者 18 千克。最大可达 23 千克，亩产 5000 千克。在全国各地表现均佳。

丰收 2 号　中国农业科学院作物品种资源研究所选育。生长势旺盛，主蔓第七至第八节出现第一雌花，以后每间隔 8 节左右再现雌花。果实椭圆形，果形指数 1.45，果皮墨绿色，果皮厚 1.2 厘米，果皮坚韧，耐贮运。果肉红色，肉质脆，汁多，风味佳，果肉中心含糖量 10.6% ～ 11%。较抗枯萎病、炭疽病。中晚熟品种，生育期 125 天，果实发育期 33 天，单瓜重 5 千克。

金钟冠龙　中熟，杂交一代西瓜品种。植株生长势中等，易坐果，主要第六至第七节出现第一雌花。果实椭圆形，果皮淡绿色，具 16 ～ 18 条深绿色锯齿状条带，外形美观。皮厚 1.2 厘米，果皮坚韧，耐贮运。瓤色鲜红，质地松脆，中心含糖量 10% ～ 11%，生育期 105 天，果实发育期 38 天，单瓜重 4 ～ 5 千克，亩产 3000 千克。

京抗 1 号　为高抗枯萎病西瓜一代杂种。植株长势中等，易坐瓜，一般主要第一雌花在第八至第十节出现，雌花开放至果实成熟

28 ～ 30 天。果实圆形，果皮绿色，具明显的条纹及浓重的蜡粉。果肉红色，可食率高，含糖量 12% 左右，果肉细腻多汁，脆嫩爽口。果皮薄而坚韧，不裂瓜，耐贮存，耐运输。抗枯萎病，耐炭疽病，耐重茬，可减轻连作障碍，缩短轮作年限，宜生茬地可连作 3 年。中早熟，生育期 80 ～ 90 天，单瓜重 5 千克以上，亩产 4500 千克。

庆发 8 号　黑龙江省大庆市庆农西瓜研究所选育。中熟。植株生长健壮，具有抗病、优质、高产、小籽和耐贮运等特点。果实椭圆形，外观类似金钟冠龙，但皮色较深，条带较宽。肉质细而爽口，红瓤，含糖量 12% 以上，高者可达 13.5%。平均单瓜重 8 ～ 10 千克，每亩约产 6500 千克。

丰乐春满园　早熟品种，果实发育 30 天左右，植株长势平稳，雌花出现早，耐低温弱光，极易坐果。果实圆形或高圆形，果皮绿色底上覆盖黑色条带，瓤色红，质细脆，中心折光糖含量 12.0% 左右，口感风味好，平均单瓜重 4 ～ 5 千克。该品种适应性广，易栽培，全国各西瓜产区均可推广种植，适合大、中棚和小拱棚保护地早熟栽培，也可作地膜覆盖栽培。

华萃早抗丽佳　早熟品种，果实发育 30 天左右，果形圆，果皮翠绿色底上有墨绿条带，单瓜重 5 ～ 7 千克，皮厚 1.1 厘米左右，坚韧耐贮运。瓤色鲜红，肉质细脆，中心折光糖含量 12% 左右，口感好，风味佳。适于大、中棚和小拱棚特早熟栽培，也可作地膜覆盖栽培。

巨人之星　早熟品种，适合中型拱棚等栽培。果实膨大快，大型果多，平均果重 8 ～ 9 千克。果皮浓绿，条纹粗黑鲜明，果肉深红色，肉质稍硬，糖度高。高温期间果肉品质不变。收获期长，可分批收获。

缟美人　果实圆球形，浓绿色外皮花纹清晰美观；中大果型，单果重量 7 千克左右，商品性高；果肉颜色鲜红，转色早，皮薄，中心折光糖含量 12.0% 以上，甜爽可口、口感极佳。瓜蔓稍细、低温伸长性好，低温弱光条件下，雌花坐果情况十分优秀。

抗病京欣　生长势强健，抗病性好，易坐果，果实高圆形，绿皮覆墨绿窄条带，果实外观周整，瓤色红，质脆，中心糖含量 11.5% 左右，平均单果重 8 千克左右，平均亩产 4000 千克左右。

郑杂七号 早熟种，坐果至成熟 30 天左右，植株生长势稳健，易坐果，果实圆球形，绿皮覆墨绿窄条带，瓤色红，肉质脆，中心糖含量 11% 左右，平均单果重 5 ～ 7 千克。

丰乐玉玲珑 早熟品种，开花至果实成熟 30 天。植株长势稳健，极易坐果，花皮圆果，外观光滑圆整，整齐度高，不裂果，不空心，极耐贮运。瓤色大红，肉质紧脆可口，中心含糖量 12% 左右。七、八成熟即可采收，贮藏 3 ～ 5 天后品质更佳。综合性状超同类品种，特别适合嫁接栽培。

丰乐黄蜜一号 早熟品种，植株生长势稳健，极易坐果，果实圆球形，绿皮覆墨绿窄条带，瓤黄，质细嫩，品质佳。

丰抗一号 中熟、优质、抗病品种。植株生长稳健、抗逆性强，极易坐果，一般亩产 4000 千克左右；果实从开花到成熟 33 天左右，窄条花皮高圆果，一般单瓜重 6 千克，果肉红，质脆，品质好，中心折光糖含量 12.0% 左右。

皖杂三号 中早熟品种，长势强健，易坐果，高圆果，绿皮覆齿条，瓤红，肉质脆，单瓜重 6 千克左右，亩产 3500 千克左右。

旭龙 早熟品种，果实发育 33 天左右，果形椭圆，果皮绿色底上有深绿色齿形条带，瓤色深红，质脆味佳，中心折光糖含量 12% 左右，平均单瓜重 5 ～ 6 千克。生长势稳健，抗逆性强，较抗枯萎病和炭疽病，适应性广，易栽培，适于露地和地膜覆盖栽培，也可作大、中棚和小拱棚保护地早熟栽培。

华萃九号 中早熟种，果实发育 33 天左右，果形椭圆，果皮绿色底上覆有墨绿色条带，瓤红，肉质细脆，中心折光糖含量 12% 左右，平均单瓜重 8 千克左右。植株长势稳健，抗炭疽病、枯萎病，抗逆性强，适应性广，易坐果，适宜各种保护地早熟栽培。

丰抗八号 中晚熟品种。为西农 8 号的改良型，保留了西农 8 号优质、高产、抗病的性状和外观性状。提高了坐果一致性、果实整齐度。瓤大红，中心糖 12% 左右，平均单果重 8 千克左右，亩产可达 5000 千克。

福灵 早春红玉大果类，优质中小果型西瓜品种。生长势强，雌花开放至果实成熟 26 天。果实短椭圆形，条带细，外观美，易坐果，平均单瓜重 2.5 千克，大果达 3 千克以上，低温膨果速度快。皮极薄，瓤色红，肉质细腻多汁，中心可溶性固形物含量 13%，产量高且稳定。

仙果　早熟品种。生长势较强，雌花开放至果实成熟 28 天。果实椭圆形，绿色果皮上覆有深绿色细条带，外表美观，易坐果，平均单果重 3.5 千克左右，中心可溶性固形物含量 13.5%。皮极薄，果皮硬度极强，肉色红，不裂果，耐长途运输。品质、产量、贮运性和商品性俱佳。适合南北方露地栽培的早春红玉类型品种。

惠兰　中早熟西瓜品种。植株生长势强健。果实短椭圆形至高球形，果皮淡绿色并覆有青黑色窄条带，单果重 3.5 千克，中心可溶性固形物含量 12.5%，皮厚 0.9 厘米，不易空心。肉色晶黄，肉质细爽多汁，品质极佳，极易坐果，果实大小整齐端正。在高温条件下栽培，果实膨大快且不裂瓜，产量稳定。

黄蜜　中早熟黄肉西瓜品种。果实圆形至高球形，果皮绿色并覆有深绿色条带，单果重 5 千克，中心可溶性固形物含量 12.5%，皮厚 0.9 厘米。易坐果，果实大小整齐端正，黄肉，肉质细爽多汁，品质佳，在高温条件下栽培，果实膨大快且不裂瓜，产量稳定。

夏娃　大果‘黑美人’改良品种。植株生长势强，雌花开放至果实成熟 30 天左右。长椭圆形，果皮深绿色覆有深墨绿色条带，果形指数 1.6 左右，平均单果重 6 千克，中心可溶性固形物含量 13% 左右，果皮厚 0.9 厘米。果肉深红色，皮坚硬，极耐贮运。本品种比同类品种颜色深，抗枯萎病及其他病害，抗病毒、产量高，是抗性和产量均表现突出的‘黑美人’类型，适宜于各种栽培方式。

夏阳　优质中小果型西瓜品种。生长势中等，雌花开放至果实成熟 28 天左右。平均单果重 3.5 千克，中心可溶性固形物含量 13% 左右，果皮厚 0.8 厘米。易坐果，皮硬度强，果肉深红色，极耐贮运。适宜于早春保护地和夏秋栽培。

甜王　含糖量大幅提高的‘黑美人’品种。生长势中等，雌花开放至果实成熟 28 天左右。长椭圆形，果皮浅墨绿色覆有深墨绿色条带，果形指数 1.8 左右，果皮硬度特强，易坐果，平均单果重 3～4

千克，最大单果可达 6 千克。中心可溶性固形物含量 14%，边糖 12%，中边糖梯度小，果皮厚 1.0 厘米。果肉深红色，肉质脆爽，皮更坚硬，更耐贮运。

夏丽 大果'黑美人'类型，在保持原有'黑美人'的外观、肉色、皮硬度和含糖量的同时，果实更丰满，单瓜增加 1～2 千克，果实不易变形和空心，果皮硬度强。易坐果，平均单果重 5 千克，中心可溶性固形物含量 13% 左右，中边糖梯度小，果皮厚 0.8 厘米。果肉深红色，极耐贮运。

优麒麟 极早熟中小型西瓜品种。雌花开放至果实成熟 26 天左右。果实短椭圆形，外表皮黑色带不明显条带，平均单果重 4 千克，中心可溶性固形物含量 13%。果肉大红色，皮薄而坚硬，耐贮运性强，适合高温条件下栽培。

黑帅 早熟中小型西瓜品种。生长势强，雌花开放至果实成熟 30 天左右。果实椭圆形，外表皮黑色，平均单果重 4 千克，中心可溶性固形物含量 12%，皮厚 1 厘米左右。易坐果，果肉大红色，果皮硬，极耐贮运。

玉麒麟 极早熟深绿皮圆果西瓜品种。植株生长势强，雌花开放至果实成熟 28 天左右。果实圆形，果形周正光滑，外果皮黑皮带不明显条带。平均单果重 5 千克，中心可溶性固形物含量 12.5% 左右。果肉大红色，皮薄坚硬，耐贮运。

美丰 早熟花皮圆果西瓜品种。生长势中等，分枝能力强，后劲足，雌花开放至果实成熟 28 天。果实圆球形，不空心，不裂果，低温膨果速度快，果皮绿色带墨绿色规则条带，底色深，条带较细且规则，蜡粉重，外观美，极易坐果，平均单瓜重 10 千克，中心可溶性固形物含量 12% 以上。瓤色大红，肉质细腻多汁，爽口，露地和保护地均可栽培。

秀雅 早熟花皮圆果。植株生长势中等，后劲足，全生育期 90 天左右，雌花开放至果实成熟 28 天。果实圆球形，圆整丰满，不空心，条纹清晰美观。极易坐果，平均单瓜重 7 千克，中心可溶性固形物含量 12%，果皮厚 0.8 厘米。皮薄且不裂瓜，瓤色鲜红，肉质细嫩爽口，汁水多。

秀园 早熟花皮圆果品种。生长势稳健，雌花出现早，雌花开放至果实成熟30天左右，全生育期90天左右。果实圆球形，底色深绿，条带较细且规则，外观极美，极易坐果，平均单瓜重9千克，最大单瓜重15千克，中心可溶性固形物含量12%，果皮厚1厘米左右。果皮硬度强，瓤色大红，不裂果，商品性好，外观美，耐运输，适合露地栽培。

丰园 早熟花皮圆果品种。耐低温弱光，全生育期90天左右，雌花开放至果实成熟28天。果实圆球形，果形周正，不易空心，底色深绿，条带细，外观美，平均单瓜重8～10千克，中心可溶性固形物含量12.5%。果皮硬度较强，瓤色大红，不易裂果，耐运输。为耐低温保护地栽培西瓜品种。

江艺8424 早熟花皮圆果品种。生长势较强，雌花出现早，雌花开放至果实成熟30天左右，全生育期90天左右。果实圆球形，果形特别周正，不空心。底色浅绿，条带细，外观极美，易坐果，平均单瓜重5千克，中心可溶性固形物含量12.5%，果皮厚1厘米左右。瓤色红，果形均匀一致，肉质细。为耐低温保护地栽培西瓜优良品种。

秀色 极早熟花皮圆果品种。生长势平稳，雌花出现早，雌花开放至果实成熟26天。果实圆球形，底色深绿，条带细，外观美，易坐果，平均单瓜重6千克左右，中心可溶性固形物含量12.5%。瓤色大红，果形均匀一致，适合作保护地栽培。

巨龙 中熟品种，中籽'西农八号'类型。植株生长特别强健，雌花开放至果实成熟33天左右。果实椭圆形，底色深绿，条带较宽，外形美观。平均单瓜重10千克左右，属高产型品种，中心可溶性固形物含量11.5%。与同类型品种相比，皮色深绿，肉色大红，产量更高，耐旱。抗枯萎病更强，适应性广。

兴龙 中早熟大西瓜品种。植株生长势强健，雌花开放至果实成熟33天左右。果实椭圆形，皮色深绿色并覆有深绿色条带，易坐果且坐果整齐，平均单瓜重10千克，属于大果高产西瓜品种，中心可溶性固形物含量12.5%。高抗枯萎病，适于各种土壤栽培。

绿龙688 中熟品种。植株生长势强健，雌花开放至果实成熟32

天左右。果实椭圆形，皮深绿色，外形美观。易坐果，平均单瓜重 7 千克左右，最大单瓜重 10 千克以上，中心可溶性固形物含量 11.5%。肉色大红，抗枯萎病较强，适应性广。

新红宝　中熟品种。生长势平稳，分枝适中，雌花开放至果实成熟 33 天，全生育期 100 天左右。果实椭圆形，底色浅绿带不明显细网，平均单瓜重 8 ～ 10 千克，中心可溶性固形物含量 11.5%。果皮硬度强，瓤色红，耐运输。

麦宝　中熟黑皮品种。生长势强，全生育期 100 天，雌花开放至果实成熟 34 天。椭圆果，果皮黑色，易坐果，单瓜重 12 千克，中心可溶性固形物含量 12%，皮厚 1 厘米左右。抗病能力较强，皮薄而坚韧，果肉大红色，肉质细嫩，爽口。

黑宝　中熟黑皮品种。生长势强，雌花开放至果实成熟 32 天，全生育期 100 天左右。果实椭圆形，果皮深黑色，有蜡粉，外观美，平均单瓜重 10 千克，中心可溶性固形物含量 12%。果皮硬度强，不裂果，瓤色大红，耐运输。

有籽一号　中早熟有籽西瓜品种。全生育期 95 天，雌花开放至果实成熟 31 天左右。果实为球形，外观圆整、丰满、亮丽，平均单瓜重 8 千克，中心可溶性固形物含量在 12% 左右。果肉大红，肉质紧脆，耐贮运性极佳。

金冠　早熟，金黄皮西瓜品种。雌花开放至果实成熟 30 天左右。果实球形，外表皮金黄色带深黄色条带，外观美，平均单瓜重 6 千克左右，中心可溶性固形物含量 12%。果肉大红，耐贮运性好。

大果黑美人　中早熟品种，易坐果，果实长椭圆形，墨绿底色上覆细隐条带，大红瓤，肉质脆密，中心含糖量 13% 左右，品质优，单瓜重 6 千克左右。果形大，皮硬，耐贮运。

世纪春蜜　特早熟，极易坐果，果皮底色浅绿，条带特细，红瓤，瓜瓤转色早，6 ～ 7 分成熟时瓤色已全红，肉质酥脆，口感极好，单瓜重 4 千克左右，中心含糖量 12.5% 左右，适合保护地早熟及秋延后栽培。

GKD-2　京欣类品种，中早熟，易坐果，果皮底色翠绿，略带果粉，肉质酥脆，汁多，大红瓤，极耐裂果。中心含糖量 12% 左右，单瓜重 7 ～ 8 千克，适合保护地、露地中早熟栽培。

特大郑抗 3 号 早熟品种，果实椭圆形，花皮，果肉大红，肉质脆沙，中心含糖量 12% 左右，单瓜重 8 千克左右，高抗枯萎病，适应性广。

特大新抗 9 号 中晚熟品种，易坐果，果实椭圆形，纯黑皮，果肉大红，肉质脆细，口感好，中心含糖量 12% 左右，果皮坚韧，极耐贮运，单瓜重 9 ～ 10 千克，高抗枯萎病，耐重茬，适应性广。

特大郑抗 2 号 早熟，果实椭圆形，绿皮网纹，果肉大红，肉质脆沙，中心含糖量 12% 左右，单瓜重 8 千克左右，高抗枯萎病，适应性广。

郑抗 10 号 中熟品种，易坐果，果实椭圆形，花皮，果肉红色，肉质酥脆，口感好，中心含糖量 12% 左右，果皮薄而韧，耐贮运，高抗枯萎病，单瓜重 9 千克左右，适应性广。

中科 6 号 京欣类品种，特早熟，易坐果，果皮底色翠绿，略带果粉，条带细，肉质酥脆，汁多，中心含糖量 13% 左右，品质特优，耐裂果，单瓜重 5 ～ 6 千克，适合保护地、露地早熟栽培。

郑抗 6 号 极早熟品种，易坐果，果实椭圆形，花皮，果肉鲜红，肉质脆沙，汁多，品质好，中心含糖量 12% 左右，单瓜重 6 千克左右，耐低温弱光，抗病性强，适于大棚或露地早熟栽培。

早春艳玉 早春红玉类小果型品种，果皮硬，耐贮运，大红瓤，品质好。特早熟，易坐果，果实短椭圆形，果皮绿色上覆深绿色特细条，大红瓤，肉质酥脆，品质优，单瓜重 1.5 千克左右。

中科 1 号 特早熟，易坐果，果皮底色翠绿，条带细，大红瓤，肉质酥脆，汁多，中心含糖量 12% 左右，品质特优，单瓜重 5 ～ 6 千克，适合保护地、露地早熟栽培。

美抗八号 河北省蔬菜种苗中心育成。中熟，开花到果实成熟 32 天，坐果性好，果大整齐，丰产。单瓜平均重 7 ～ 10 千克，最大可达 28 千克。果实椭圆形，浅绿色果皮上有深绿色边缘清晰的条带，果形美观亮丽，肉质细脆，多汁，含糖量 12% 以上，口感特好，品质极佳，适应性广。

新优 2 号 中熟品种，植株长势旺盛，分枝多，抗性强。在新疆全生育期 86～100 天，果实发育期 32～35 天。第一雌花着生主蔓 8～11 节，雌花间距 5 节左右，易坐果，并有连续结果习性。果实椭圆形，果形指数 1.35，果皮绿色，上有墨绿色齿条带。果肉红色，肉质细脆，果肉中心含糖量 10.6%～12%，近皮处 8%～9%，不空心，不倒瓤，皮厚 1.2 厘米，可食率 68%。平均单瓜重 5～6 千克。种子中等偏大，褐色，上有麻纹，千粒重 66 克。适应范围较广，主要在新疆、北京、河北等地推广种植。

赣杂 1 号　江西省九江市农业科学研究所育成。中晚熟种，全生育期 95～100 天，果实发育期 35～40 天。第一雌花节在主蔓第 7 节左右，以后间隔 6～7 节再现雌花。果实长椭圆形，淡绿色，具细网纹，皮厚 0.8～1.1 厘米，瓤色大红，汁多味甜。果肉中心含糖量 11% 以上，近皮处 9%，梯度小。肉质细而脆，不空心，品质好，风味佳。单果重 5.0～5.7 千克，最大可达 12 千克。适于在江西等长江中下游地区种植。

极品京欣　早熟，优质丰产耐运特大京欣系列一代杂交品种，雌花开放至果实成熟 28 天，果实圆形，条纹整齐无乱纹，有蜡粉带白霜，外观漂亮，平均单瓜重 10 千克。在早春保护地低温弱光生产条件下坐瓜性好，整齐、膨瓜快，不易厚皮起棱，果实抗裂性强，适于大棚早熟栽培。

北国风光　早熟，果皮翠绿底覆黑色窄条带，条纹清晰，外观帅美。果实圆球形，单瓜重 9～10 千克，从雌花开放到成熟 26～28 天，果皮有明显的蜡粉，瓜瓤鲜红，肉质酥脆细腻，汁多，口感风味好，中心折光糖 13% 左右，该品种抗病性极强，耐重茬，低温下极易坐果，不易空心，不易倒瓤，不易畸形，不易裂果，果皮薄而坚韧，耐贮运，是高产高效保护地栽培的首选品种。

福娃　早熟，优质丰产耐运特大京欣系列一代杂交品种。雌花开放至果实成熟 26～28 天，果实圆形，条纹整齐无乱纹，有蜡粉带白霜，外观漂亮，平均重 10 千克。在早春保护地低温弱光生产条件下坐瓜性好，整齐、膨瓜快，不易厚皮起棱，适于大棚早熟栽培。

天下一品　早熟品种，生育强健，果皮翠绿底覆黑色窄条带，坐果至成熟 26 天左右，果实外观亮丽，圆球形，单瓜重 9～12 千克，果皮有明显蜡粉，瓜瓤红艳，果实中心含糖量高达13%，低温弱光条件下坐果极强，膨大速度快，田间种植不易倒瓤，不易空心，不易畸形，不易裂果，果皮薄而坚韧，耐贮运，适于保护地早熟栽培。

元帅 早熟，花皮大果品种，从坐果到成熟28～30天，大红瓤，中心含糖量13%，果实圆形，单瓜重10～12千克，肥水充足时可达20千克，耐低温弱光，较抗病，易坐果，田间种植不易空心，不易裂果，表皮光滑，皮韧抗裂，极耐贮运，是早春保护地西瓜的首选品种。

黄海领秀 京欣类品种，早熟，生育强健，果实外观亮丽，圆球形，单瓜重10～12千克，瓜瓤红艳，果实中心含糖量高达13%，低温下坐果性极强，膨大速度快，坐果成熟28天左右，极耐贮运，是保护地栽培的首选品种。

超青七号 早熟花皮大果，属同类产品超级品种，耐低温弱光，较抗病，易坐果，田间种植不易空心，不易裂果，产量明显高于京欣类，果实高球形，单果重10千克左右，肥水充足时，可达15千克，中心含糖量12%，表皮光滑，质脆，清甜爽口，绿底有深绿条带，皮韧抗裂，极耐贮运。

超级欣王 早熟品种，果实圆形，端正，皮色亮丽美观，蜡粉浓厚，商品性突出。绿底上覆墨绿色系窄条带，无乱纹。果肉鲜红，脆甜爽口，开花至成熟30天，单果重10千克左右，皮韧抗裂，耐贮运，耐低温，抗病、抗逆性强。适于保护地栽培。

红遍天 早熟品种，果皮翠绿覆盖黑色窄条带，坐果成熟26天左右，果实圆球形，单瓜重9～12千克，果皮有明显蜡粉，瓜瓤红艳，低温下极易坐果，膨大速度快，果皮薄而坚韧，不易裂果。

华冠六号 早熟优质丰产耐运特大京欣系列一代杂交品种，果实圆形，条纹整齐无乱纹，有蜡粉带白霜，外观漂亮，雌花开放至果实成熟28～30天，平均单瓜重10千克，在早春保护地低温弱光生产条件下坐瓜性好，整齐、膨瓜快，不易厚皮起棱，果实抗裂性强，适于大棚早熟栽培。

台南国翠 京欣类西瓜品种。早熟品种，果皮翠绿底覆黑色窄条带，条纹清晰，外观帅美。果实圆球形，果皮有明显的蜡粉，瓜瓤鲜红，肉质酥脆细腻，汁多，口感风味好，中心折光糖含量 13% 左右，单瓜重 10 千克左右，从雌花开放到成熟 28～30 天。抗病性极强，耐重茬，低温下极易坐果，不易空心，不易倒瓤，不易畸形，不易裂果，果皮薄而坚韧，耐贮运，适于高产高效保护地栽培。

天才 早熟，优质丰产耐运一代杂交品种，雌花开放至果实成熟 26～28 天，果实圆形，条纹整齐，有蜡粉带白霜，外观漂亮，平均重 10 千克，在早春保护地低温弱光生产条件下坐瓜性好，整齐、膨瓜快，不易厚皮起棱，比同类品种早上市 2～3 天，果实抗裂性强，适于大棚早熟栽培。

晨光 京欣类西瓜品种。早熟品种，开花至成熟 30 天，单果重 10 千克左右，皮韧抗裂，耐贮运，耐低温、抗病、抗逆性强。果实圆形，端正，皮色亮丽美观，蜡粉浓厚，商品性突出。绿底上覆墨绿色细窄条带，无乱纹。果肉鲜红，脆甜爽口，适于保护地栽培。

玉凤 京欣类西瓜品种。早熟品种，果皮翠绿底覆黑色窄条带，条纹清晰，外观帅美。果实圆球形，单瓜重 10 千克，从雌花开放到成熟约 28 天，果皮有明显的蜡粉，瓜瓤鲜红，肉质酥脆细腻，汁多，口感风味好，中心折光糖含量 13% 左右，该品种抗病性极强，耐重茬，低温下极易坐果，不易空心，不易倒瓤，不易畸形，不易裂果，果皮薄而坚韧，耐贮运，适于保护地高产高效栽培。

精选改良新七号 超强一代京欣类品种，中熟，生育强健，果实圆球形，单瓜重 10～12 千克，瓜瓤红艳，低温下极易坐果，坐果至成熟 28～30 天，条纹清晰，极耐贮运。

太空春冠 早熟，花皮大果，单瓜重 10～12 千克，大红瓤，果实圆形，坐果至成熟 28～30 天，耐低温、较抗病、表皮光滑，极耐贮运，适于早春保护地栽培。

川田早秀 早熟优质丰产，耐运特大京欣系列一代杂交种，雌花开放至果实成熟 28～30 天，果实圆形，条纹整齐无乱纹，有蜡粉带白霜，单瓜重 10 千克，耐贮运。

航天新秀 大果型品种、中早熟，单瓜重 10～12 千克，皮翠绿色、成熟期 28～30 天，在早春保护地低温弱光条件下，坐瓜性好，抗裂性好，耐贮运。

航育福宝 大果型品种，中早熟，从坐果至成熟30天左右，皮翠绿色条带、清晰、美观，单瓜重10千克左右，在低温下坐瓜性特好，不厚皮、不起棱、瓤大红色，皮硬不裂瓜，极耐贮运、特抗枯萎病。

微型小礼品西瓜较受欢迎，品质较好，果形小巧美观，易于携带，是高档礼品瓜。随着人们生活水平的提高，高档礼品瓜越来越得到人们的认可。很多地方作为高效农业项目之一，小西瓜的品种很多，包括自日本、韩国等地引进和国内有关单位选育的西瓜品种，部分品种简介如下（图3-14）。

图3-14　微型西瓜

小玉 为小型黄肉有籽西瓜品种。果实高圆形，果皮色泽绿。具绿色锯齿状条纹，果皮薄，瓜瓤黄色亮丽，肉质细嫩多汁，风味、品质极佳，早熟，生育期70～80天，植株结果能力强，一株多果，单瓜重1.5千克左右。尤其适宜保护地栽培，抗重茬。

红小玉 湖南省瓜类研究所选育杂交一代西瓜品种。果实圆形，且绿色条带，外观漂亮，皮薄。果肉红色，含糖量13%以上，果肉细、种子少，植株生长势较强，可以连续结果，果形稍大，单瓜重约2千克，每株可结3～5个瓜，雌花开放至果实成熟约需35天。

黄小玉 湖南省瓜类研究所选育的杂交一代西瓜品种。果实高圆形，果皮厚约3毫米，不裂果。果肉金黄色，含糖量12%～13%，肉质细，纤维少，籽少，品质极佳。抗病性强，易坐果。极早熟，雌花开放至果实成熟约 26 天，单瓜重 2～3 千克。

特小凤 台湾农友种苗公司育成的杂交一代西瓜品种。果实圆或高圆形，果形整齐，皮薄，较易裂果，具墨绿色条带。果肉黄色，肉质细嫩、脆爽，甜而多汁，含糖量 12% 左右。耐低温。极早熟，一般亩产 1400 千克。适于秋、冬、春三季栽培。

早春红玉 由日本引进的杂交一代西瓜品种。极早熟，生长稳健，耐低温弱光。主蔓第五至第六节出现第一雌花，雌花着生密。果实圆或高圆形，果皮深绿色，覆有墨绿色条带。果皮薄约 3 毫米，不耐贮运。果肉黄色，质细无渣，中心含糖量 12% 以上，口感极佳。单瓜重 1.5～2 千克，产量较高，一般亩产 2000 千克左右。适合大棚早春设施栽培。

黑美人 台湾农友种苗公司选育的杂交一代西瓜品种。极早熟，主蔓第六至第七节出现第一雌花，雌花着生密，夏秋季开花至果实成熟仅需 22 天，果实长椭圆形，果皮黑色，具不明显条带，果皮薄而韧。极耐贮运。果肉鲜红色，中心含糖量 12%，最高可达 14%，梯度小。生长健壮，抗病，耐湿。单瓜重 2～3 千克。适合夏秋栽培。

小兰 台湾农友种苗公司选育的小果型黄肉西瓜品种。生长势强，果实正圆形，果皮翠绿，具黑色粗条纹。果肉金黄艳丽，籽黑色，中心含糖量 13%。品质优，耐贮运。生育期 98 天，雌花开放至成熟 32 天，单瓜重 1.5～2 千克。适合早春保护地栽培和地膜栽培。

秀丽小西瓜 安徽省农业科学院园艺研究所选育。果实椭圆形，果皮鲜绿色，具锯齿形窄条带。瓜皮薄而有韧性，不裂果，耐贮运。瓜瓤深红色，肉质酥脆，中心含糖量 13%～14%，品质口感好。该品种抗病毒病、炭疽病和疫病，耐重茬种植。极早熟，生育期 75～80 天，果实发育期 24～25 天。耐低温弱光，早春大棚栽培条件下易坐果。单瓜重 1～2 千克，最大可达 2.5 千克，一般亩产 3000 千克左右。适合大棚等设施栽培。

春光 合肥华夏西瓜甜瓜科学研究所选育杂交一代西瓜品种。植株生长稳健，低温下生长性好，在早春不良条件下雌、雄花分化正常，坐果性好，易栽培。果实长椭圆形，果皮鲜绿色，具细条带。果皮薄，仅 2 ～ 3 毫米，具有弹性，不易裂果，耐贮运性好，果肉粉红色，肉质细嫩，含糖量 13%，梯度小，风味极佳。雌花开放至果实成熟早期约 35 天，中期约 30 天，单瓜重 2 ～ 2.5 千克。目前在上海郊区、浙江省嘉善县有较大面积栽培。

天使一号　极早熟优质西瓜品种。雌花开放至果实成熟 26 天左右。皮极薄，平均单果重 1.5 千克，中心可溶性固形物含量 13% 以上。适合全国各地保护地栽培。

天使四号　早熟优质小果型西瓜品种。花皮圆果，单果重 2.5 千克，中心可溶性固形物含量 13%，果肉深黄色，肉质细，口感佳。适合作保护地栽培，分期留果 3 ～ 5 个，成熟前注意防止大水大肥。

秀绿　极早熟优质中小型西瓜品种。生长势较强，雌花开放至果实成熟 26 天左右。果实椭圆或短椭圆形，外表皮深绿色，条带细，外观特别秀丽。平均单果重 2.5 千克，中心可溶性固形物含量 13% 以上。较早春红玉类品种更易坐果，适合保护地和部分地区露地栽培。

美玲　早熟优质中小果西瓜品种。植株生长势平稳，雌花开放至果实成熟 26 天。果实短椭圆形，皮色为浅绿底并覆有细网纹，平均单果重 3.5 千克，中心可溶性固形物含量 12.5%。皮薄耐运，瓤色鲜红艳丽，肉质细脆，品质极佳。适于在南方各种条件下栽培。

甜丽　极早熟品种。植株生长势平稳，雌花开放至果实成熟 24 天左右。果实短椭圆形，果形周正丰满，皮色为浅绿底并覆有细条纹，条纹规则，外观美丽。平均单果重 2.5 千克，中心可溶性固形物含量 13%，皮厚 0.4 厘米。肉色黄，肉质细腻，无纤维，口感极佳，皮薄而坚韧，耐贮运性强。

早春脆玉　特早熟、橙黄瓤、高品质小果型品种。易坐果，果实圆球形，果皮深绿色上覆特细条带，橙黄瓤，肉质酥脆，中心含糖量 13% 左右，品质特优，单瓜重 1.5 ～ 2.5 千克。

中兴红　早熟，易坐果，果实正圆形，深绿底色上覆细条，大红瓤，肉质脆密，中心含糖量 13% 左右，品质优，单瓜重 1.5 ～ 2.5 千克。耐贮运。

丰乐小天使　特早熟种，生长势稳健，坐果率高（一般在 300% 左右），长椭圆果，鲜绿皮覆墨绿细齿条，平均单果重 1.5 千克，果肉红，质细脆，品味极佳，特别适合早熟保护地栽培。

不仅礼品西瓜受欢迎，无籽西瓜也日益受到人们的青睐。部分无籽西瓜品种简介如下。

雪峰花皮无籽　湖南省邵阳地区农业科学研究所选育。中熟，植株长势强，抗病耐湿，易坐果。果皮绿色，覆有宽条带。皮薄且硬，耐贮运。瓤红鲜红，肉质细嫩，中心糖含量12%，白色秕子少，无籽性能极佳。生育期105天。在适宜的气候、肥水条件下，亩产5000千克。

黑蜜2号　中国农业科学院郑州果树研究所选育。中晚熟，植株生长势旺，抗病性强，第一次果采收后茎叶仍保持健壮，只要精心管理，可二次结果。第一雌花一般在第十五节左右出现，以后每隔5～6叶再现雌花。果实圆球形，果形指数1～1.05，果皮墨绿色，具暗宽条带，果皮厚1.1厘米，果皮坚韧，耐贮运，红瓤，质脆，口感好，中心含糖量11%以上，白色秕子少而小，无籽性好。生育期100～110天，果实发育期36～40天，平均单瓜重5～7千克，亩产4500千克左右。

黑蜜5号　中国农业科学院郑州果树研究所选育。中晚熟，果实圆球形，果形指数1～1.05，果皮墨绿色，具暗宽条带。果皮较薄，厚度在1.2厘米以下。果实含糖量12.6%，大红瓤，口感好，无籽性好。抗逆性强，较抗枯萎病，耐湿，耐贮运，易坐果，坐果整齐。生育期100～110天，果实发育期33～36天，平均单瓜重6.6千克，一般亩产4000～5000千克。

郑抗无籽3号　中国农业科学院郑州果树研究所选育，早中熟，植株分枝力强，生长健壮，抗病耐湿性好，生产性状优良，易栽培管理。雌花出现早，着生较密，易坐果。果实圆球形。果皮浅绿色，具数条墨绿色齿状花条带，外形美观。果肉脆，颜色大红，含糖量11.5%以上，白秕子小而少。果皮韧，果肉致密，风味正，品质优，耐贮运。生育期95～100天，果实发育期30天左右，果实中等大，单瓜重5千克以上，具有一株多果和多次结果的习性，产量高。

无籽304　生长势较强，抗病耐湿。果实球形，果皮黑色，具暗条纹。肉质清爽，无籽性能好，含糖量12%。中熟，生育期约95天，单瓜重 7.5 千克,一般亩产 4000 千克左右。

蜜红无籽 早中熟,果实高球形,外表具美观漂亮的虎纹。皮薄且硬,耐贮运。瓤色鲜红,肉质细腻,中心含糖量 12%～13%,无籽性能好。坐果率高,生长势中等,抗病耐湿性强。生育期 92 天左右,单瓜重 5～6 千克。

蜜黄无籽 中熟,果实高球形,外表美观漂亮,果皮具有深亮虎纹。果肉金黄色,肉质细微,口感好。中心含糖量 12%～13%。长势中等,抗病耐湿。生育期 92 天左右。适合全国各地栽培。

小玉红无籽 生长势中等,抗病耐湿,果皮青绿色,有细条带。果皮特薄,中心含糖量 13%,无籽性能好,品质极佳。早熟小果型,生育期 85 天左右,单瓜重 1.5～2 千克,单株可结果 2～3 个,一般亩产 2000～2500 千克。

小玉黄无籽 早熟,小果型无籽西瓜品种。果皮绿底,具深绿条纹,果实高圆球形,果肉金黄色,中心含糖量 12.5%～13%,果皮厚度 0.5 厘米左右,无籽性好,口感风味极佳。植株生长势较强,耐病性强,极易坐果。生育期 86～87 天,单瓜重 1.2～2 千克,一般亩产 2000～3000 千克。适合春季露地栽培。

金福无籽 湖南省瓜类研究所选育。早熟,小果型无籽西瓜品种。果皮黄色,果实高圆形。桃红色果肉,含糖量 12%～13%,果皮厚度 0.5 厘米左右,无籽性好,口感风味佳。植株生长势和耐病性强,易坐果。生育期 86～88 天,单瓜重 1.5～3 千克,一般亩产 2500～3000 千克。

无籽小金玲 小果型无籽西瓜新品种。早熟种,果实发育期 28 天左右。高圆果,果皮黄色覆金黄色细条带,瓤红,中心含糖量 12.0% 左右,口感好,平均单果重 2.0～3.0 千克,皮硬,耐贮运。

丰乐无籽一号 中熟种,长势稳健,易坐果,绿皮窄条带圆球果,瓤红、质脆、味甜、品质好,平均单果重 7 千克,平均亩产 3500 千克。

丰乐无籽二号 中早熟种,长势稳健,极易坐果,绿皮覆绿隐窄条圆果,瓤红、质紧脆,品质好。

丰乐无籽三号 中熟种,长势稳健,易坐果,墨绿皮覆隐窄条圆果，果形周整，瓤大红，质细脆，品质优，平均单果重 6 ～ 10 千克，丰产性好，抗病性强。

天使无籽一号 中早熟无籽西瓜品种。全生育期 100 天，雌花开放至果实成熟 33 天左右。果实为球形，外观圆整、丰满、亮丽，平均单瓜重 8 千克，中心可溶性固形物含量在 12% 左右。果肉大红，肉质紧脆，无着色籽，耐贮运性极佳。

天使无籽二号 黑皮圆果中小型无籽西瓜品种。植株生长势较强，全生育期 93 天左右。果实圆球形，果形圆整丰满，不空心，果皮墨绿色覆有不明显隐形条带，易坐果，平均单瓜重 3.5 ～ 4 千克，单株可坐果 2 ～ 4 个，中心可溶性固形物含量 12%，果皮厚 1 厘米。果皮坚硬，不裂果，瓤色深红，肉质细嫩爽口。

绿野无籽 高番茄红素（番茄红素含量大于 7 毫克每一百克）西瓜品种。中国农业科学院郑州果树研究所选育的中小果型无籽西瓜品种。植株生长势和分枝力中等。早中熟，果实发育期 30 天。平均单果重 4 ～ 5 千克，易坐果。果实高圆形，绿色果皮，大红瓤。含糖量高，中心可溶性固形物含量 12% 以上。2010 年通过广西审定。

三、嫁接育苗技术

（一）砧木苗和接穗苗播期的确定

嫁接栽培西瓜的播种期比常规栽培提早 5 ～ 7 天。砧木的适宜播种期在不同种类、不同嫁接方法和不同栽培方式（季节）之间而有所不同。例如以瓠瓜为砧木，小棚早熟栽培在 3 月初进行嫁接、4 月上旬定植的情况下，采取插接和切接时砧木需要比接穗早播 7 ～ 8 天，如采取靠接则与接穗同时播种。温室促成栽培在 11 月上旬至 12 月上旬定植（苗龄 30 天左右），如采取靠接砧木要比接穗晚播 4 ～ 5 天；采取插接或切接则需比接穗早播 4 ～ 5 天。露地栽培采取温室或电热温床育苗，苗龄 50 ～ 55 天，采取断根插接，都用经过催芽的种子，砧木要比接穗约晚播 4 天。

（二）种子处理与浸种催芽

1. 种子处理

（1）晒种　晒种能够减少种子的含水量，增强种子的吸水能力，有利于种子发芽。另外，晒种也能灭杀掉种子上的部分病菌，减少发病。一般晒种 2 ～ 3 天。

（2）选种　选种能够保证种子的纯度和整齐度，使种子发芽整齐，出苗也较为整齐。选种时，先对种子进行粒选，剔除畸形、破碎的种子以及色泽、大小、形状不符合要求的种子，然后结合温水浸种，在浸种结束后把漂浮在水面上的秕种子捞出，选用下沉的种子进行播种。

（3）破种壳　主要用于种皮较厚、发芽较困难的无籽西瓜种子处理。目前普遍采取的做法是：先将种子用温水浸种，浸种结束后再用牙或铁钳把种子出芽端的两侧轻轻磕开一道缝。

2. 浸种催芽

西瓜用种量每公顷约 3 千克，砧木用种量每公顷 6 ～ 7.5 千克。西瓜、砧木播种前先用 65℃ 热水烫种（只适用于对未打破种壳的种子进行处理），并不断搅拌至水温 30℃ 左右，再用高锰酸钾 1000 倍液浸种 15 分钟，用清水冲洗种子，并用手搓去种皮上的黏液，再用 30℃ 的清水冲洗 2 次，之后西瓜种子在常温下浸种 12 小时，砧木种子在常温下浸种 24 ～ 36 小时，然后将种子用湿毛巾或纱布包住，置于 28 ～ 30℃ 条件下催芽，每隔 8 ～ 10 小时，用 25℃ 的清水淘洗 1 次。西瓜种子露白需 1 ～ 2 天，砧木需 2 ～ 4 天。选晴天上午播种（如果天气不好，可将瓜芽在 4℃ 低温条件下存放）。

（三）床土配制与苗床准备

西瓜接穗和砧木的播种床面积与嫁接后移植床面积，应根据定植面积大小而定。苗床床土要求疏松透气，保水保肥能力强，无病菌、虫卵和杂草种子。用以配制床土的原料很多，通常用 1/3 的田土、1/3 的腐熟马粪或厩肥、1/3 的草炭土配制而成，每立方米营养土中还应加过磷酸钙或磷酸氢二铵 1.5～2 千克，并充分拌匀，最好在使用前 1～2 个月堆制。田土应采用多年没种过瓜类作物的无菌肥沃土壤，农家肥一定要充分腐熟。为了防病可对营养土进行消毒，每立方米营养土用 40% 的福尔马林 400 毫升兑水 50 千克，均匀地喷拌到营养土上，然后用塑料薄膜覆盖，闷土 10～15 天，在使用前一天揭掉覆盖的薄膜，再一次搅拌，使残药消失，次日可装入营养钵或育苗盘使用。还可采取药剂拌土，每立方米营养土用五代合剂（五氯硝基苯与代森锌按 1∶1 混合)50 克，50% 多菌灵或 50% 硫菌灵杀菌剂 100 克，上述每种药剂与 15 千克营养土拌成药土，然后均匀地与其余营养土混合进行消毒。营养土装入育苗盘或营养钵后，在播种或嫁接前一天用克菌丹 800 倍液、百菌清 1000 倍液等杀菌剂喷射营养土进行消毒。消毒后西瓜苗床铺 8～10 厘米厚的营养土，砧木苗床摆入装好营养土的营养钵（营养钵规格为 8 厘米×8 厘米或 10 厘米×10 厘米），苗床四周起垠。

西瓜穴盘嫁接苗培育，常采用 50 孔穴盘，基质用草炭和蛭石，草炭与蛭石的比例为 2∶1。

（四）播种

1. 播种期

根据当地的气候特点及市场需求确定播期。砧木和接穗的播种期因嫁接方法和选用砧木品种不同而异。如采用劈接法时，'京欣砧 1 号'播种 6～7 天后再播种嫁接西瓜种子，'GKY'砧木播种 2 天后再播种西瓜种子。

2. 播种方法

西瓜接穗播种方法：若采取断根嫁接法，宜选用密集撒播法播种西瓜，播种密度以出苗后子叶不相互重叠为宜，一般每平方米播种 2000 粒左右，适当稀播可防止胚轴过分伸长。如采用靠接法接穗苗龄较长，幼苗的营养面积应适当增大。精细栽培可采用点播，粒距约 3 厘米。播种前先将营养土浇透水，把种子均匀撒在上面，上面覆盖 1 ~ 1.5 厘米厚的土,再盖上地膜,以保持苗床、盘内温湿度稳定,防止水分蒸发。

砧木播种方法:一般来讲,普通插接法和劈接法应采取营养钵直播法播种砧木,砧木断根扦插嫁接法可采取密集撒播法播种砧木。西瓜普通插接法和劈接法属西瓜断根嫁接法,其嫁接苗在成活期间,西瓜苗穗只能从砧木的接面上吸收水分,吸收水分的多少受砧木苗茎的含水量高低影响很大。可采用护根效果较好的育苗钵直播法播种砧木,以保持砧木苗茎内较高的含水量。

播种前先将苗床浇透水,并用 40% 福尔马林 100 倍液消毒,再把催好芽的砧木种子播于事先准备好的营养钵中,胚根朝下,每钵播 1 粒种子,播后覆盖约 1.5 厘米厚的营养土,然后用地膜覆盖,四周密封保墒。

(五)播种后管理

1. 西瓜接穗播种后管理

由于西瓜嫁接主要采取的是插接法,而插接法要求瓜苗的苗茎粗壮、坚挺,以使苗茎能顺利地插入砧木内,因此,苗床管理应少促多控,避免苗茎生长太快而发软(图 3-15)。在具体管理上,主要是控温、控湿和加强光照,管理要点如下。

(1)温度管理 种子出苗前要保持苗床较高的温度,白天温度应不低于 25℃,夜间温度应保持在 20℃ 左右。无籽西瓜种子的出苗期及整个育苗期需要的温度均比较高,其苗床的温度应比普通西瓜提高 2 ~ 3℃。种子出苗后,要适当降低温度,普通西瓜的苗床温度,白天应保持在 25 ~ 30℃,夜间温度保持在 12 ~ 15℃。

(2)水分管理 浇足底水后,出苗期不再浇水。出苗后苗床土不干不浇水,苗床干燥时可小量浇水,使地面保持半干半湿。要避免苗床湿度过大。

(3)光照管理 瓜苗出土后,白天要及早揭掉草苫、纸被或附加薄膜等保温覆盖物,保持苗床充足的光照。瓜苗过于密植处要及早间苗,防止瓜苗见光不足引起苗茎过细过弱。出苗后如果遭遇连阴天,要用日光灯或普通灯泡对苗床进行人工补充光照，一般每 2 平方米苗床用 1 只 150 ～ 200 瓦灯泡，灯泡离苗 1 米左右高，每天补光 10 小时以上。

图 3-15　西瓜接穗播种

2. 砧木播种后管理

（1）温度管理　砧木苗床的温度管理因砧木种类和嫁接方法的不同而差异较大，在具体管理时要区别对待，根据砧木的种类进行管理。

一般来讲，播种后到出苗前，不管哪种砧木，其苗床都应当保持较高的温度，促使种子及早出苗。出苗前苗床温度保持在 28 ～ 30℃，地温保持在 18 ～ 22℃，夜温保持在 18℃ 左右。出苗后，应根据各砧木的特性区别管理，具体是：冬瓜砧较喜高温，应保持苗床较高的温度，促瓜苗生长。此期冬瓜砧苗床白天应保持 25 ～ 30℃，夜间温度保持在 18℃ 左右；葫芦砧较冬瓜砧的耐低温能力强，在较高的温度下容易发生徒长，应保持适当低的温度，防止瓜苗生长过快，此期葫芦砧苗床温度以白天 25℃ 左右、夜间 15℃ 左右为宜；南瓜砧的耐低温能力强于葫芦砧和冬瓜砧，在高温条件下瓜苗生长较旺，极易发生徒长，要对苗床进行低温管理，白天温度 22 ～ 25℃，夜间温度 12℃左右。

（2）根据嫁接方法进行管理　一般来讲，插接法和劈接法对砧木苗茎的高度要求不是很严格，但却要求苗茎坚挺、粗壮，以利于嫁接。因此，培育插接法和劈接法所用砧木苗床，应保持适度的低温，特别是要保持较低的夜温，以避免苗茎生长得太快，在温度的控制上，应在各砧木的温度要求范围内尽量降低夜间的温度。砧木断根扦插嫁接法要求较高的苗茎，在温度的控制上应保持适当高的温度，特别是白天的温度要稍高一些，以保持苗茎较旺的生长势。

（3）水分管理　浇足播种水时，发芽期不再浇水。出苗后，根据苗床的干湿度变化及时浇水，要避免苗床土壤过干，造成苗茎过短并引起苗茎过早出现大空腔，适宜的浇水管理需经常保持床土半干半湿。苗床的湿度不可太高，以免瓜苗生长太快，导致苗茎过细、质地过软，也容易诱发病害。如果床土长时间过湿时，可在床土上撒盖一层干细土或适量的草木灰吸湿。嫁接前一般不再浇水。

（4）光照管理　瓜苗出土后，要保持苗床充足的光照，苗床每日光照在 12 小时左右。光照不足时，容易引起苗茎纤细，也容易发生猝倒病和其他苗期病害（图 3-16）。

图 3-16　西瓜砧木（南瓜）播种

四、嫁接

（一）嫁接时期

当西瓜两片子叶刚刚展开但尚未完全展平、砧木苗第一片真叶出现到完全展平时为嫁接适宜时期。

（二）嫁接方法

西瓜嫁接方法较多，主要有顶插接、靠接、贴接、劈接、二段接、芯长接、断根接等（图3-17）。

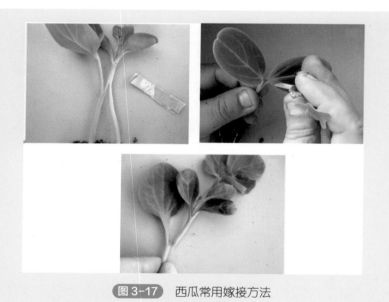

图 3-17 西瓜常用嫁接方法

1. 顶插接

西瓜嫁接普遍采用的方法，操作简单，但对湿度和光照要求较严格。

砧木种子播于穴盘或塑料钵中。当砧木第一片真叶展开时为嫁接适期（南瓜因髓腔出现早，宜小些，葫芦可适当大些）。嫁接时，先用刀片或竹签削除砧木的真叶及生长点，保留两片子叶。然后用与接穗下胚轴粗细相同、尖端削成楔形的竹签，由砧木一侧子叶的主脉向另一侧子叶方向朝下斜插深约 1 厘米。以不划破外表皮、隐约可见竹签为宜。

当接穗两片子叶充分展开时，用刀片在子叶节下 1～1.5 厘米处削成斜面长约 1 厘米的楔形面。将插在砧木上的竹签拔出，随即将削好的接穗插入孔中，插入的深度以削口与砧木插孔齐平为度。接穗子叶与砧木子叶呈"十"字状。所以有时也把插接法称为"十"字形嫁接法。顶插接适用于葫芦砧，砧木和接穗苗应培养成下胚轴粗壮的健壮苗，这与提高成活率有直接关系。该法接穗不带自根，应加强管理，否则易凋萎影响成活。

大芽大砧顶插接法：该嫁接方法可克服普通插接法插接时由于葫芦幼茎已空心，插接后西瓜苗易在葫芦茎内扎根或造成葫芦茎裂开的缺点。大芽大砧顶插接法延长了砧木苗龄，使嫁接适期拉长，且操作简便，工效高，嫁接成活率高。砧木比西瓜提早播种 20 天左右，即砧木具有两片真叶时再播西瓜种。西瓜播后 7～10 天，当砧木两叶一心、接穗两片子叶刚展开时嫁接。例如葫芦两片子叶时，茎为空心，嫁接易失败，两叶一心时，茎上端为实心，嫁接成活率高。

大苗带根顶插法：该嫁接方法成活率高，成苗快，不需用嫁接夹，易操作，克服了顶插接对湿度要求严格，接穗易失水干枯，以及由于接穗小，成苗慢、弱苗多的缺点；也克服了靠接法每株必须用嫁接夹固定，操作麻烦和由于嫁接口在子叶以下，防病效果不如顶插接好等缺点。大苗带根顶插法要求瓜苗高度比砧木高度稍高或同等，所以砧木要稀播，第一片真叶长出后摘掉，使苗茎矮壮，子叶厚实。瓜苗适当密播，促使其长成较高的细苗茎，以利于嫁接。当瓜苗第一片真叶长至充分展开后即可嫁接。取砧木，去除生长点，用长 10 厘米、前端削成长 0.7 厘米，扁而尖的竹签，在两片子叶中间由一侧向另一侧，以 30°角向下斜插 0.7 厘米，深度达苗茎断面的 2/3。接穗苗在子叶下 0.8 厘米处，用刀片自下而上以 30°斜切 0.7 厘米，深度达苗茎断面的 2/3。拔出竹签，将瓜苗切口插进砧木插孔，砧木和瓜苗的子叶呈"十"字形，不需固定包扎。8～10 天成活后，齐插口剪断接穗根系。

2. 靠接

要求砧木和接穗大小相近，砧木应比接穗晚播 5 ～ 10 天，即西瓜苗出土后再播砧木。砧木子叶平展、真叶露心时去掉生长点，在子叶下 0.5 ～ 1 厘米处，用刀片作 45°角向下斜削一刀，深度达茎粗度的 2/5 ～ 1/2，切口长约 1 厘米。

接穗比砧木早播 5 ～ 10 天。子叶平展、真叶露心时在其相应部位向上呈 45°角斜削，深度达茎粗度的 1/2 ～ 2/3，切口长度与砧木切口相同。将接穗切口嵌插入砧木茎的切口，使二者切口紧密结合在一起，用塑料薄膜条扎紧，或者用嫁接夹固定接口。嫁接后，把砧木、接穗同时栽入营养钵内，相距 1 ～ 2 厘米，以便嫁接成活后剪除接穗的根部，接口距土面约 3 厘米，避免接穗发生自根。也可以在播种时将接穗和砧木播种于同一营养钵内，嫁接时就不用起苗，成活率更高，但两株苗的距离一定要很近，应通过不同播期和不同处理方法，使砧木和接穗都处于嫁接适期，比如用葫芦作砧木，则西瓜种子进行温汤浸种和催芽，葫芦播干种子，葫芦种子出苗迟但长得快，待两苗高度一致时，即可嫁接。该法接口愈合好，成苗长势旺，管理方便，成活率高，但操作麻烦，工效低。

3. 贴接

基本不受接穗苗龄限制，尤其是在顶插接适期已过或其他原因造成砧木和接穗茎粗度不相称时可采用此法。

采用子叶期的砧木，用刀片从砧木子叶一侧呈 75°角斜切，去掉生长点及另一片子叶，切口长 0.7 厘米左右。

接穗如果是子叶展开的小苗，在子叶下 0.5 厘米处胚轴向下削成相应的斜面，切口长 0.7 厘米左右，然后使砧木与接穗两切面对齐，即贴在一起，用嫁接夹子夹紧。如果用西瓜生长幼嫩枝条的生长点或带腋芽的茎段作接穗，将接穗削成相应的切面与砧木切面结合后用嫁接夹子固定牢固。

4. 劈接

多数接穗苗的茎比较粗壮，几乎与砧木相同粗度时，应采用劈接法。砧木具有 1 片真叶、接穗子叶展开时为嫁接适宜时期，先去掉砧木真叶和生长点，然后用刀片从生长点开始在下胚轴的一侧，自上而下劈开长度 1 ～ 1.5 厘米的切口，切口深度为下胚轴粗的 2/3（注意不要将下胚轴全部劈开，否则砧木子叶下垂，难以固定）。

接穗一般比砧木晚播 7 ～ 10 天，将接穗胚轴削成楔形，削面长 1 ～ 1.5 厘米。将削好的接穗插入劈口，使砧木与接穗表面平整，用塑料薄膜条扎紧或用嫁接夹固定。此法砧木的维管束至少在插入的一面发达，相对的一面不发达，容易破裂，功效低，瓜类应用较少。

5. 二段接

以南瓜作基砧，以瓠瓜作中间砧的一种嫁接方法，既克服了瓠瓜抗病性弱的缺点，又解决了南瓜砧亲和力差、对西瓜品质有不良影响的问题，综合了两种砧木的优点。二段接西瓜生育良好，活力充沛，果实增大快，外观优美，果皮光滑，条纹好看。沙瓤明显，糖度达 12 度以上，味道好。产量高，比普通栽培增产 20% ～ 30%。瓠瓜比南瓜早播 5 ～ 7 天，嫁接的适宜苗龄，瓠瓜 20 天左右，南瓜 15 天左右。苗期应控温控水，以使砧木胚轴粗短。嫁接前挖出中间砧瓠瓜苗，削去根部，保留上部 3 ～ 5 厘米，放入保湿箱中临时密封保存，温度控制在 15℃左右。

接穗可采用西瓜的子叶苗，也可利用发育充实的枝条切段作芯长接。

嫁接时用插接法或芯长接法将西瓜接穗嫁接在瓠瓜砧上，再将中间砧用贴接法或插接法嫁接在基砧南瓜上，并用夹子夹住栽入苗床或大田中。如果南瓜砧必须移植后再嫁接，要尽可能使根部带些土，且不伤根。夹子的方向与砧木的子叶平行，而位置与保留的那片叶子相对。

6. 芯长接

利用西瓜整枝剪掉的子蔓、孙蔓切段作接穗，嫁接在子叶期的砧木上，即以粗的接穗嫁接在细的砧木上。芯长接的优点是，利用 1 片叶就能得到 1 株苗，1 粒种子可获得几十株甚至上百株小嫁接苗，可用于无籽西瓜或珍贵品种的快速繁殖。同时，可以缩短育苗期，子叶苗嫁接一般需 40 ～ 50 天成苗，芯长接则可防止根系衰老，定植后促进生长。在嫁接成活期不受气候条件的影响，即使在低温弱光下，嫁接苗的成活和生长发育也比较稳定。培育下胚轴粗壮的砧木是嫁接成败的关键；砧木苗龄，葫芦 20 天、南瓜 15 天，以子叶展开为宜。砧木的切削方法同贴接法。

接穗提前 1 ～ 2 个月播种，或利用早熟栽培摘除的侧枝，选充实且叶柄茎部具白毛、叶腋具有侧芽的发育枝，不宜采用无腋芽的老化枝。通常在午后或傍晚切取，傍晚或夜间嫁接。因午后切取的接穗同化养分多、充实，且操作时不易因失水而影响成活。如果当天不能嫁接，接穗应贮存于保湿箱中。嫁接时，将枝条按贴接法削段，每段一片叶。按贴接法将削好的单叶小段与削好的砧木嫁接在一起。嫩梢则可用顶插接法嫁接。

7. 断根接

将砧木在胚轴适当位置切断，用顶插接法或劈接法进行嫁接，然后栽入苗钵。砧木断根后，胚轴失水，操作时不易破裂，以后胚轴发生新的不定根，发达且不易老化。在西瓜大量育苗嫁接时，往往由于各种原因砧木发生黑根病，可采用断根嫁接法，将砧木发病部分剪去，栽植到营养钵中。应注意南瓜砧胚轴易发生不定根，断根嫁接后一般不影响成活，但瓠瓜砧不易发生不定根，断根嫁接后如果管理不善会导致失败。

一般来说，断根嫁接苗比传统插接法嫁接苗闭棚时间要长 1 ～ 2 天。另外，砧木子叶可能会出现轻度萎蔫，但只要温湿度合适，嫁接5 ～ 6 天后即可诱导出新根。

五、嫁接苗管理

西瓜嫁接后的成活率高低除与嫁接方法等有关外，嫁接后科学管理也非常重要，特别是最初 5 天是成败的关键，应创造适宜的环境条件，加速愈合及幼苗的生长。嫁接后管理包括苗床处理、苗床温湿度的控制、光照管理、通风管理等。

（一）接口愈合期的管理

嫁接苗栽植苗床应先浇足水，扣好小拱棚，随嫁接随将嫁接苗立即栽入小拱棚中，盖好塑料薄膜。苗床摆满后应把薄膜盖严，周围用土压严，保持密闭的环境。

1. 温度管理

嫁接时拔起的接穗，若放置在15℃左右的阴凉处，可以保存半小时。批量嫁接时，最好多人分工协作，一部分人嫁接，一部分人进行栽植。一般嫁接后伤口的愈合需要较高的温度，夜间温度也要求较高，苗床白天保持在25～28℃，不超过30℃，夜间温度在20℃左右，不低于15℃。每天注意检查和调整，嫁接后的前3天不可通风降温，此期苗床温度偏高，要用遮阴物对苗床遮阴降温。嫁接后4～5天，当伤口愈合后，夜温可适当降低，保持在15℃左右。成活后白天保持在28～30℃。

2. 湿度管理

嫁接苗在愈伤组织没有形成之前，接穗的供水全靠砧木与接穗间细胞的渗透，而靠细胞间渗透的供水量很少，如果苗床空气湿度低，接穗引起萎蔫，会严重影响嫁接苗的成活，因此保持湿度是关系到嫁接成败的关键。管理的主要措施有：一是尽可能先在嫁接前对苗床上浇足够的底水；二是随嫁接随将苗摆放在小拱棚中，将薄膜盖好并遮阴，保持床内湿度达到90%～95%，不必换气，湿度不足时要用水壶向地面喷水，切记不可向嫁接苗上直接喷水，以防水流入接口内，引起接口部发病。在嫁接苗点浇透水、苗床地面也适当洒水后，前3天一般不会出现苗床干燥现象。此期也要防止苗床内的空气湿度长时间偏高，否则容易引起嫁接苗发病；三是嫁接苗基本成活后（5天左右），逐渐给苗床通风，并逐渐增加通风时间和通风量，降低苗床湿度，成活后的湿度可保持在65%～75%。初期通风要缓，通风时间也要短，以后逐天延长通风的时间并加大通风口。通风时间长短和通风口的开放大小是通风后嫁接苗不发生萎蔫，特别是不出现叶柄萎蔫下垂现象为宜。

在苗床进入大通风阶段后，苗钵土容易失水变干，使瓜苗在中午及其前后一段时间内出现萎蔫，应根据苗钵土的干湿变化情况及时浇水，使钵土经常保持湿润，不干燥。苗钵浇水最好采用逐钵点浇水法，把土浇透又不弄湿瓜苗。低温期应于晴天中午前后进行浇水，高温期应于上午进行浇水。

3. 光照

嫁接苗是否成活还与见光程度有密切的关系。嫁接后苗床要适当接受光照，以保证嫁接苗的光合作用需要。但光照过强、温度过高时，易使接穗凋萎。一般嫁接后前3天，如果为晴天，在每天日出后和日落前用遮阳网、草苫或苇帘对苗床进行遮阴。遮光是为了避免高温，保持苗床的湿度。嫁接后前3天如果是阴天或多云天气也可以不对苗床进行遮阴。一般在嫁接后第四天开始，中午覆盖遮光，早晚光照较弱时可撤除覆盖物使幼苗接受散射光。以后逐渐增加见光时间和光照强度，7～8天后可不再遮光。遮光时间长影响嫁接苗生育，只要嫁接前秧苗苗壮，控制适宜的大小，不必过分强调遮光，也不致凋萎影响成活。

4. 通风

培育健壮的嫁接苗，结合温度、光照、湿度等管理，加强通风管理，降低苗床湿度，减少发病。嫁接5～7天后，嫁接苗开始生长时，可进行通风。开始通风时，通风口和通风量要小，可在背风的一侧，将薄膜揭开几个小洞即可，不要在迎风口通风。通风应在温度较高的10～14时进行。以后逐渐加大，9～10天后可大通风。

（二）接口愈合后的管理

1. 摘除砧木萌芽

砧木在剪除生长点以后，还能在叶腋处萌发出不定芽，与接穗争夺水分和养分，影响成活和幼苗的生长，应及时除去砧木子叶节所形成的侧芽，在嫁接后每2～3天检查一次，防止侧芽长大，但要注意不可碰断砧木的子叶。

2. 去夹断根

采用劈接法和靠接法嫁接要用夹子固定，撤夹不宜过早，否则接口易胀裂，移苗定植时易从接口处断裂；也不可过晚，过晚接口处膨大后使夹子难以取下，影响植株生长。当嫁接苗通过缓苗期后，接穗开始长出新叶，证明嫁接苗已经成活。对于成活并且接口愈合牢固的秧苗应及时去掉嫁接夹子、塑料条等捆扎物。利用靠接法嫁接的秧苗在成活后还要进行断根，即切断接穗嫁接部位以下的胚轴，达到彻底换根的目的，也可分两次切，第一次切伤（深度为茎粗的 1/2），过 2～3 天后再将其全部切断。

3. 炼苗

定植前一周要进行低温炼苗，要把育苗钵移动位置，加大通风量，逐渐过渡到白天完全揭开薄膜通风，或者将嫁接苗移到室外阳畦（冷床）育苗床内，白天保持温度 22～24℃，夜间盖上小拱棚降至 13～15℃ 进行锻炼，最后昼夜不盖，使嫁接苗逐渐适应于田间气候条件。嫁接后 25～30 天，当嫁接苗长至 3～4 片真叶时，便可定植于田间。

六、定植

（一）定植前准备

1. 定植期

嫁接苗与自根苗相比，苗龄有所延长，这是由于嫁接苗愈合需要一段时间，从而使幼苗在苗床时间增加，根系相对易老化。为防止砧木根系老化，影响定植后成活和前期生长，除在苗床上创造适宜的环境条件，加速嫁接苗生长，保持根系的活性外，应尽可能早定植。通常在嫁接后 15～20 天，有 2～3 片真叶时即可定植。定植应选在晴暖天，连阴天定植西瓜苗不容易缓苗，易引起烂根。为预防各种病害的发生，定植前应集中在苗床上喷药，喷洒 75% 百菌清 800 倍液，或 70% 甲基硫菌灵 800 倍液。

2. 定植方法及密度

大棚嫁接栽培的整地做垄（畦）方式与普通西瓜栽培相同。定植的方法是用打孔器或移植铲按株行距打成孔，孔深 8 ～ 10 厘米，将嫁接苗从营养钵中倒出，放入栽植穴中，定植时应注意不要栽得过深，使苗坨上面与畦面相平，接口一定高于地表，否则接穗下胚轴接触土壤时容易产生不定根，土传病菌仍能侵染植株，失去嫁接防病的效果。放苗后，用少量的土固定住苗，然后逐穴浇水，水要浇足。如在定植后发现接穗下胚轴上产生不定根，应及时除掉，换上正常的幼苗。

嫁接苗根系发达，生长势强，与普通西瓜栽培相同密度时往往造成田间郁闭，影响通风透光，因此要注意合理掌握密度，应比普通西瓜栽培密度小。其他定植管理措施与普通西瓜相同。

（二）定植后管理

西瓜嫁接苗定植后，受砧木根系的影响，在生长发育上与自根苗相比有一些不同的表现，在栽培管理上应根据其特点，采取相应的措施以发挥砧木嫁接的优势，取得抗病丰产的预期效果。

1. 缓苗期管理

定植时要浇足缓苗水，定植后要封严塑料薄膜进行闷棚，同时有条件的还要覆盖小拱棚，夜间加盖草苫，采取各种措施以提高地温和气温，促进缓苗。若西瓜苗缓苗期间棚温比较低，一般不通风，缓苗后开始通风。低温期通风要从上部通风口放风，严禁扒开膜边，从大棚的两边通风。高温期仅靠上部通风口降不下温度时，再打开中部通风口加强通风，放地面风容易引起西瓜病害，一般不是必须时不要扒起膜边通底风。

2. 肥水管理

嫁接苗在水分管理上，应掌握前紧后松的原则，在定植缓苗后轻浇一次小水，在坐果前控制浇水。开花坐果期一般不浇水，避免植株易旺长而影响坐果。在果实膨大期应加大浇水量，保持土壤见干见湿。采收前 7 天停止浇水，以提高果实的品质，否则降低果实含糖量，或出现裂瓜现象。头茬瓜收获结束后，及时浇水，促二茬瓜生长。

在肥料管理上，嫁接苗施肥与普通西瓜苗有所不同。缓苗后砧木根系迅速发育，大量吸收肥水，从而使植株在缓苗后 30 天内生长旺盛，极易徒长，从而影响坐瓜，管理上应减少底肥的施用量。以南瓜作砧木的，底肥用量可比自根苗少；以葫芦、瓠瓜作砧木的可较自根苗减少。基肥以有机肥为主，适当施入磷钾肥，最好不施用速效氮肥。待果实坐稳后，开始进入果实旺盛生长阶段，需要大量的水分和养分，应进行追肥，以促进果实的膨大，坐果期追肥以氮、磷、钾平衡施肥为好，不能偏施氮肥。追肥的次数及用量要根据植株生长势情况及坐果情况确定。为了解决生育后期施肥困难，可采用根外追肥方法，叶面喷洒 0.3% 尿素、0.2% 磷酸二氢钾或 0.3% 氮磷钾复合肥，对促进果实膨大，提高品质有显著效果。

3. 植株调整与留瓜

由于西瓜嫁接苗生长前期受砧木影响较大，生长势较自根苗为强，分枝能力很强，但主蔓有所缩短，生长前期要适当增加整枝强度，及时去除不需要的侧枝，控制过旺生长，但不能整枝过早过重。整枝强度可依植株的长势而定，长势强的整枝重一点，长势弱的整枝要轻一点。坐瓜以后，随着果实的膨大，根系的吸收能力减弱，不再整枝打杈，以避免引起砧木根系早衰。由于嫁接口易折断，加上压蔓容易生产不定根，土中病原菌可通过不定根侵入，引起发病，所以嫁接苗的瓜蔓不能用土压埋，主要利用引蔓法，即用树枝或铁丝等交叉固定茎蔓，有条件的地方在瓜地上铺稻草、麦秸引蔓效果更好。

实践证明，嫁接栽培中如果留瓜节位过低，瓜多畸形且皮厚、空心，影响果实的品质。适宜的留瓜节位为 15 ～ 20 节。应掌握的原则是：长势强的植株，留瓜节位可适当降低；长势弱、叶形小的植株，留瓜节位可适当提高。

4. 授粉与果实管理

西瓜是异花授粉作物，雌雄同株异花，靠蜜蜂、苍蝇等昆虫传播花粉才能够正常结瓜，小棚覆盖栽培限制了昆虫活动，同时小棚西瓜开花期正处于外界温度偏低时，植株花粉常常不能正常开裂，为了保证正常授粉坐果，需要人工辅助授粉，可显著提高坐果率。人工授粉应在清晨 6～10 时进行，先摘取刚开放的雄花，去掉花瓣，露出雄蕊，手持雄花，将雄蕊对准雌花柱头上轻轻涂抹，使花粉分布均匀，花粉分布不均匀容易引起果实畸形，形成偏头瓜。一朵雄花一般可给 2～3 朵雌花授粉。授粉时要注意保护子房，不要擦伤子房，也不要碰掉子房上的茸毛。花期如遇到阴雨天气，花药开裂困难，可以在前一天傍晚或当天早上将微开的雄花从植株上摘下，放在 25～30℃恒温室或放置在灯光下增温使之开裂取粉，再用其授粉。授粉时天气晴朗，温度适宜，授粉次日子房弯曲下垂，花梗增粗变长。

坐果后约 10 天，当幼果直径 6～7 厘米时进行疏果，减少养分消耗，避免影响留果膨大。疏果时去掉畸形果、病果、果皮有伤疤的果，选留子房肥大，果形端正，符合该品种特征，果皮颜色新鲜发亮的幼果。留瓜的先后顺序是：主蔓上第二、第三、第一个瓜，主蔓上的瓜没坐住或质量较差，不适合留瓜时，再从侧蔓上留瓜。此外，应进行竖瓜、顺瓜、垫瓜和翻瓜，一般在疏果以后把留下的幼瓜直立，并把幼果与蔓摆顺，有利于养分和水分从根部输送到果实，保护幼果不受风吹动等原因造成的损伤。

为防止烂瓜，保持瓜下良好的透气性，同时防止地面的病菌和地下害虫危害果实，当幼瓜褪毛后，可在瓜下面垫放草圈或麦秸等物，使瓜离开地面。在收获前 10～15 天将瓜横放，使其着地的一面见光，促使瓜色一致，含糖量均匀。翻瓜一般于定瓜后开始。于太阳偏西时进行，防止果柄折断。翻瓜要求每隔 3～4 天把果实按同一方向慢慢翻动一次，翻动角度不宜过大，2～3 次把着地部分翻到上面即可。随着西瓜的不断成熟，要适时采收，采收时宜用剪刀或用刀割，不要用手硬拽以免拧断扭伤瓜蔓。

七、病虫害防治

西瓜病虫害防治应以综合防治为主，即从栽培技术、环境调控等各方面入手，采取综合措施进行防治。例如，尽量避免连作，秋冬季深翻冬灌，减少土壤病原菌，选用抗病品种，进行种子消毒，采用地膜覆盖栽培，加强田间管理，进行叶面喷肥，发现病害及时防治等。

（一）病害

1. 枯萎病

枯萎病是西瓜的主要病害，对西瓜生产威胁最大。苗期至结果期都可发生，在伸蔓至结果初期发病普遍，果实膨大期为盛发期，以后发展趋于缓慢。主要症状是：发病初期中午植株叶片自下而上逐渐萎蔫，早晚恢复，几次反复后，病株全株枯死。病株根部从尖端腐烂。病株叶片呈褐色、不脱落，病株茎基部有锈色，稍缢缩，表皮纵裂，常有胶质物溢出。横切茎部维管束呈黄褐色，断面上黄褐色圆点排成环状，这是鉴别枯萎病的主要标志。湿润时病株基部出现粉红色霉状物。

防治措施：包括避免连作，进行种子消毒，肥料要充分腐熟，不用带有病株残体的农家肥，育苗营养土禁止用瓜田土或菜园土，嫁接防病等。播种前或定植前，对有病的地块，用 25% 苯菌灵或 50% 多菌灵、70% 甲基硫菌灵、70% 敌磺钠，按 1：100 的比例配成药土，均匀施入沟中或定植穴内，每亩用药量 1.5 千克左右。也可用农抗 120 或 50% 代森铵 200 倍液喷洒瓜沟或定植时灌穴。发病初期在病株根部灌 70% 甲基硫菌灵可湿性粉剂 400 ~ 500 倍液，或用 15% 三唑酮可湿性粉剂 2000 倍液与 0.2% 磷酸二氢钾混合液灌 2 ~ 3 次，也可在瓜苗长出 4 ~ 8 片叶期间，用农抗 120 稀释 200 倍液灌根，每隔 7 ~ 10 天灌 1 次，连灌 3 ~ 4 次，每株用 0.25 千克。

2. 病毒病

西瓜病毒病近年呈上升趋势，以花叶型病毒为主。主要症状是发病初期在叶片上出现黄绿镶嵌的花纹，以后皱缩畸形，节间缩短，坐果困难。

防治措施：包括加强田间管理，施足基肥，增施磷钾肥，及时拔除病株等，整枝和压蔓操作时病株健株应分别进行，以免接触传染，及时防治蚜虫。

3. 炭疽病

西瓜炭疽病危害西瓜的叶、蔓和果实，多发在生长后期，造成烂果。主要症状是：叶部病斑为圆形，初为淡黄色水渍状小斑点，后变褐色斑，中间颜色浅、边缘深，有同心轮纹和小黑点，并且病斑中间易穿孔。叶柄和蔓上病斑为梭形或椭圆形，初为水渍状黄褐色，后变为黑褐色，严重时叶片全部枯死。果实受害初为暗绿油渍状小斑点，后扩大呈圆形暗褐色病斑，有凹陷轮纹，湿度大时病斑上出现橘红色黏状物，逐渐溃烂。

防治措施：包括选用抗病品种，进行种子消毒，发病初期及时喷药等。可用 50% 多菌灵可湿性粉剂 800 倍液，每隔 7～10 天喷 1 次，发病重的加喷 0.2% 磷酸二氢钾，以提高抗病能力，或用 70% 甲基硫菌灵可湿性粉剂 800 倍液，或 50% 咪鲜胺可湿性粉剂 1200 倍液，或 25% 丙环唑乳油 1000 倍液。

4. 疫病

此病为害叶片、茎蔓和瓜果。幼苗发病子叶上先出现水渍状暗绿色的圆形病斑，中部渐变成红褐色。真叶被害产生水渍状，呈暗绿色、圆形或不规则形病斑，湿度大时呈软腐状。根茎处呈黄色似水烫状，干燥时病斑变褐色，易破裂。蔓上发病多在靠近蔓的先端，先形成梭形斑后，环绕缢缩。根颈部发病表皮呈黄褐色，内部组织迅速变灰褐色，干枯，瓜蔓萎蔫。瓜受害软腐凹陷、潮湿时病部长出稀疏白色霉状物。

防治措施：包括发病初期摘除病叶、病蔓，及时喷药。最好在雨季到来前喷药保护，可用 40% 甲霜灵可湿性粉剂 800 倍液，或 40% 乙磷铝 200～300 倍液，或 80% 代森锌可湿性粉剂 500～600 倍液，或 75% 百菌清 600～800 倍液，每隔 7 天喷 1 次。病情严重时，可适当缩短至 5 天喷 1 次，连续防治 2～3 次。另外，浇水时严禁大水漫灌，以避免高温高湿的环境条件出现。

5. 白粉病

俗称"白毛"，主要为害叶片，也为害瓜蔓及叶柄。主要症状是发病初期，叶正面产生白色近圆形小粉斑，以后逐渐扩大成边缘不明显的连片白粉斑，恰似一层白粉。随后许多病斑连在一起，布满整个叶面，白粉状物渐变为灰白色或红褐色，叶片枯黄变脆，一般并不脱落。后期病斑上产生黑褐色小点（图3-18）。

防治措施： 发病初期及时喷药，可喷布25%三唑酮3000倍液，或50%多菌灵500～800倍液，或75%百菌清500～800倍液，或40%多硫悬浮剂800～1000倍液，或40%灭菌丹500倍液。每7天喷一次。注意交替用药。

图3-18 西瓜白粉病叶片

（二）虫害

1. 瓜蚜

在西瓜全生育期均可为害。瓜苗及嫩叶被为害后，叶片卷缩，严重时整个叶片卷曲，直到整株萎蔫死亡，老叶受害不卷曲，但提前干枯死亡，缩短结瓜期，减少产量。

防治措施：注意清除田间杂草，消灭蚜虫。目前仍以农药防治为主，用50%抗蚜威可湿性粉剂2000倍液，或50%敌敌畏1000倍液，或80%敌敌畏乳油800～1000倍液，或氰戊菊酯2000倍液喷施，并应交替使用，以免产生抗药性。

2. 黄守瓜

俗称黄萤、瓜叶虫，幼虫俗名"白蛆"。是瓜类生产的严重害虫。常咬断瓜苗嫩茎、花和幼瓜，幼虫在土中咬食瓜根，有时蛀入瓜内（从靠地面处蛀入），猖獗时可使结瓜植株大量死亡。

防治措施：可用50%敌敌畏乳油喷施叶面，以控制叶面成虫；或者用90%的晶体敌百虫2000倍液灌根，杀灭土中幼虫。防成虫还可喷除虫菊酯乳剂3000倍液。

3. 蝼蛄和蛴螬

生活在土中，喜食刚萌发的种子、幼根和嫩茎，喜在土中窜跑，使表土内隧道纵横，种子不能发芽或幼苗吊根死亡。蛴螬是金龟子的幼虫，喜食大豆、花生、甘薯等作物，并产卵于土里。因此，前茬种以上作物的田块危害严重，常咬断幼苗的根茎且断口整齐平截，从而造成缺苗断垄。

防治措施：这两种害虫的防治方法类同。提倡施用腐熟农家肥，设置黑光灯诱杀，农药可选用50%辛硫磷乳油1000倍液或90%敌百虫800～1000倍液，在成虫盛期喷施地上部防治，或配制毒土撒于种穴，或直接灌根防治幼虫。

4. 地老虎

以幼虫日夜在植株上活动取食，喜食嫩叶，以后钻入土内，夜间出土活动，食量大，常咬断幼苗近地面的茎，以一、二代虫危害最重，严重时造成毁种。

防治措施：成虫对黑光灯和糖醋等有较强趋向性，可以进行诱杀。对菊酯类和辛硫磷农药极为敏感，用氰戊菊酯、辛硫磷、敌敌畏作毒土对杀死低龄和大龄幼虫效果较好。

5. 种蝇

成虫为黄色小蝇，幼虫似粪蛆。以幼虫危害西瓜种芽和幼苗，幼虫从根茎部蛀入顺着茎向上危害，受害植株倒伏死亡，还可换株危害。

防治措施： 应忌用未腐熟的肥料，也可在播种时或定植时用 90% 的敌百虫 1000 倍液喷洒床面或根际附近，还可用 50% 的辛硫磷 1000 倍液喷洒床土或浇灌栽植穴，每穴用药 100～150 毫升，均有显著效果。

八、采收

适时采收。采收时宜用剪刀或用刀割，不要用手硬拽以免拧断扭伤瓜蔓。

第三节　黄瓜嫁接栽培关键技术

黄瓜别名胡瓜、王瓜，属葫芦科黄瓜属一年生草本植物。黄瓜幼果脆嫩，适宜生食、熟食或腌渍，是主要蔬菜之一。黄瓜在各类设施栽培尤其是日光温室栽培中占有举足轻重的地位（图 3-19）。

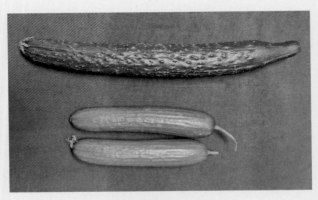

图 3-19　黄瓜

一、黄瓜对环境条件的要求

（一）温度

黄瓜属喜温性蔬菜，既不耐寒又忌高温。生长发育的最适温度，白天为 25 ～ 30℃，夜间为 10 ～ 18℃，以保持一定的昼夜温差为宜。进行光合作用的适宜温度为 25 ～ 32℃，同化物质运输的适宜温度为 16 ～ 20℃。在光照增强、空气中二氧化碳浓度增加、湿度加大等因素的影响下，生长发育适温会有所提高。一般情况下，当温度达到 35℃时，叶片合成的养分和植株本身呼吸消耗掉的养分处于平衡状态；35℃以上，呼吸消耗高于光合产量；当温度超过 40℃时，光合作用急剧衰退，代谢机能受阻，就会引起落花、化瓜、出现畸形瓜等生育障碍；当温度降到 8℃以下时，生长发育就会受到影响，降到 0 ～ 1℃时，植株就会受冻。黄瓜根系对温度变化非常敏感。根系生长发育的适温为 20 ～ 25℃，地温低于 12℃或高于 30℃时，根系的生理活动受阻，停止生长。

（二）光照

黄瓜喜光，也较耐弱光。适宜的光照强度为 40000 ～ 50000 勒克斯，光饱和点为 55000 勒克斯，光补偿点为 1000 ～ 2000 勒克斯。每日光照时数过多或偏少，光照强度过强或偏弱，均会给黄瓜生育造成不利影响。黄瓜叶片全天合成的养分，其中 60% ～ 70% 在中午前完成，余下的则在下午完成，所以，在日光温室栽培时，上午应适时早揭草苫。

（三）水分

黄瓜喜湿，怕涝，不耐旱。适宜黄瓜生长发育的土壤相对湿度为 85% ～ 90%，空气相对湿度为 70% ～ 90%。当空气相对湿度偏高且持续时间过长时，易诱发病害；如果土壤湿度过高，温度偏高时，易引起徒长，温度偏低时，又易引起沤根、烂根。如果土壤水分不足时，叶片由下而上发生萎蔫。缺水直接影响瓜条细胞膨大。

（四）土壤

黄瓜根浅，根群弱，栽培黄瓜宜选用富含有机质，透气性好，pH 值为 6.5，含氧量在 2% 以上，保水保肥性好的壤土。当土壤性质变劣时，易造成植株发育不良。

二、接穗和砧木品种的选择

（一）砧木品种的选择

嫁接砧木首先应选择抗土传病害特别是抗黄瓜枯萎病的种类，同时兼抗霜霉病、白粉病、疫病等；其次要选择与黄瓜血缘关系较近，亲和性好的种类，表现为嫁接成活率高，嫁接后不发生异常现象，对果实品质无不良影响；再是耐低温、抗热、抗瘠薄土壤，吸肥水能力强，耐旱涝，生长旺盛，生育期长等。

黄瓜主要砧木种类及品种简介，请参阅第一章第二节相应内容。

（二）接穗品种的选择

黄瓜按地区生态型，可分为华北生态型和华南生态型。华北生态型黄瓜，瓜条较细长，一般具有棱、瘤和刺，刺较密，一般为白刺，对光照反应不敏感，耐热性及抗白粉病、霜霉病能力较强，不耐干旱，为喜肥水充足的生态型。华南生态型黄瓜，瓜条较短粗，瓜表面较光滑，刺较少，一般为黑刺。

由于嫁接栽培黄瓜自身生长特点并未改变，故应根据栽培季节、种植方式、生产目的、砧木种类等不同，选择丰产优质，与砧木配合力强，亲和力高，抗逆力强的接穗品种。

同时，不同季节栽培选用黄瓜品种的性能和要求不同。

（1）越冬栽培　一般初秋育苗，经过整个冬季用温室、大棚生产的方式。要选用雌花着生稳定、耐低温，在不适宜的气候条件下能高产、优质的黄瓜品种。

（2）促成栽培　在严寒、日照少的季节，在保护地里育苗、定植、春季达到盛果期的生产方式。要求雌花、侧蔓着生稳定，耐低温，初期产量高而稳，总产量高的品种，尤其是 4 ~ 5 月的产量高，而且品质稳定的黄瓜品种。

（3）早熟栽培　用拱棚或露地栽培的生产方式。需选用生长期短，长势旺盛，短期内能高产，且在开始采收后，植株长势不衰，瓜的品质能始终保持不变的黄瓜品种。

（4）半促成栽培　在严冬或在春天转暖时用大棚等播种育苗、定植的生产方式，收获期集中在 3 ~ 7 月，可排开下种。要选用初期产量高、品质优良的黄瓜品种。如着重追求中期产量，可选用主蔓结瓜多的品种，注重中、后期产量时，应选用侧蔓结瓜性能好，黄瓜的品质能始终不变的品种。

（5）夏季栽培　适合我国北方高冷山区栽培的生产方式，夏季多雨、高温、强日照的地区不宜采用。夏季栽培用品种需选用耐湿、耐干、抗病虫、主蔓结瓜多、侧蔓发生较好、瓜的品质变化小的黄瓜品种。

（6）延后栽培　以大棚栽培为主，选用短期内高产、对低温影响小的黄瓜品种。

生产上常用的部分黄瓜品种简介如下。

新泰密刺　山东省新泰市地方品种。植株长势较强，茎粗，节间短，主蔓结瓜，第一雌花着生在第四至第五节，一节多瓜，回头瓜多。瓜棒形，长 25 ~ 35 厘米，横径 3 ~ 4 厘米，瓜把较长、深绿色，刺瘤密，白刺，棱不明显。口感脆嫩，微甜，品质好。耐寒性较强，耐弱光，抗枯萎病，不抗霜霉病、白粉病，但抗性略强于'长春密刺'。早熟，单瓜重 250 克左右。适合日光温室及大棚栽培。

津优 1、2、3 号　天津黄瓜研究所选育，杂交一代黄瓜品种。早熟，植株生长势较强，较耐低温和弱光，茎较粗，分枝中等，叶片肥大、深绿色。以主蔓结瓜为主，瓜码密，回头瓜多。瓜把短，瓜色深绿，有光泽、白刺。果肉深绿色，品质优，商品性好，口感脆，无苦味。高抗霜霉病、白粉病和枯萎病。播种至始收 60 ~ 70 天，采收期为 80 ~ 100 天。单瓜重约 200 克，亩产 5500 千克左右。适合我国北方各地日光温室冬春茬和大棚春提早栽培。

津优 30 号　天津黄瓜研究所选育。植株长势强、以主蔓结瓜为主。瓜条顺直，腰瓜长 35 厘米左右。瓜绿色、有光泽，瘤显著，密生白刺。果肉淡绿色。口感脆，味甜。耐低温弱光，抗枯萎病、霜霉病和白粉病。单瓜重 220 克左右。适合华北、东北、西北和华东地区日光温室越冬茬和冬春茬栽培。

长春密刺 早熟，丰产，植株长势中等，茎粗短，叶片深绿色，分枝力中等，侧蔓生长弱。以主蔓结瓜为主，第一雌花着生于主茎第三至第四节，节间短，瓜码密，有的节能出现 2～3 个雌花，回头瓜多。瓜长棒形，瓜长 30 厘米左右，横径 4～5 厘米，瓜柄短。单瓜重 100～200 克。瓜色深绿，纵棱不明显，刺瘤小而密，白刺。皮薄脆嫩，品质好。耐寒性强，耐弱光，不耐热，喜肥水，较抗枯萎病，不抗霜霉病和白粉病。适合冬春季棚室设施早熟栽培。

中农 202 中国农业科学院蔬菜花卉研究所选育。早熟，植株长势强，生长速度快，以主蔓结瓜为主。瓜长棒形，瓜把短，瓜条直。瓜长 35 厘米左右，横径 4 厘米。瓜色深绿，有光泽。瓜表面无棱，瓜顶无黄色条纹，刺疤小、稀密中等，白刺。肉厚，腔小，质脆，味微甘，商品性好。第一雌花节位在第二至第三节。单瓜重 150 克左右，是极早熟、丰产、抗病的一代杂种，属于保护地的专用品种。

中农 7 号 中国农业科学院蔬菜花卉研究所选育。早熟，植株长势强，主蔓结瓜，第一雌花着生于主蔓第二至第三节，雌花节率达 80% 左右，结瓜集中。瓜长棒形，瓜长 30～35 厘米，把长 4～5 厘米。瓜色深绿，无棱，刺瘤密，白刺。品质好。较耐低温弱光，抗霜霉病、白粉病，较抗黑星病、枯萎病、疫病。早熟，播种至收获 60 天左右。亩产 5000～7000 千克。适合北方各地大棚春早熟栽培。

中农 9 号 中国农业科学院蔬菜花卉研究所选育。中早熟，少刺型杂交一代黄瓜品种。植株长势强，第一雌花始于主蔓第二至第五节，每隔 2～4 行又出现一雌花，前期主蔓结瓜，中后期侧枝结瓜为主，雌花节多为双瓜。瓜短筒形，瓜长 15～20 厘米。瓜色深绿一致，有光泽，无花纹，瓜把短，刺瘤稀，白刺，无棱。抗霜霉病、枯萎病、黑星病等病害。品质中上，丰产，亩产 4000 千克以上，适合春棚、春茬日光温室及秋棚延后栽培。

北京 101、北京 102 北京蔬菜研究中心选育。温室专用杂交一代黄瓜品种。两个品种植株长势强，根系发达，嫁接亲和力好，雌性节率高，其中'北京102'为全雌型品种。'北京101'刺瘤较稀，'北京102'为密刺型。瓜条顺直、棒状，瓜长28～35厘米，瓜把短。果肉白色，质脆，味甜，品质优。两个品种的低温性能极强。越冬栽培生育期可长达8个月，亩产14000～15000千克。适合在华北、东北、西北及华东地区日光温室栽培。

济杂3号 济南农业科学研究所选育。瓜条顺直，长30～35厘米，瓜把短。瓜色深绿。刺瘤密，白刺。品质优，商品性好。对霜霉病、白粉病、枯萎病抗性强。单瓜重约180克，亩产7000～14000千克。适合日光温室越冬茬和早春茬栽培。

日本南极二号 中早熟，长势旺盛，结瓜性强。分枝多，坐果结瓜率高，瓜条生长速度快，颜色美观，刺瘤少，果肉甘脆，食用性好。单瓜重150克左右。较抗低温、耐高温，适宜于早春大棚和秋延后栽培。产量较高，亩产20000千克左右，适宜砧木为'黑籽南瓜''刚力'。每亩密度2500株左右。

日本新北星 早熟，耐高温、抗病、高产、嫁接用优良品种。适宜于夏播和秋延后栽培。生长势强，叶片硕大、生育期长、结瓜性强，雌花率高。一叶双瓜较多，几乎节节有瓜。瓜有小刺，无棱瘤，外观美。肉质甘脆，品质好。单瓜重150克左右。亩产15000千克左右。适宜与新土佐系砧木嫁接，每亩密度2000～2500株。

津优10号 天津黄瓜研究所选育，杂交一代，早熟，植株长势强，第一雌花节位在第四节左右，瓜条生长速度快，成瓜性好，前期以主蔓结瓜为主，中后期主侧蔓均具有结瓜能力。瓜条长35厘米左右、横径3厘米。瓜色深绿、有光泽，刺瘤中等。口感脆嫩，抗黄瓜霜霉病、白粉病和枯萎病。从播种到根瓜采收一般为60天左右，单瓜重约180克，亩产5500千克以上。适合大棚春提早与秋延后栽培。

津优20号 天津黄瓜研究所选育，杂交一代，早熟，生长势旺盛，宜稀植，早熟性强，瓜条生长速度快，不宜过分蹲苗。大棚春早熟栽培第一雌花出现在第四至第五节，前期雌花节率在50%以上。瓜码较密，瓜条生长速度快。耐弱光，高抗枯萎病，产量高。适合日光温室秋冬和大棚春早熟栽培。

津春 2 号 天津黄瓜研究所选育，杂交一代，早熟，植株长势中等，株形紧凑，结瓜后能自封顶，分枝少，叶片中等大小，深绿色。单性结实能力强，以主要结瓜为主，瓜码密，第三至第四节开始结瓜。瓜长棒形，瓜长 30 厘米左右。瓜色深绿，白刺。耐低温弱光能力强，抗霜霉病、白粉病和枯萎病能力较强。单瓜重 200 ～ 300 克，亩产 5000 千克左右。适合我国大中小棚及日光温室早熟栽培。

津春 3 号 天津黄瓜研究所选育，杂交一代，早熟，植株长势强，叶片肥大，深绿色，分枝性中等。以主蔓结瓜为主，回头瓜多，单性结实能力强。瓜长棒形，瓜条顺直，瓜长 30 厘米左右。瓜把长 4 厘米左右。瓜绿色，刺瘤适中，白刺，有棱。风味较佳。耐低温弱光能力强，抗霜霉病和白粉病。播种至开始采收约 50 天，单瓜重约 200 克，每亩一般产 5000 千克以上。适合我国各地日光温室越冬茬栽培。

中农 12 号 中国农业科学院蔬菜花卉研究所选育，杂交一代，中早熟，植株生长速度快，以主蔓结瓜为主，瓜码密。瓜条长棒形，瓜长 30 厘米左右，瓜色深绿一致，有光泽，瘤小，白刺。口感脆甜，品质佳。抗霜霉病、白粉病、花叶病毒病，中抗黑星病、角斑病、枯萎病。早熟，单瓜重 150 ～ 200 克。亩产 5000 千克以上。适于北方早春保护地、早春露地和秋延后栽培。

中农 19 号 水果型黄瓜，杂交一代。瓜短筒形，瓜长 15 ～ 20 厘米，瓜色亮绿一致，无花纹。果面光滑。口感脆甜，富含维生素和矿物质。具有很强的耐低温弱光能力，抗枯萎病、黑星病、霜霉病和白粉病等。连续坐果能力强，单瓜重约 100 克，每亩可产 10000 千克以上。适合越冬日光温室和大棚栽培。

壮瓜 由荷兰引进，属于欧美系短瓜类型黄瓜杂交一代。植株长势强，耐寒性、耐弱光性强，全雌性株，单株结瓜多。果实膨大快，瓜圆筒形，表面光滑无刺，瓜色中绿，平均瓜长 13 ～ 15 厘米。单瓜重 200 克左右，一般亩产 15000 千克以上。适合温室越冬茬、冬春茬栽培。

戴多星 荷兰引进欧美系短黄瓜杂交一代。中熟，持续产瓜期长，植株开展度大。瓜圆柱形。瓜长 14 ～ 18 厘米。瓜色墨绿，微有棱。果肉厚，质地脆，风味好，品质佳。抗黄瓜花叶病毒病、叶脉黄纹病毒病，耐霜霉病、白粉病。适合温室秋冬茬和冬春茬栽培。

春秋王　设施专用品种，欧洲迷你型，纯雌性，生长势强，持续结瓜能力强，耐低温弱光及高温，春秋季均可栽培，高抗白粉病，抗霜霉病，瓜长 15～18 厘米，果形指数 4.9，单瓜重 120 克左右。瓜条亮绿色，口感脆嫩。现代化温室一年四季均可种植，上海地区春季无加温设施栽培于 1 月上旬至 2 月中旬播种育苗，2 月中旬至 3 月上旬定植，其他地区可根据当地气候适当调整播种期。定植密度为 1800 株 / 亩左右（北方因光照条件好可适当增加栽培密度）。该品种为光温不敏感型，夏秋高温季节也可种植。

沪杂 6 号　设施栽培用华南型黄瓜新品种，雌性型，雌花节率 98% 以上，第一雌花节位低，节成性强，抗霜霉病及白粉病，耐低温弱光性强，早熟性好，瓜绿色，黑刺较多，瘤较大，瓜把不明显，单瓜重 170 克左右，瓜长 26 厘米左右，果肉厚，肉质脆，栽培中应加强肥水管理，适时采收，以防止尖瓜、弯瓜等畸形瓜出现。春季栽培亩产量 4700 千克以上。

绿秀 1 号　水果型黄瓜，甘肃省农业科学院蔬菜研究所选育。长势中等。雌花着生于主蔓第 1～2 节，其后节节为雌花，连续结果能力强。瓜条短筒形，瓜色绿，果实表面光滑，色泽均匀一致，无花纹，易清洗。瓜长 15～18 厘米，单果重约 100 克。口感脆甜，肉质细，适宜做水果黄瓜。保护地栽培一般亩产量 7500 千克。适宜的茬口有日光温室越冬茬、冬春茬和春季塑料大棚栽培。

京研迷你 2 号　光滑无刺型短黄瓜，杂交一代，植株全雌，每节 1～2 条瓜，无刺，味甜，生长势强，耐霜霉病、白粉病和枯萎病，瓜长 12 厘米，心室小，色泽翠绿，浅棱，味脆甜，适宜生食。可周年种植，为丰产型水果黄瓜。适宜越冬加温温室、春温室及春秋大棚种植。

京研迷你 4 号　水果型黄瓜杂交一代，冬季温室专用品种，耐低温、弱光能力强，全雌性，生长势强，抗病性强，瓜长 12～14 厘米，无刺，亮绿有光泽，产量高，品质好，注意防治蚜虫与白粉虱，以免感染病毒病，适宜长江以北地区种植。

翠玉黄瓜 杂交一代，白绿色黄瓜品种，适宜春秋大棚及春露地种植，植株生长势中等，耐霜霉、白粉、角斑病，瓜长 12 ～ 13 厘米，无刺，嫩白绿色，表面有细小黑刺，无瘤，心室小，品质好，具独特香味，非常适宜鲜食，可作为节假日高档礼品菜，产量较高，亩产 5000 千克。白色水果型黄瓜，适于春秋保护地及秋延后种植。

凤燕小黄瓜 农友（中国）公司选育。早生，茎蔓粗壮，生长势强，耐病毒病和炭疽病，结果力强，分枝性强，雌花发生多，果实端正直美，果色淡绿，果粉多，白刺，适收时果长约 20 厘米，果重约 100 千克，品质优，产量高。

蜜燕小黄瓜 生育强健，主蔓和侧蔓全生雌花，结果特早，产量高。适收时果长约 13.5 厘米，横径约 4 厘米，果重约 140 克，果形端直，果色青绿光亮，果面平滑，果刺白色细少，外观优美。肉质脆嫩有甜味。

秀燕小黄瓜 极早熟，生育强健，主蔓 2 ～ 3 节起即有雌花发生，有时一节可发生 2 朵雌花均能结果。分枝多，侧枝第 1 ～ 3 节连续发生雌花，适收时，果长约 20 厘米，重约 90 克，果色鲜绿，果形端直，白刺，果粉中，品质优，丰产。

阿信小黄瓜 早熟，生育强健，结果力强，果形端直，适收时果长约 22 厘米，横径约 2.7 厘米，重约 100 克，果色翠绿亮丽，果刺白而少，肉色翠绿，肉质脆甜爽口，水果黄瓜之极品，耐贮运。

娇燕小黄瓜 全雌性，结果力强，瓜皮翠绿色，无棱无刺，心室小，肉质脆爽。果长约 12 厘米，横径约 2 厘米，果重约 50 克。开花后 4 ～ 5 天采收。

青美鲜翠黄瓜 早熟，低温弱光坐果率高，生长快，瓜皮深绿色，瓜长 14 ～ 16 厘米，粗 3.5 ～ 4.5 厘米。肉质脆嫩，香甜可口，品质佳，商品性优。连续结瓜能力强，产量高，效益好。

萨瑞格黄瓜 从以色列引进的水果型小黄瓜，杂交一代，早熟品种，属无限生长型，植株生长旺盛，主蔓每节有 2 个以上雌花，每节一般可留 2 瓜，单果长 14 ～ 16 厘米，瓜条顺直、光滑无刺、圆柱形，果实暗绿色，单果重 80 ～ 100 克，肉厚质脆清甜、口味极佳，货架期长。在低温下坐果能力强，产量高，单株产量可达 3 ～ 5 千克，较耐白粉病。

奥妮 荷兰引进，全雌无刺小黄瓜，无限生长型，早熟，植株生长紧凑长势强，主蔓结瓜，节间短，每节 1～2 个瓜，节节有瓜，瓜长 16 厘米左右，连续坐果能力强，颜色深绿色，富有光泽，口味甘甜，产量极高，耐寒性强，高温高湿情况下坐果率高。抗逆性强，高抗霜霉病、白粉病、枯萎病和病毒病等病虫害，无死棵现象。适合设施秋延迟、越冬、早春及越夏栽培。

盛冬三号 杂交一代，植株生长旺盛，叶片中等，主蔓结瓜为主，瓜码密，瓜条生长速度快，不歇秧，连续坐瓜能力强，瓜条顺直，皮色亮绿有光，把短刺密，瘤适中，瓜肉浅绿、味甜，瓜长 35 厘米左右，畸形瓜率低，商品瓜率高，单瓜重 200 克左右，抗病性强，双亲均选用抗病亲本，高抗枯萎病、霜霉病、角斑病和白粉病，耐低温、弱光，越冬栽培亩产 2.5 万千克左右，采收期可达 200 天以上，适宜温室大棚早春、秋延及越冬茬栽培。

盛绿三号 杂交一代，植株生长势强健，不歇秧、不封顶，瓜码密，连续坐瓜能力强，瓜长 35 厘米左右，瓜色深绿有光，把短刺密，无黄头，瓜条顺直，质脆，味甜，瓜肉浅绿，品质佳。亩产 15000 千克左右。用小籽砧木嫁接，商品性更好，效益更高。适宜早春、秋延拱棚及露地栽培。

奥宝福星 杂交一代黄瓜品种，生长势强，叶片中等，抗病、抗寒、耐低温，抗弱光能力强，瓜码密，以主蔓结瓜为主，不歇秧，不封顶，持续结瓜能力强，把短，条直，膨瓜快，皮色深绿，刺密，瘤适中，瓜长 36 厘米，亩产 20000 千克左右。适宜越冬日光温室及冬春茬日光温室栽培。

奥宝新秀 杂交一代，植株生长势强，叶片中等，以主蔓结瓜为主，瓜码密，回头瓜多，不易化瓜，瓜条生长速度快，不歇，不封顶，耐低温弱光能力强，在 10℃ 低温下能正常生长，瓜条顺直，皮色深绿，把短，刺密，瘤适中，瓜长 36 厘米左右，商品性好，亩产 20000 千克左右。具有良好的稳产性能，高抗枯萎病、黑星病、霜霉病，适宜越冬日光温室及冬春茬日光温室栽培。

水果密刺 日本引进，杂交一代，早熟，密刺型黄瓜。耐寒性强，低温条件结果习性良好。节节有瓜，产量极高，适合保护地冬春茬栽培。刺瘤密，分布均匀，瓜条顺直，瓜把短，瓜色深绿油亮，无瓜棱，腔小，果肉绿色，口味极佳，耐贮运。主蔓结瓜，瓜长22 ～ 24 厘米，畸形瓜少。

盛绿一号 杂交一代，植株长势强，耐高、低温，适应性强，抗病能力特强。以主蔓结瓜为主，回头瓜多，丰产性好，瓜条顺直，白刺有瘤，瓜把短，瓜条长 35 ～ 38 厘米，瓜条深绿色，有光泽，心腔小，没有黄丝线，单瓜重 200 克左右，亩产量可达 15000 千克左右。商品性好，适于春、秋设施栽培。

盛绿二号 杂交一代，中早熟，抗病性强，高抗霜霉病、白粉病、枯萎病，分枝多，叶片深绿色，较大，主侧蔓均可结瓜，瓜码密，瓜条深绿色，刺密有瘤，瓜长 30 ～ 35 厘米，商品性好，肉质脆，口感好，产量高达 20000 千克左右。适宜春、夏、秋露地及秋延后大棚栽培。

盛冬一号 杂交一代，无限生长型，特耐低温、弱光，高抗真菌细菌病害。叶片中等，叶色深绿，植株生长势强，坐果能力强且回头瓜多，不易化瓜，畸形瓜率低。瓜把短，瓜条顺直，成瓜生长快，果肉厚且脆嫩，瓜色翠绿色，有光泽，绿刺，刺瘤中等且密。瓜长 35 厘米左右，商品价值高。亩产 15000 千克左右，适于日光温室越冬、春茬栽培。

盛冬二号 生长势强，耐低温弱光能力强，长势中等，叶色深绿色，叶片中等，主蔓结瓜为主，回头瓜多，品质好，瓜条顺直，瓜长度 30 ～ 35 厘米，瓜色淡绿，把短，有光泽，刺瘤较密，无黄线，果肉脆嫩，商品性好。在低温寡照的冬季可获得高产量和高效益。抗霜霉病、白粉病，高抗枯萎病。适于日光温室越冬栽培，砧木宜选用南瓜嫁接，亩产可达 15000 千克以上。

威尼 荷兰引进，杂交一代，全雌无刺小黄瓜品种，植株生长紧凑，长势强，主蔓结瓜，连续坐果能力极强，单果长 16 厘米左右，果实圆柱形，颜色翠绿，无刺无棱，富有光泽，口味甘甜。耐寒、耐热，抗逆性强，产量极高，高抗白粉病、霜霉病、病毒病等病虫害，无死棵现象。

三、嫁接育苗技术

（一）砧木苗和接穗苗播期的确定

黄瓜嫁接普遍应用'黑籽南瓜'，其播种期常因嫁接方法而异，靠接一般比接穗晚播 5 ～ 6 天；插接要比接穗早播 6 ～ 7 天。所播种子都应催芽，如果干播种子，不仅苗期延长，砧木和接穗的最适嫁接期难以一致。

（二）种子处理与浸种催芽

1. 药剂浸种

黄瓜种子表面常附有枯萎病、炭疽病、细菌性角斑病等多种病原菌，播种前进行种子消毒灭杀种子上所携带的病菌。常用的药剂有：50% 多菌灵 400 倍药液、75% 百菌清 500 倍药液、高锰酸钾 1000 倍药液等。药剂处理前应先用温水把种子浸泡 30 分钟左右，使种子上的病菌充分吸水活跃后，再投入药液中浸泡 30 分钟左右。浸种结束后把药水倒掉，换为清洁的温水，水温 25 ～ 30℃，进行温水浸种。温水浸种 8 ～ 10 小时后捞出种子，转入催芽处理。

2. 热水浸种

热水浸种的主要作用是消灭种子上所携带的病菌和虫卵，可在热水处理后进行药剂处理，加强灭杀效果。

热水浸种操作：先用温水浸泡种子 20 ～ 30 分钟，然后把种子投入 55 ～ 60℃的热水中。保持该水温 10 ～ 15 分钟，之后加入凉水把水温降低到 25 ～ 30℃，转入温水浸种，温水浸种 8 ～ 10 小时后进行催芽。

3. 催芽

用催出芽的种子播种，种子出苗快而整齐，发病死苗率低。催芽为低温期黄瓜嫁接育苗所必需的种子处理措施之一。

做法：把浸种后的湿种子装入一布袋内，用力抡甩几下，去掉种子上多余的水，也可以先把湿种子摊开晾至种皮不湿漉漉后再装入湿布袋内。把种子袋放入催芽箱内或放入一保温盆内进行适温催芽。黄瓜种子的催芽适温为 25 ~ 32℃。催芽期间，每隔 12 小时左右，要把种子袋投入温水中轻轻搓洗几遍，洗去种子表面上的黏液，之后抢甩种袋或倒出种子摊开晾一会儿，待种子表面不湿漉漉后再继续催芽。在温度适宜时，一般从水浸种开始，约经 36 小时种子便可发芽，约 48 小时后基本上可出齐芽，芽长 0.5 厘米时即可播种。

4.砧木种子的种子处理与浸种催芽

生产上多用'黑籽南瓜'，其休眠性很强，需要进行种子处理，特别是新种子，需要打破休眠。药剂处理方法：先用 30℃的温水浸种 30 分钟左右，搓洗除去杂物，再用 10000 倍浓度的赤霉素浸种 2 ~ 3 小时，之后转入温水浸种 8 小时左右。或者用 25% 的双氧水浸种 20 分钟后再用温水浸种 12 小时。冷冻处理方法：把南瓜种子放在阳光下晒 1 ~ 2 天，然后用布包好放于冰箱内，在 −4 ~ 0℃的低温下冷冻 24 小时。取出种子后用棉被包住，使之缓慢解冻，通常 30 分钟左右方可打开种包。

温水浸种：同黄瓜。

催芽：砧木南瓜的用种量较大，可用塑料网袋或网袋盛种催芽，以利于透气和方便催芽过程中淘洗种子。催芽期间的适宜温度为 32 ~ 35℃。为使种子出芽整齐，应采取变温催芽，具体做法是种子破嘴前用适温催芽，个别种子开始破嘴后把温度降低到 25℃左右。从浸种到开始出芽一般需要 48 小时左右，待芽长 0.5 厘米左右即可播种。催芽操作的具体做法与黄瓜的基本相似，可参照进行。

（三）床土配制

床土要用营养完全，透气，透水性能好，不易散坨，无病菌、虫卵及杂草的蓬松肥沃土。一般是用田土、河土或山土加腐熟堆肥（或腐叶土）掺拌，提前一年制作的熟土。土与堆肥的比例，沙土为 10∶3，壤土为 2∶1，黏土为 1∶1，腐殖质含量越多的床土越适合育苗用。

若使用速成床土，速成床土的标准是土与堆肥比例为 1∶1。每立方米床土中加钙镁肥 1 千克、过磷酸钙 1 千克、高效化肥 1.5 千克左右，拌匀使用。

为防止地下害虫及土传病害，腐熟床土和速成床土在使用前都要进行土壤消毒。可采用福尔马林消毒，用量为每立方米营养土用 40% 福尔马林 400 毫升兑水 50 千克，均匀喷于营养土上，然后用塑料薄膜密封，闷土 10～15 天，使用前一天撤除薄膜，再搅拌一次待用。药剂拌土每立方米营养土用五氯硝基苯或代森铵 50 克，50% 多菌灵 80～100 克拌成药土消毒。营养土配制好后，可直接制营养土方或装入塑料钵，也可直接作为床土铺于苗床。床土要在播种或移栽前 3 天填入苗床中，浇足水。在寒冷季节育苗要提前加温。

（四）播种

播种前要根据天气预报把发芽日安排在晴天。一般播后 4 天发芽，发芽日遇连续阴天，苗长不好。

1. 播种黄瓜

应采取密集撒播法。

密集撒播法属于集中播种法，将床土装入育苗盘、架床或地床，8～10 厘米厚。先向床土浇 30℃ 左右的温水，一定要浇透，待水渗完，撒上一层药土，再把催出芽的种子均匀地播在床土上，种子间距 2～3 厘米，平均每平方米苗床播种 1000 粒以上。

2. 播种南瓜

主要有密集撒播法、田间直播法和育苗钵播种法三种播种方法。南瓜密集撒播法的播种过程与黄瓜的基本相似，可参照进行播种。

田间直播法：按黄瓜在大田内的株行距要求，把南瓜种子直接播种于大田内。南瓜苗嫁接时不从地里拔出，而直接在田间进行嫁接操作。与密集撒播法相比较，田间直播法的南瓜苗根系完整无损，对提高嫁接苗的成活率和壮苗率有利。主要缺点：环境难以保持一致，南瓜苗间的大小差异明显，环境控制不利时嫁接苗的成活率不高，易造成局部大量死苗；嫁接后的嫁接苗管理也较麻烦，不容易保持嫁接苗整齐一致。

育苗钵播种法：在育苗钵内播种培育南瓜苗，嫁接时瓜苗带钵进行操作，不拔出。南瓜苗便于集中管理，嫁接时又不伤害根系，具有上述两种播种法的共同优点，是较理想的播种方法。

一般来讲，如果所用的育苗设施条件较好，易于控制育苗环境，可选用田间直播法，以确保嫁接苗的成活率和壮苗率，反之，就应当选用育苗钵播种法或密集撒播法，以确保嫁接用苗以及嫁接苗所需要的苗床环境。在其他条件相同时，如果嫁接育苗经验丰富，为了提高工效、降低育苗费用，可优先考虑密集撒播法。靠接法嫁接多用密集撒播法，其次是育苗钵播种法，而插接法嫁接则较多选用育苗钵播种法。

（五）播种后苗床的管理

1. 播种后黄瓜苗床的管理

（1）温度管理　出苗前苗床要保持适当的高温，使种子及时出苗。适宜温度范围为白天 25～32℃，夜间 20℃ 左右，地温 20～23℃。温度偏低时要采取加温和保温措施。当有 80% 幼苗出土后揭掉地膜并适当降低温度，白天 22～28℃，夜间 12～15℃，低温 15～18℃。发芽后的苗，要避免苗茎生长过快，导致苗茎过细和提早出现空腔。靠接用黄瓜苗床要在两片子叶充分展开后，适当提高温度，促苗茎生长，使其到嫁接时长到要求的高度，此时白天温度以 25～30℃ 为宜，夜温不变。

（2）水分管理　出苗期不浇水，防止床土板结。出苗后特别是子叶展开后要勤喷水，经常保持畦面湿润，保证苗茎加粗生长用水，注意避免畦土过湿，导致苗茎生长过快和引发病害。

（3）通风管理　出苗后及时揭掉地膜散湿，避免畦面湿度太高引发病害。每次浇水后对苗床进行大通风，保持苗床内适当干燥。

（4）药剂防病　苗床揭掉地膜后，用 1000 倍的高锰酸钾或 500 倍的多菌灵轻浇苗茎基部 1 次，7～10 天后再浇 1 次。

（5）除去种壳　对顶着种壳出土的"戴帽苗"，在其刚出土后趁种壳尚软时，用一短棍轻轻挑掉种壳。若种壳已变干燥，可先用水喷湿种壳，待变软后再除去。

2. 播种后砧木苗苗床管理

播种到发芽期间的温度管理与黄瓜苗床基本相同。但南瓜种子比黄瓜种子大，必须在播前使其充分吸水，否则发芽慢，芽发不齐，播种时也需要多浇水。发芽开始以后的管理与黄瓜相同。

芽发齐以后，要根据品种胚轴的长短，分别对待，使其到嫁接时与接穗的高度相近。杂交南瓜苗的前期温度要比黄瓜稍低些，'黑籽南瓜'胚轴生长慢，前期要与黄瓜的高矮相同，在胚轴长到4～5厘米时（发芽后4～5天），白天把床内温度提高到25℃，夜间保持17～18℃，使胚轴长得高些，但要尽量少浇水。

四、嫁接

（一）嫁接时期

插接和靠接，砧木的最适嫁接苗龄都是以出现第一片真叶时为最佳。过于幼嫩的苗，嫁接时不易操作。过老的苗中心腔大，接口不易愈合。砧木下胚轴长以6～7厘米为宜，过长则幼苗细弱。下胚轴短的砧木，虽然苗壮，用靠接和腹插接等不易操作，而且嫁接苗定植后接口易埋在土中，仍有土壤传病的机会。用作靠接法的黄瓜幼苗，下胚轴也应达到5厘米以上，否则难以靠接。用作插接法的黄瓜幼苗，以子叶已展开而没有出真叶时为最佳时期，因此需先播南瓜，后播黄瓜。

（二）嫁接方法

1. 靠接法

常用于靠接的砧木有'黑籽南瓜''新土佐'等。靠接法嫁接的苗后期去夹断根工作繁琐，接口处愈合不牢固，但靠接苗对外界不良环境的抵抗力较强，目前仍被广泛采用。

砧木的准备：每亩用'黑籽南瓜'种子1500～2000克。靠接法砧木应比接穗晚播3～5天，即砧木比接穗晚浸种催芽1～2天，高温期育苗可以同一天或推迟一天播南瓜。第一片真叶半展开（发芽后5天）、下胚轴长度在6～7厘米时为嫁接适期。嫁接时先用刀片或竹签剔掉砧木的生长点，在子叶下方1厘米处呈30°～45°角向下斜切一刀，切口长度0.5厘米左右，深度要达到下胚轴粗度的1/2左右，切面平滑，切口深度不能超过中心腔或由于过浅而达不到南瓜下胚轴的维管束。

接穗的准备：每亩接穗种子200克左右。当接穗子叶充分展开、真叶显露时为嫁接适期。接穗的削法与砧木相反，在距生长点1～1.5厘米处向上斜切，深度为下胚轴粗度的3/5～2/3，切口平滑，切口长度0.5～0.6厘米，不可过长。过长容易在断根后产生不定根，愈合较缓慢，且嫁接后期易折断。

嫁接：将接穗切口准确、端正、迅速地插入砧木下胚轴的切口，使二者紧密结合，使黄瓜的子叶压在砧木子叶上面，随即从接穗的一方用嫁接夹固定。嫁接后苗的形态，正如砧木的子叶抱着接穗的子叶，二者一上一下重叠在一起。

2.顶插接法

顶插接（视频3-1）对嫁接技术与嫁接后管理条件要求严格，但此法可不用夹子固定，省去了断根，可比靠接法快、省工，后期伤口

视频3-1 黄瓜嫁接－顶插接

愈合牢面，不易折断，现被广泛采用。

竹签的制备：选竹织针或竹片削成单面半圆锥形竹签或双面楔形竹签。楔形面要求平滑，长度0.5～0.6厘米。竹签直径视接穗粗度以及砧木粗度而定，一般直径为0.1～0.2厘米。

砧木及接穗的准备：顶插接常用的砧木品种有'黑籽南瓜''新土佐'等。接穗品种可选择'津优3号''中农5号''长春密刺''津春3号'等。依据不同的栽培形式及茬口应选用不同的接穗及砧木，一般砧木比接穗早播3～5天，即砧木比接穗早浸种催芽6～7天。当砧木苗高6～7厘米且第一片真叶半展开、宽度不超过1厘米时为嫁接适期。此时黄瓜心叶刚刚显露，子叶展平。嫁接时用竹签剔去砧木生长点，然后用与接穗茎粗细相同的竹签从一侧子叶基部中脉处向

里一侧子叶下胚轴内穿孔（角度为45°左右），到竹签从胚轴另一侧隐约可见时为止。扎孔深0.4～0.5厘米，暂时不要拔下竹签。接穗的削法通常视竹签的情况而定。如果是单平面竹签，接穗就应削成单平面；如果是楔形竹签，接穗就削成楔形。在距子叶0.5～1厘米处以30°角斜切，切口长度为0.4～0.5厘米。

嫁接：拔出竹签，立即将接穗插入孔中，使接穗平面与竹签平面紧密吻合。接穗子叶方向与砧木子叶方向呈交叉状。

3. 大苗生长点直插法

该法嫁接速度较快，嫁接后几乎不用缓苗。

竹签制备：用竹织针或竹片削成长10厘米、直径为0.4～0.5厘米的竹签，一端削成1厘米长的半圆锥形楔形平面，尖端0.4厘米处直径为0.2～0.25厘米。

砧木及接穗的准备：接穗常用品种可选津优系列、津研系列、中农系列、'长春密刺'等；砧木常用品种主要有'黑籽南瓜''新土佐'等。砧木比接穗晚播2～3天，即砧木比接穗晚浸种催芽1天或同时浸种催芽。在砧木第一片真叶长约3厘米时为嫁接适期。此时接穗子叶应充分展开，第一片真叶长1厘米左右。先用竹签剔除砧木生长点，在生长点中心处向下垂直扎孔，其深度为0.4～0.5厘米，注意扎孔时竹签平面朝子叶平面方向。削接穗时，在距子叶0.5～1厘米处下刀，削成与竹签尖端相似的形状。

嫁接：拔出竹签，立即将接穗插入孔中，使接穗削面方向与竹签平面方向吻合。每嫁接10～20棵时喷雾1次，并及时移入小拱棚中遮阴保温保湿。

4. 劈接法

可参照西瓜、甜瓜进行。

砧木应比接穗晚播3～5天，即砧木比接穗晚浸种催芽1～2天。当砧木苗高6～7厘米、第一片真叶显露时为嫁接适期。此时黄瓜子叶已充分展平，真叶显露，嫁接时用刀片去除砧木的生长点，并在与子叶垂直方向的胚轴上自上而下劈切，切口横向深度为子叶节处横切面的一半，纵向长 1 厘米左右。削接穗时，在距子叶下方 1 ～ 1.5 厘米处下刀，削成双楔面，切面长度为 1 厘米左右。将削好的接穗插入砧木切口中，并用嫁接夹固定。每嫁接 10 ～ 20 棵就用喷雾器喷雾 1 次，并及时移入拱棚遮阴保温保湿。

5. 贴接法

砧木常用品种主要有'黑籽南瓜''新土佐'等，此种方法要求砧木晚播 2 ～ 4 天，砧木子叶展平、真叶显露时为嫁接适期。嫁接时用刀片斜向下削去生长点及 1 片子叶，切面长度为 0.5 ～ 0.8 厘米。接穗应比砧木早播 2 ～ 4 天，即接穗与砧木同时浸种催芽，接穗子叶展平、真叶长度不超过 0.5 厘米时为嫁接适期，在平行子叶伸展方向的胚轴上，距子叶 1 厘米处斜向下削成长 0.5 ～ 0.8 厘米的切面。嫁接时，使接穗的切口与砧木切口一侧对齐，用嫁接夹固定。每嫁接 10 ～ 20 棵喷雾 1 次，移入小拱棚内遮阴保温保湿。

6. 胚轴斜面插接法

又叫芽接法。砧木比接穗早播 5 ～ 6 天，当黄瓜苗的子叶由黄变绿时为嫁接适期，此时砧木第一片真叶展开，嫁接时，先用竹签剔除砧木生长点，在距于子叶下方 0.5 ～ 1 厘米与子叶伸展方向垂直的胚轴上下刀（与水平呈 30°～ 45°角），切口长度在 0.5 厘米左右，深度要达到胚轴粗度的 1/2 左右，切面平滑。接穗应比砧木晚播 5 ～ 6 天，即接穗比砧木晚浸种 7 ～ 8 天。嫁接时在距子叶下方 0.5 ～ 1 厘米处下刀，将接穗削成切面长度为 0.4 ～ 0.5 厘米的长马蹄形。切面要求平滑。将接穗插入砧木切口中，使接穗平面方向向下，应使接穗与砧木一侧对齐后固定。

7. '黑籽南瓜'断根顶芽斜插法

此种方法嫁接黄瓜，嫁接苗成活率可达 95%，壮苗率可达 90%，嫁接苗整齐、好管理，早熟、丰产，嫁接速度可提高 1 倍。

砧木的准备：选用发芽率高于 80% 的'黑籽南瓜'，每亩播种量约为 2 千克。砧木应比接穗早播 3 ～ 5 天，即砧木早浸种催芽 4 ～ 6

天，砧木胚轴高 6 ～ 7 厘米、茎粗 0.6 厘米左右、子叶展平且第一真叶 2 厘米时为嫁接适期。嫁接时，先挖出'黑籽南瓜'苗，抖掉宿土，切断部分过长根系，使根长 7 ～ 10 厘米。用竹签除去砧木生长点及真叶，去除砧木一对侧芽。从砧木一片子叶中脉和子叶节交接处向另一子叶下方 0.2 厘米处穿刺，从竹签尖端可见但未穿透表皮为宜。竹签留在砧木上。

接穗的准备：选抗寒、早熟、丰产、瓜条较长的品种，当接穗苗高 3 厘米、茎粗 1.5 ～ 2 毫米时为嫁接适期。此时真叶未显露，子叶展平，较小而厚，叶色深绿，在子叶节下方 0.3 厘米处下刀，斜向下一刀削成 0.4 ～ 0.5 厘米长的单斜面。

嫁接：应在室温为 20 ～ 25℃的温室中进行。从砧木中拔出竹签，将接穗楔面向下斜插入砧木插孔中，用手轻按使伤口结合牢固。嫁接完 10 ～ 20 株后，立即将嫁接苗分栽到 10 厘米 ×10 厘米营养钵中，浇足分苗水，然后用喷雾器喷雾保湿，放到小拱棚中遮阴保温保湿。

五、嫁接苗管理

（一）接口愈合前的管理

嫁接苗成活率的高低，与嫁接后的管理有密切关系。嫁接后 8 ～ 10 天是接口的愈合期，这一时期要创造有利于接口愈合的温度、湿度及光照条件，促进伤口的快速愈合。

1. 温度

黄瓜嫁接苗愈合的适宜温度，白天 25 ～ 28℃，夜间 17 ～ 20℃，高于或低于适宜温度，都不利于接口愈合，影响成活。早春温度低的季节嫁接，最好将嫁接苗摆放到温室中较矮的架床上，若摆到地面上，要先铺稻草或铺设地热线，不能直接放到地面上。然后浇透水，在苗床上扣小拱棚，用塑料薄膜严密覆盖，保持适宜的温度。

2. 湿度

通常黄瓜育苗是在播种前的苗床上浇足水，到移植前才浇水起苗，这一水维持较长一段时间。而嫁接苗则需嫁接前浇足水，使幼苗吸收到充足的水分。嫁接后也应当立即向根部浇水，此水要一次性浇透。愈合期间的空气湿度要求达到 95% 以上，因此需盖严小拱棚，使育苗场所密闭，空气湿度接近饱和状态。一般前 3 ～ 4 天不进行通风，密封期后选择空气湿度较高的傍晚和清晨通风，每天通风 1 ～ 2 次，以后逐渐揭开塑料，增加通风量与通风时间。但仍应保持较高的空气湿度，每天中午喷雾一两次，直至完全成活，才转入正常的湿度管理。

3. 光照

嫁接后需短时间的遮光，实际上是为了防止高温和保持环境内的湿度稳定，避免阳光直接照射秧苗，引起接穗萎蔫。遮光的方法是在塑料小拱棚外面覆盖上草帘或纸被、报纸等，接后前 3 天要全天遮光，以后逐渐在早晚放进阳光，缩短遮光时间，一般是第 4 天可早晚各见光 1 小时，第 5 天各见光 2 小时，第 6 天各见光 3 小时，第 7 天后就不用遮光了。注意遮光不能过度，长时间得不到阳光的幼苗，植株因消耗养分会影响其生长。

（二）接口愈合后的管理

1. 摘除砧木新叶

及时摘除砧木新发出的侧芽侧枝，要去除干净，不要有残留。

2. 断根

靠接法的接穗还带着根系，接穗直接从土壤中吸收养分。接口愈合后接穗的下胚轴应及时切断，使其依靠砧木生长。断根的时间是嫁接后 10 ～ 12 天，在接口以下 1 厘米处用小剪刀或刀片将黄瓜的下胚轴剪断或切断，往下 0.5 厘米处再剪一刀，使下胚轴留下空隙，避免接穗自身愈合，可以剪断后将接穗的根拔除。

3. 分级管理

嫁接苗因受亲和力、嫁接技术等多方面因素的影响，会产生成活程度不一致的现象，及时分级管理。

4. 除去接口固定物

靠接、劈接及部分插接法等接口需要固定，如用塑料嫁接夹固定的应当解去夹子。解夹不能太早，在定植前除夹易使嫁接苗在搬动过程中从接口处折断，等到定植后插架第一次绑蔓时去夹最为安全。但不宜过晚，定植后长期不取夹，根茎部膨大后夹子不易取下，同时接口处夹得太紧，影响根茎部发育。

5. 环境管理

嫁接苗成活后一般不再盖小拱棚，白天 25℃ 左右，夜间气温 13 ~ 15℃，只有最低温度降到 10℃ 以下时，夜间再盖小拱棚。阴天温度控制要比晴天低 2 ~ 3℃。温度调节主要靠保温、增加光照、必要的补充加温及放风来实现。光照强度和光照时数对黄瓜幼苗雌雄花形成的比例有很大影响，实践证明，在二叶期时，秧苗的花芽分化到第十节，雌雄花尚未定，在这一期间每天给 8 ~ 10 小时较强的光照，夜间控制适当的低温，有利于雌花的形成和节位的降低。嫁接成活后浇水量要少，一般是不干不浇水，以防止水分过多引起沤根或徒长。如果苗床干旱需要浇水时，要选晴天上午进行，浇水后要注意通风，降低空气湿度。苗床在施足底肥的情况下，一般不必追肥。

6. 低温锻炼

定植前 7 天要适当降低苗床温度，白天控制在 20 ~ 23℃，夜间 10 ~ 12℃，短时间 5 ~ 8℃，可提高秧苗的抗逆性，以适应不良环境，定植后易成活。

六、定植

（一）定植前准备及定植时期、方法和密度

1. 定植前的准备

为了提高嫁接黄瓜的防病效果，在定植前最好进行棚室的熏蒸消毒，每 100 平方米用硫黄粉 0.15 千克，掺拌锯末和敌百虫各 0.5 千克，

分数处放在铁片上点燃后密闭棚室一夜，可以消灭部分地上害虫和病菌。若用竹竿作架材一并放入，架材可用福尔马林150倍液进行淋洗消毒。棚室的熏蒸消毒可在定植前7～10天进行。

2. 定植时期、方法和密度

棚室内黄瓜定植期以棚室内的温度来决定。根据黄瓜的生物学特性，要求棚室内10厘米的地温稳定在10℃以下、5℃以上持续3～4小时，稳定7天即可定植。各地区可根据上述温度要求及当地的实际情况，确定日光温室和大棚的定植时间，若提前定植需有防寒措施，如在温室的后墙、山墙外侧设风障，晚间棚膜上面覆盖二层草苫或加一层纸被，甚至棉被。大棚的四周围草苫子，内设天幕，畦面扣小拱棚。如果定植期再提前，则需棚室内加温。

定植要选择晴天上午进行，先在地膜上按株距打孔，然后浇掩水，最好浇30～40℃温水，栽苗时注意不要将砧穗接口处埋在土中，防止接穗产生不定根和感染病菌，特别是靠接法嫁接苗更应当注意。待水渗下后封掩培土，营养坨面要高于培土。

嫁接黄瓜的定植密度宜稀植。若采用单行栽植，60～70厘米的大垄，每垄栽一行，株距30～35厘米，亩栽苗3500～3700株。

（二）定植后管理

以日光温室嫁接黄瓜越冬茬定植后的管理为例。

1. 温湿度管理

温室定植正处在严寒季节，保温防寒技术是关键。定植后缓苗前，应密闭温室，促进缓苗，白天温度控制在25～30℃，夜间保持在15～18℃。晴天光照强，温度高，秧苗中午容易萎蔫，应适当用草苫遮阴。缓苗后至初花期，以促根控秧为主，尽量控制地上部生长，促进根系发育。白天温度控制在25～28℃，夜间保持在12～15℃，白天棚温超过30℃时应从顶部放风。进入结瓜期，棚温可采取变温管理方式，8～13时，温室温度控制在25～30℃，超过28℃顶部通风。13～17时，保持20～25℃；17～24时，保持

15 ～ 20℃；0 ～ 8 时，保持 12 ～ 15℃。深冬季节光照弱，光照时间短，晴天时，可将温室温度控制稍高，当温度超过 30℃时，一般可采用顶部短时间放风排湿的措施。进入结瓜盛期，气温管理：晴天上午温室内温度控制在 28 ～ 30℃，当温室气温超过 30 ℃时，通过温室前部通风口和顶部通风口通风降温。下午温度保持 20 ～ 25℃，前半夜温度保持 15 ～ 20℃，后半夜温度保持 12 ～ 15℃。当夜间最低温度达 12℃时，夜间不用再覆盖草苫，并可昼夜通风。阴天温度管理，昼温不低于 20℃，夜温 15℃左右。

2. 肥水管理

为保证黄瓜幼苗尽快扎根，促进缓苗，应浇足定植水。缓苗后至根瓜坐住（30 ～ 40 天），可中耕 2 次，促根控秧，一般不浇水。当根瓜长到约 10 厘米时，标志着已进入坐瓜期，应浇催瓜水。根瓜采收到结果盛期（80 ～ 100 天），应根据天气情况和土壤湿度，10 ～ 15 天浇 1 次水。黄瓜进入结果中后期，随着外界湿度升高，植株蒸腾量加大，要适当增加浇水次数和浇水量，一般 5 ～ 7 天浇 1 次水，同时应加大放风量。

在定植前已经施用充足基肥的温室，在黄瓜坐住根瓜前一般不追肥，这个时期结合病虫害防治，可进行叶面追肥，用 0.2% 磷酸二氢钾及 0.2% 尿素或 0.3% 氮磷钾复合肥喷施 1 ～ 2 次。当有 80% 左右黄瓜植株根瓜坐住（根瓜长约 10 厘米）时，施用催瓜肥，浇催瓜水，第一次浇水要选坏天气刚过，好天气刚开始时的上午进行，每亩追硫酸铵 20 千克，或尿素 15 千克，或发酵粪稀 500 千克，溶于水中，随水灌入沟中，灌水时揭开地膜，灌完后再盖严。有条件最好用橡胶管把水直接灌入暗沟中。深冬季节每 20 ～ 25 天追肥 1 次，农家肥与氮磷钾复合肥交替追施，每次每亩施氮磷钾复合肥 30 ～ 35 千克或消毒鸡粪 300 千克，施肥后浇水。2 月下旬以后，结合浇水每 10 ～ 15 天追肥 1 次，以尿素或氮磷钾复合肥为主，每次每亩施尿素 15 ～ 20 千克或氮磷钾复合肥 20 ～ 30 千克，并与 300 千克消毒鸡粪交替使用，施肥后及时浇水。后期可用 0.2% ～ 0.3% 的尿素或磷酸二氢钾进行叶面追肥，以防止植株早衰。

3.植株调整

包括吊蔓、落蔓，及时摘除嫁接黄瓜砧木萌生枝叶、摘除雄花和卷须，雌花过多时疏花等。

七、病虫害防治

黄瓜病害主要有霜霉病、枯萎病、白粉病、炭疽病、黑星病、细菌性角斑病和病毒病等（图3-20）；虫害主要有瓜蚜、白粉虱等。

图 3-20　黄瓜霜霉病、枯萎病、白粉病

（一）病害

1.黄瓜霜霉病

主要为害叶片，发病初期叶片产生水渍状、淡黄色小斑点，扩大后受叶脉限制呈多角形、黄褐色斑块。湿度大时，病斑背面产生灰黑色霉层，病重时叶片布满病斑，病斑互相连片，致使叶缘卷曲干枯，全株枯死。

防治措施：一是培育无病壮苗，扩行减株，控制疯长，注意氮、磷、钾肥料配合。二是进行覆膜栽培，以减少地面水分蒸发，降低空气相对湿度。棚膜破损应及时修补，严禁雨水落到叶面上等，均可减轻病害发生。三是高温管理。利用天气和温室密闭条件，实行高温管理，以抑制病害发生。上午棚湿控制在 25～30℃，最高不超过 33℃，空气相对湿度降到 75% 以下；下午温度降到 20～25℃，空气相对湿度降至 70% 左右；夜间温度控制在 15～20℃。四是高温闷棚。选择晴天密闭温室，闷棚前 1 天烧水，当天揭苫后不放风，保持 38～40℃温度达 1～1.5 小时，温度超过 40℃时回苫降温，从顶部慢慢加大放风口，使温度慢慢下降，次日结合浇水追施氮肥。五是药剂防治。发病初期可用 58% 甲霜灵·锰锌可湿性粉剂 500 倍液，或 40% 乙磷铝可湿性粉剂 200 倍液，或 64% 噁霜灵可湿性粉剂 500 倍液喷雾。六是药剂熏棚。设施栽培中，可用 45% 的百菌清烟剂，每亩用 250～300 克熏棚，傍晚闭棚室前，把药分成数份，用香烟暗火点燃熏烟，闭棚室，次日早晨通风。间隔 7 天 1 次，视病情连熏 3～6 次。

2. 黄瓜枯萎病

黄瓜开花结果后陆续发病，为害根和茎，受害根系呈褐色腐朽，茎部皮层有时呈纵裂状。潮湿时产生白色和略带粉红色霉状物，病部维管束变褐色，全株萎蔫枯死。土壤中病菌从根部伤口侵入。连作地，氮肥过多、浇水过多和排水不良的地块发病严重。嫁接防病效果好。

防治措施： 一是种子消毒。将干燥的种子在 70～75℃烘箱中处理 7 天，或用福尔马林 150 倍液浸泡 1.5 小时，捞出后冲洗净，再在冷水中浸 2～3 小时，然后催芽。二是苗床消毒。用 95% 噁霉灵可湿性粉剂 3000 倍液喷雾消毒。三是药剂防治。发病前进行灌根与涂抹。用 70% 甲基硫菌灵可湿性粉剂 600 倍液或 95% 噁霉灵可湿性粉剂 3000 倍液灌根，每株 250 毫升，药液中加入黄腐酸可提高药效。或用 10% 双效灵水剂 200 倍液灌根，每株 0.5 千克，或用厚液涂抹茎基部，每 7 天施药 1 次，连续 2～3 次。

3. 黄瓜细菌性角斑病

叶片发病初期产生水渍状、淡褐色病斑，逐渐扩展，扩大后因受叶脉限制而呈多角形，病斑凹陷，常常有乳白色菌脓溢出，这种菌脓干后呈一层白色膜或白色粉末，此后病斑中央干枯、脱落，形成穿孔。

防治措施：一是种子消毒，用200毫克/升新植霉素浸种1小时，种子捞出后，在25～30℃水中再浸泡1～2小时，而后捞出催芽。二是用无病土育苗，加强田间管理，生长期及收获后清除病叶、病蔓，并进行深翻。三是药剂防治。用72%农用链霉素3000倍液，或77%的氢氧化铜可湿性粉剂500倍液喷雾。

4.黄瓜疫病

俗称"烂蔓""死藤"，设施黄瓜生产中威胁较大的病害，各地均有发生。主要为害茎基部、叶及果实。幼苗染病多始于茎尖，初呈暗绿色水渍状萎蔫，逐渐干枯秃尖，不倒伏。成株发病，主要在茎基部或嫩茎节部，出现暗绿色水渍状斑，后变软，显著缢缩，茎部以上叶片萎蔫或全株枯死；同株上往往有几处节部受害，维管束不变色。由于病情发展极快，病叶枯萎时仍为绿色，为典型的"青枯型"症状。

防治措施：

① 嫁接防病。选用'黑籽南瓜'作砧木，嫁接育苗防病。

② 种子消毒。用72.2%霜霉威盐酸盐水剂或25%甲霜灵可湿性粉剂800倍液浸种半小时，再在清水中浸种2小时，捞出后催芽。

③ 药剂防治。一般要在发病前或初见中心病株开始用药，要连续用药，必要时阴雨天也要用药。可喷布40%乙磷铝200倍液，或用75%百菌清500倍液，或用64%噁霜灵400倍液。也可用25%甲霜灵500倍液或25%甲霜灵与40%福美双按1∶1混合剂500倍液灌根，每株0.2～0.25千克。

5.黄瓜蔓枯病

主要为害叶片、叶柄和茎蔓。叶片病斑为圆形或半圆形，多从叶缘向内发展，呈"V"字形。后期病斑呈不规则大斑，有同心轮纹，并产生明显小黑点，使叶片变黑枯死。蔓枯病维管束不变色，与枯萎病不同。

防治措施：一是加强田间管理。提高植株抗病性，实行轮作倒茬，及时清除病蔓，集中烧毁。二是种子消毒。三是闷棚。用45%百菌清烟剂闷棚，每亩用250克。四是药剂防治。用50%多菌灵可湿性粉剂500倍液，或70%甲基硫菌灵可湿性粉剂600倍液，或

40% 多硫悬浮剂 400 倍液喷雾，7 ～ 10 天 1 次。病情严重时可用上述药剂加倍后涂抹病茎部。

6. 黄瓜黑星病

又称黄瓜叶霉病或疮痂病，为害叶片、嫩茎及果实。幼叶染病，初出现水渍状污绿色斑点，后扩大为褐色或墨褐色病斑，易破裂穿孔。嫩茎染病，易出现椭圆形或长条形凹陷暗黑色病斑，中部易龟裂。幼果染病，病斑多呈疮痂状，有的龟裂或烂成孔洞，病害部分泌出半透明胶质物，后变成琥珀色，俗称"冒油""流胶"。

防治措施： ①棚室土壤消毒。定植前高温闷棚 1 ～ 2 周，可用福尔马林 50 ～ 100 倍液喷雾，每平方米用 1 ～ 1.5 千克，用地膜密封一昼夜后揭膜放风 7 ～ 10 天。②药剂防治。用 10% 苯醚甲环唑 1500 倍液，或 40% 氟硅唑乳油 8000 倍液，或 75% 百菌清可湿性粉剂 600 倍液喷施。

7. 黄瓜炭疽病

棚室黄瓜的重要病害，苗期和成株期均可发生。苗期发病，多在子叶边缘产生半圆形或在子叶中央产生圆形淡褐色稍凹陷病斑，上生橘红色黏质状物。幼茎发病在近地面茎部产生淡褐色病斑，病斑扩展后病部缢缩，致使幼苗折倒。成株期最常见危害叶片，产生圆形或近圆形红褐色病斑，病斑边缘有时有黄色晕圈，湿度大时病斑上长出少许橘红色黏质物，病菌随病残株在土中越冬，干燥时病斑中部可出现星状破裂。种子带菌，引起子叶发病。病菌借雨水传播。阴雨、暴风雨天气及高温高湿时易发病。

防治措施： 一是种子消毒。二是棚室注意通风排湿。使湿度保持在 70% 以下，以减少叶面结露。三是药剂防治。用 50% 多菌灵 500 倍液，或 10% 苯醚甲环唑 1500 ～ 2000 倍液，或 75% 百菌清可湿性粉剂 600 倍液喷雾。

（二）虫害

主要有蚜虫、白粉虱、美洲斑潜蝇等。请参阅甜瓜的防治方法进行。蔬菜病虫害防治见视频 3-2。

视频 3-2 蔬菜
病虫害防治

八、采收

黄瓜果实生长速度较快，在果实达到商品成熟时应及时采收。黄瓜果实采收早晚对调节秧果关系影响较大。植株较弱时，采瓜要及时，以使较多的养分供应茎叶；植株生长过旺时，采瓜要轻、要晚，以控制秧苗徒长。

第四节 西葫芦嫁接栽培关键技术

西葫芦，又称美洲南瓜。其以嫩瓜供食，耐高温、低温能力较强，耐瘠薄土壤，在北方设施蔬菜栽培中，西葫芦占有重要地位。近年来，随着居民消费水平的提高，冬春季西葫芦的消费量日益增加，因而日光温室西葫芦越冬茬、早春茬和塑料拱棚春提前生产面积逐年增加，栽培技术已经日趋成熟。为了增加植株根系的耐寒能力，棚室越冬茬西葫芦可采用'黑籽南瓜'为砧木进行嫁接换根，嫁接西葫芦具有较好的耐低温能力，其产量高、效益好（图 3-21）。

图 3-21　西葫芦

一、西葫芦对环境条件的要求

（一）温度

西葫芦起源于热带地区，属于喜温蔬菜，对温度有较强的适应性，生育的各阶段对温度的要求也不完全一致。

1. 发芽期

发芽期对温度要求比较严格，发芽最适宜的温度为 25 ～ 30℃，最低为 13℃，20℃以下发芽率只能达到 20% ～ 30%。

2. 幼苗期

西葫芦在瓜类蔬菜中比较耐寒，其耐寒能力与幼苗期所处环境有关，经过大温差培育的秧苗甚至可以忍耐短时间 0℃的低温。在植株生长期间，白天 25℃左右，夜间 15℃左右，昼夜温差 10℃左右对生长发育是有利的。

3. 开花结果期

生长发育期间最适宜温度为 18 ～ 20℃，开花结果最适宜温度为 22 ～ 25℃，低于 15℃受精不良，10℃以下停止生长，30℃以上花器官不能正常生长，还容易感染病毒病。果实发育的最适宜温度是 22 ～ 30℃，适当降低夜温对雌花发育有促进作用。

在西葫芦整个生长发育过程中，一般白天 25℃左右，夜间 15℃左右，昼夜温差为 10℃，对西葫芦的生产发育是最有利的。

（二）光照

西葫芦对光照的适应能力很强，既喜强光又耐弱光。幼苗期光照充足，可提早第一雌花的开放时间。进入结果盛期更需要强光，若遇弱光、高湿，易引起化瓜。短日照可促进雌花的发生，但花芽分化与雌花发生还与温度有关，与日照相比，温度是主要条件，日照长度在 8 ～ 10 小时情况下，昼夜温度在 10 ～ 30℃范围内，第一雌花出现的节位和雌花指数是：温度越低，日照时数越短；雌花出现越早，雌花指数越高。在昼夜均为 20℃、夜温 10℃、日照长度 8 小时的条件下，不但雌花多，而且子房和雌花都比较肥大。对未受精的花朵来说，在 7 小时的日照下反而比 11 小时的坐果少，但在 18 小时日照下则不坐果；受精花朵的坐果则不受日照长短的影响。果实的发育不论受精与否，均以日照 11 小时发育最好。因此，应掌握在雌花性别决定前给予短日照，性别决定后，在夜温有保证的前提下，增加光照时间，提高坐果率。

（三）水分

西葫芦根系强，具有较强的吸水能力，抗旱性较强，既适于在干燥条件下生长，又较耐湿润。西葫芦对土壤水分要求较高，一般田间持水量须在 80% 左右。结瓜前期灌水不宜过多，如土壤含水量过高，易造成植株徒长。瓜膨大期需水量较大，应适当增加浇水。棚室栽培浇水后要加强通风，降低空气湿度，防止或减轻发病。

（四）土壤

西葫芦根系发达，吸收能力强。对土壤的要求不严格，在沙土、壤土或黏土地上均可很好地生长。高产高效栽培宜选择疏松透气、深水保肥力强的壤土，注意增施有机肥，培肥地力。西葫芦喜微酸性土壤，适宜的 pH 为 5.5～6.8。在肥料的搭配上应注意氮、磷、钾配合，平衡施肥。主要营养元素的吸收量依次为钾＞氮＞钙＞镁。在生长初期，吸收氮肥较多，栽培前期必须有充足的氮肥，以扩大其同化面积；生长中期，对磷、钾的吸收量逐渐增多；结果期吸收氮、磷、钾达到高峰。

二、砧木和接穗品种的选择

（一）砧木品种的选择

'黑籽南瓜'为西葫芦嫁接用砧木。主要砧木种类及品种简介，请参阅第一章第二节相应内容。

（二）接穗品种的选择

西葫芦有矮生类型、半蔓生类型和蔓生三种类型。主要的优良品种如下。

早青一代 山西省农科院蔬菜所选育，早熟杂种。植株矮生，蔓长为 30～50 厘米，叶柄较短，株形紧凑，无侧蔓，叶绿色，近叶脉处有灰色斑点。早熟，第一雌花节位 4～5 节，播后 45 天可采收。雌花多，瓜码密，结瓜性好。瓜长筒圆形，嫩瓜皮色为浅绿色，有明显的绿色条纹，条纹间有白色斑点，有棱，瓜肉厚，脆嫩，风味好，品质佳。瓜纵径 25～30 厘米，横径 13～15 厘米，单瓜重 250～300 克。适应性强，适于棚室及露地栽培。

阿太 山西省农科院蔬菜所选育，早熟一代杂种。植株矮生，蔓长为 30～50 厘米，叶色深绿，叶面有稀疏的白斑点或白网纹。早熟，第 1 雌花节位 5 节，播后 50 天可采收。瓜形长圆柱形，嫩瓜皮色深绿。有光泽，有纵纹，间有浅绿色花斑。瓜纵径 28 厘米，横茎 14 厘米。肉质细嫩，品质佳。耐寒，抗病，适应性强。适于棚室及露地栽培。

银青 山西省太谷县蔬菜种子有限公司选育，早熟杂种一代。植株矮生，株形紧凑，叶柄短，早熟，第 1 雌花节位 4 节。瓜形为长筒柱形，嫩瓜皮色为浅绿色，有浅白色斑。瓜肉厚、质密、白色，播种后 40 天可采收。抗病毒病、霜霉病，适应性强，耐贮运。

阿兰西葫芦 甘肃省兰州市西固区农业技术推广站育成，早熟杂种一代。植株长势强，叶簇生，半直立，瓜码密，坐果率高。瓜条圆筒形，嫩瓜皮色浅绿，有绿色花条纹，间有白色斑点。鲜嫩光滑。耐寒性强，抗病，适于棚室早熟覆盖栽培。

绿宝石 中国农科院蔬菜花卉研究所选育，早熟杂种一代。矮生类型，主蔓结瓜，侧枝较少，瓜形长棒状，瓜皮深绿色，品质脆嫩，一般谢花一周后即可采收，单瓜重 200～500 克，平均亩产 5000 千克左右。适于棚室早熟覆盖栽培。

中葫 1 号 中国农科院蔬菜花卉研究所选育，早熟杂种一代。植株矮生，生长势中等，主蔓结瓜为主。瓜形棒状，瓜皮浅绿色。适于冬春季棚室覆盖栽培。

中葫 3 号 中国农科院蔬菜花卉研究所选育,早熟一代杂种。植株矮生,生长势中等,主蔓结瓜。瓜形长柱形,有棱,瓜皮白亮。品质脆嫩,口感好,较耐贮运。节成性强,抗逆性好,适于棚室及露地栽培。

9805 西葫芦 西北农林科技大学园艺学院蔬菜花卉研究所选育,早熟一代杂种。植株矮生,生长势强,无侧枝、叶绿色。瓜形长棒状,纵径 25～30 厘米,横径 8～10 厘米。瓜皮墨绿色,有光泽,早春播种后 45 天开花,花谢一周后可采收。果实品质佳,耐贮运。抗病性强,适应性广,适于棚室及露地栽培。

春玉 1 号西葫芦 西北农林科技大学园艺学院蔬菜花卉研究所选育,早熟一代杂种。植株矮生。生长势中等,主蔓结瓜。叶色灰绿,有隐性白斑。瓜形长棒状,纵径 25～30 厘米,横径 10～12 厘米,瓜皮色淡绿,有光泽,早春播后 45 天开花,瓜码密,连续坐果能力强,品质佳。抗病性、适应性较强,早熟产量和总产量突出。适于棚室早熟覆盖栽培。

春玉 2 号西葫芦 西北农林科技大学园艺学院蔬菜花卉研究所选育,早熟一代杂种。植株矮生,生长势中等,主蔓结瓜。叶色灰绿,有隐性白斑。瓜形长棒状,瓜皮色淡绿,有光泽,早春播后 45 天开花,瓜码密,连续坐果能力强。果实品质佳。抗病性,适应性较强,适于棚室早熟覆盖栽培。

星光 兴农种子(北京)有限公司提供,杂种一代。播种后 50～55 天收获,瓜形长圆柱状,单瓜重 300～350 克,嫩瓜皮色为浅绿色,商品性好,适于棚室及露地栽培。

冬玉西葫芦 法国引进的越冬型专用品种,中偏早熟。这种品种植株粗壮,根系发达,吸收能力强,抗病性好。长势旺,节性好,分枝性弱,节节有瓜,坐果率高,每叶一瓜,瓜长 20 厘米,粗 5～6 厘米,单瓜重 300～350 克,单株结瓜 35 个以上,瓜形美观,瓜条精细均匀,颜色碧绿如玉,光泽度好,脆嫩,品质佳,商品性好。亩产量 7500 千克。耐运输,适合装箱,耐寒性强,且具有一定的耐盐碱和耐涝性,适合保护地早熟栽培,长季节栽培采收期可达 150～200 天。

寒玉西葫芦 美国育成的温室专用品种。特早熟，节成性好，一般在第 5 ~ 6 节开始结瓜，植株生长旺盛，连续坐果能力强，果实长筒形，瓜长 19 ~ 20 厘米，瓜径 5 ~ 6 厘米，单瓜重 300 ~ 400 克。单株可采瓜 20 个以上。瓜条顺直，精细均匀，畸形瓜及化瓜很少发生，瓜皮浅绿，上覆均匀白色斑点，颜色较'纤手''碧玉'等稍绿，外皮光滑，皮较厚，适合长途贩运，市场效益好。低温弱光下结瓜性能好。一般亩产量可达 6000 千克。适于棚室秋延迟、越冬及早春栽培，特别适于棚室越冬栽培。

金色 98 早熟，杂交一代，植株矮生，生长势强，主蔓结瓜，侧枝较少。叶片绿色，并有白斑。瓜形长棒状，瓜皮金黄色，有光泽。早春播后 45 ~ 50 天开花，瓜码密，连续坐果能力强。果实品质佳。耐寒、耐病、适应性强，适于棚室及露地栽培。

金皮西葫芦 兴农种子（北京）有限公司提供，杂种一代。植株直立，瓜金黄色，长柱棒状。多雌花，连续坐果能力强，果长 25 厘米，瓜重 250 ~ 300 克可采收，适于冷凉季节棚室栽培。

金光西葫芦 从以色列引入。蔓短粗，很少有侧蔓，叶片厚大。定植后 30 天左右，第 5 ~ 6 叶节出现第 1 朵雌花。瓜皮金黄色。棒状带棱，瓜条顺直，尖削度小。花后 7 ~ 10 天瓜可达 500 克，单株产瓜 10 ~ 15 个，亩产量 6000 ~ 7000 千克。

京莹西葫芦 早熟，杂交一代。植株矮生，生长势旺，第五节开始结瓜，播种后 37 天开始采收。结瓜能力强，雌花多，瓜码密，雌花率达 88% 以上，产量高。瓜条顺直，瓜圆柱形，光泽度特别好，商品性极佳。低温、高温下连续结瓜能力都很强。不易早衰，适于各种类型设施生产。

京葫一号 极早熟，杂交一代。播种后 35 天左右可采摘 250 克以上的商品瓜，是国内早熟的西葫芦杂交一代新品种之一。植株属短蔓直立型，生长健壮，抗病性强，极耐白粉病，主蔓结瓜。连续结瓜能力强，瓜膨大速度快，丰产，稳定性好。外表鲜嫩美观，品质佳，商品性状好。耐贮运，十分适合远距离运输销售。适于各种类型设施生产。

玉女西葫芦 甘肃省农业科学院 2000 年选育而成的一代杂种。

早熟短蔓品种，植株长势中等，茎直立，节间短，很少发生侧蔓。主蔓结瓜，第一雌花着生于第五至第七节，瓜长棒形，嫩瓜淡绿色，长 18～20 厘米，横径 5～7 厘米，雌花开花后 7～10 天可采收。亩产 6400 千克左右。

黑美丽 荷兰引进，早熟西葫芦品种。在低温弱光条件下植株生长势较强，植株开展度 70～80 厘米，主蔓第五至第七节结瓜，以后基本每节有瓜，坐瓜后生长迅速，宜采收嫩瓜，平均嫩瓜重 200 克。瓜色墨绿，瓜长棒形，上下粗细一致，品质好，丰产性强。每株可采收嫩瓜 10 余个，采收老瓜 2 个，单瓜重 1.5～2 千克，亩产 4000 千克左右。适合冬春季保护地栽培和春季露地早熟栽培。

灰采尼 从美国引进的杂交一代西葫芦品种。掌状叶片缺裂稍浅，植株长势较旺，抗病性较强。果实生长快而不易化瓜。

长蔓西葫芦 河北省地方品种。植株长势强，茎蔓长 2.5 米左右，分枝性中等。叶为三角形，浅裂，绿色，叶背多茸毛。主蔓第九节以后开始结瓜，单株结瓜 2～3 个。瓜圆筒形，中部稍细。瓜皮白色，表面微显棱。果肉厚，细嫩味甜，品质佳。耐热，不耐旱，抗病性强。中熟，从播种到收获 60～70 天，单瓜重 1.5 千克左右，亩产 3000～4000 千克。

如意西葫芦 台湾农友种苗公司选育，杂交一代。特早熟，播种后 1 个多月即开始开花、结瓜，几乎每一节都发生雌花，并能坐住瓜。开花后 5～7 天采收嫩瓜，瓜长约 20 厘米，单瓜重 200 克左右。瓜短棍形，瓜色青绿。果肉白色，肉质脆嫩、细致。主蔓长仅 100 厘米左右，茎粗节短。不耐高温，在高温条件下生长衰弱，易发生病毒病。适合日光温室栽培。

泰国抗病天使 极早熟，耐寒、耐热，播种后 35 天即可采收嫩瓜。果实花皮浅绿色，鲜嫩，整齐一致，瓜直筒形，结瓜性极好，雌花多，瓜码密，可同时结瓜 3～4 个，产量高，一般亩产 5000 千克以上。适于设施栽培，每亩定植 2300～2500 株。

潍早 1 号 山东潍坊市农业科学研究所选育，杂交一代。株形直立紧凑，适宜密植，连续坐瓜能力强。瓜皮乳白，口感细腻，商品性好。高抗病毒病、白粉病，较抗霜霉病。定植后 20～25 天就可以收获 600 ～ 800 克的嫩瓜，亩产 5000 千克左右。适合早春保护地和秋延后栽培。

冬绿 植株长势旺盛，株形紧凑，瓜码密。定植后 35 天左右可采收嫩瓜。嫩瓜色翠绿，瓜长圆柱形。瓜长 24 ～ 27 厘米，粗 7 ～ 8 厘米，瓜条顺直，光泽亮丽。一株 4 ～ 5 瓜可同时生长，不会产生坠秧。单株可采果 35 个以上。根系发达，抗逆强，抗病性好。适宜日光温室栽培。

四季秀 植株长势旺盛，株形紧凑，叶片大，深绿色，叶面有稀疏白色斑点，斑点细腻。节间短，茎秆粗，耐寒、抗热能力强，节节有瓜，定植后 35 天左右可采收嫩瓜，长圆柱形，嫩瓜皮浅绿色偏白，瓜条顺直，光泽亮丽，商品性好，适合装箱，耐运输，产量高，高抗病毒病、白粉病。适宜春、秋露地栽培。

翠玉 植株长势强健，株形紧凑，定植后 35 天左右可采收嫩瓜。瓜圆柱形，长 22 ～ 26 厘米，粗 7 ～ 8 厘米，嫩瓜色翠绿，瓜条顺直，光泽亮丽。一株 5 ～ 6 瓜可同时生长，不会产生坠秧。单株可采果 35 个以上。根系发达，抗寒性强，抗病性好。适宜日光温室和大小拱棚栽培。

三季丰 国外引进西葫芦品种，杂交一代，极早熟，始花节位第 5 节左右，前期坐瓜多而集中，一叶一瓜，丰产。植株矮生，白花叶，叶柄上举，节间短，株形紧凑，适合密植。瓜长条顺直，22 厘米左右，颜色嫩绿，花纹细腻，光泽秀丽，商品性佳。特耐热，较抗寒，高抗病毒病，适合春、夏、秋保护地和露地栽培。

碧秀 国外引进西葫芦品种，杂交一代。植株生长势强，茎秆粗壮，节间短，叶柄上举，白花叶，缺刻明显，株形紧凑，根系强大；耐高温，高抗病毒病，瓜长条，顺直，长 24 厘米左右，颜色浅绿，光泽秀丽，结瓜性能好，商品性佳。适宜秋延后，春提早拱棚及露地栽培。

贝利达 国外引进西葫芦品种，杂交一代，早熟品种，长势旺盛，瓜色翠绿，瓜条顺直，长 24 厘米左右，茎粗 6 厘米左右，商品性佳；节节有瓜，连续坐瓜 35 个左右，采收期 200 天以上，产量高。高抗病毒病，灰霉病，抗高温、高湿，耐低温弱光，适合日光温室、秋延、越冬、早春保护地栽培。

比德利 早熟西葫芦品种，杂交一代。叶柄上举，株形松散，透光性好。5叶出现第一雌花，节节有瓜，坐瓜性好，带瓜能力强，瓜长22～24厘米，直径6～7厘米，单瓜重350～400克，瓜皮翠绿，瓜纹均匀、细腻、亮丽，商品性好，产量高。适宜拱棚、露地栽培生产。

绿莹 早熟品种，杂交一代，生长健壮。常规叶，没雪花状花纹，节短、茎粗，叶、柄、茎深绿色，抗病性好，5～6叶现瓜，节节有瓜，坐果率高，带瓜能力强，同时能带5～6个瓜。瓜条顺直、翠绿色、亮丽、白斑点稀、小，瓜长24～26厘米，径6～7厘米，商品性好，产量高。适宜温室大棚秋延，早春茬种植，也可用于露地生产。

胜冬 国外引进西葫芦品种，杂交一代。冬季生长势旺盛，茎秆粗壮，根系发达，普通叶形，叶片中大。极耐寒，抗逆性好，抗病性强，连续坐果性极强，膨瓜速度快。瓜码密，瓜翠绿色，圆柱形，顺直，长24厘米左右，商品性佳，单株采瓜38个左右，采收期可达200天以上，产量极高。适合日光冬暖式大棚，秋延、越冬和冬春茬栽培，特别适合严寒地区种植。

丰宝 杂交一代，西葫芦早熟品种，植株长势强，叶柄上举，株形松散，透光性好。5叶出现第一雌花，节节有瓜，坐果率高，带瓜能力强，同时能带5～6个瓜，瓜长22～24厘米，瓜皮翠绿色，光泽度好，瓜纹细腻、均匀、亮丽、商品性好，适宜温室秋延、早春、拱棚、栽培，也可用于露地生产。

冬秀 杂交一代，早熟西葫芦品种，植株长势旺盛，强健、抗病、耐寒，常规叶，6叶左右即出第一雌花，以后节节有瓜，坐瓜率高，连续带瓜能力强，同时带瓜5～6个，瓜长22～25厘米，直径6～7厘米，瓜皮翠绿，顺直，斑点小，光泽度好，商品性好，越冬茬单株采瓜40个以上，产量极高。适宜温室大棚秋延、越冬、早春茬种植。

翠丰 杂交一代，早熟西葫芦品种，植株长势强，节短茎粗，有劲，叶柄上举，柄、茎深绿色，抗病、耐寒性强，5叶左右出现第一雌花，以后节节有瓜。连续坐瓜能力强，同时能带瓜5～6个，膨瓜速度快，商品瓜单瓜重350～400克，瓜长24～26厘米，直径6～7厘米，瓜条顺直，长棒状，瓜纹细腻，斑点稀小，瓜色嫩绿，光泽度好，商品性极佳。越冬茬单株采瓜 40 个以上，产量极高。适宜温室大棚秋延、越冬、早春茬种植。

酷极　国外引进西葫芦品种，杂交一代，冬季生长势旺盛，茎秆粗壮，耐低温弱光，带瓜能力强，瓜长 22 ～ 24 厘米，直径 7 ～ 8 厘米，单瓜重 300 ～ 400 克，瓜条顺直，膨瓜快，耐寒，光滑细腻，翠绿，商品性极好。春节后返秧快，抗逆、抗病性好，单株收瓜可达 35 个以上，产量极高，效益明显优于同类产品。

盛玉　国外引进西葫芦品种，杂交一代，早熟，连续坐瓜性强。植株生长旺盛，不歇秧，耐寒性好，根系发达，抗病、抗逆性强，高抗银叶病。叶片中等大小，翠绿，节间短，茎秆粗壮，长蔓和膨瓜协调、易管理。果实长圆柱形，长 24 ～ 28 厘米，瓜条顺直，整齐度好，颜色翠绿亮丽，商品性特好，易储运。节节有瓜，单株可采瓜 35 个以上，采收期长达 200 天。

盛美　国外引进西葫芦品种，杂交一代，植株长势旺盛，不歇秧，耐寒、耐热性好，根系发达，抗病抗逆性强，高抗银叶病，根结线虫病。叶片中等大小，节间短，茎秆粗壮，长蔓和膨瓜协调、易管理。果实长圆柱形，长 24 ～ 28 厘米，瓜条顺直，整齐度好，颜色翠绿亮丽，商品性好，易储运。早熟，连续坐瓜性强，节节有瓜，单株可采瓜 35 个以上，采收期长达 200 天，产量极高。适宜日光温室秋延迟和早春栽培。

三、嫁接育苗技术

（一）砧木苗和接穗苗播期的确定

靠接法砧木与接穗同时播种。即砧木比接穗早浸种催芽 1 ～ 2 天。砧木种子用 55 ～ 60℃温水浸种 10 ～ 15 分钟，不断搅拌使水温降到 30℃，继续浸种 6 ～ 8 小时。浸种期间多次揉搓南瓜种皮去除黏液，提高发芽率。浸种后置阴凉处晾种 2 ～ 3 小时，然后用湿毛巾包好置于 28 ～ 30℃下催芽，每天检查出芽情况。随时拣出芽长在 0.5 ～ 1 毫米之间的种子，放在冷凉处蹲芽，3 ～ 4 天后，大部分种子出芽即可播种。生产实践表明，从播种到收摘第一茬瓜，大体需要 35 ～ 40

天时间。适宜的播种期要因地制宜，因气候而宜，山东北部地区，一般在 10 月 10 日左右。

（二）种子处理与浸种催芽

1. 砧木种子处理

取'黑籽南瓜'种子，在阳光下晒几个小时，然后放在 70℃ 的热水中浸种，不停搅动，直到水温降至 25℃ 时，搓掉种皮上的黏液，再换上 35℃ 的温水，浸泡 12 小时。捞出后，放在消过毒的湿布中（外层包一层地膜），置于 29℃ 的环境中进行催芽。

2. 接穗种子处理

当'黑籽南瓜'有 50% 的种子露白时，马上浸泡西葫芦种。先将晒过的西葫芦种放入 60℃ 的温水中不停搅动，直到温度降到 25℃ 时，用手搓掉种皮上的黏液，再换上 35℃ 的温水浸泡 8 小时，捞出。与'黑籽南瓜'种一起，播入各自的苗床。

（三）播种

先将苗床灌透水，水渗掉 2/3 时，将种子逐个撒在苗床上。'黑籽南瓜'的距离大体在 1～1.5 厘米，西葫芦种子的距离是 2～3 厘米。种子撒完以后，要盖上覆土，厚度掌握在 2.5～3 厘米。覆土盖完整平。

（四）播种后管理

播种完毕后，盖上地膜，地膜以上再盖拱棚。拱棚内西葫芦苗的温度控制在 29～31℃，'黑籽南瓜'苗棚内温度掌握在 35～37℃。经常观测，视出苗情况进行温度调节，使两种苗同时出齐。

四、嫁接

（一）嫁接时期

两种苗子都出到 2/3 时，揭去地膜，撤去拱膜，适当通风炼苗，使苗子健壮。当西葫芦第 1 真叶出现时；'黑籽南瓜'子叶平伸时是嫁接的适宜时期。如果错过这个时机，西葫芦苗茎空，嫁接成活率低。在培育苗子的过程中，由于这时气温很高，苗床水分蒸发很快，如果发现有"落干"现象，可在清晨用喷雾器或喷壶洒水，保持苗床土壤湿润。

（二）嫁接方法

1. 靠接法

（1）砧木的准备　每亩用'黑籽南瓜'种子 1000 ～ 1500 克。当砧木苗高 6 ～ 7 厘米、子叶展平、心叶半展时为嫁接适期。嫁接时用刀片或竹签剔掉砧木的生长点，在子叶下方 1 厘米处与子叶伸展方向垂直的胚轴上下刀，切口长度在 0.5 厘米左右，深度达到砧木胚轴粗度的 1/2，切面平滑。

（2）接穗的准备　接穗品种可选用'早青一代'等，接穗种子 350 ～ 400 克。接穗比砧木晚浸种催芽 1 ～ 2 天，接穗心叶半展时为嫁接适期。接穗削法与砧木相反，在子叶下方 1.5 ～ 2 厘米垂直于子叶伸展方向的胚轴上下刀。自下而上斜切，切口深度达胚轴粗度的 1/2 ～ 2/3，长度为 0.5 厘米左右，切面平滑。

（3）嫁接　将舌形接穗插入砧木切口中，并使之一侧对齐后，从接穗一方用嫁接夹固定。嫁接夹夹板平面方向与切口平面垂直。每嫁接 10 ～ 20 株喷雾 1 次，及时移入小拱棚遮阴保温保湿。

2. 顶插接法

（1）竹签制备　选竹织针或竹片削成单面半圆锥形或双面楔形竹签。削面长度为 0.5 ～ 0.6 厘米，竹签尖端粗度视接穗胚轴粗度而定。

（2）砧木及接穗的准备　砧木选用'云南黑籽南瓜'。顶插接法砧木应比接穗早播 3 ～ 5 天，即砧木比接穗早浸种催芽 6 ～ 7 天。当砧木苗高 6 ～ 7 厘米、第一片真叶半展、宽度不超过 1 厘米时为嫁接适期。此时接穗心叶刚刚显露，子叶展平，嫁接时先用竹签剔除砧木生长点。用竹签从一侧子叶基部中脉处向另一侧子叶下方胚轴内穿刺，到竹签从胚轴另一侧隐约可见为止，扎孔深 0.4～0.5 厘米。暂时不要拔下竹签，接穗削法视竹签平面而定，单面竹签接穗削成单面，双面楔形竹签接穗就削成双面。

（3）嫁接　拔出竹签，立即将接穗插入孔中，使接穗平面与竹签平面吻合，且接穗平面向下。接穗子叶方向与砧木子叶方向呈交叉状。每嫁接完 10～20 株后，应及时喷雾保湿，使叶面覆雾状水膜，而不凝成水珠。移入小拱棚中遮阴保温保湿。

五、嫁接后的管理

（一）靠接法嫁接苗的管理

嫁接后 1～2 天适当遮阴，3 天后原则上只要嫁接苗中午不萎蔫，就可全天见光，嫁接后第 9 天捏扁接穗切口下方胚轴，第 10 天在切口下方 1 厘米处下刀断去接穗根。

移栽前应注意：嫁接时，棚内绝对不能进风，嫁接后立即栽植到苗床，马上盖拱膜。嫁接苗栽植时，嫁接夹子方向要一致，以便于断根。

断根 3～5 天，苗子长到有 4～5 片真叶时，已开始现花蕾，可进行大棚移栽定植。

栽植时，注意土不要埋住嫁接夹，否则，西葫芦很快生出次生根，排斥了嫁接作用，达不到嫁接目的。嫁接苗在管理中，如果出现"落干"现象，需要浇水，要采用溜水的方法，切忌喷洒，以防水入伤口造成感染。栽植后 3 天之内，最好不要浇水，注意通风炼苗。适时去掉嫁接夹。

（二）顶插接法嫁接苗的管理

嫁接完成以后，1～3 天上双层遮阳网遮阴，第 4 天开始上单层遮阳网，并在早晚见光，湿度大时可短时间通风，以后逐渐延长光照时间，第 7 天、第 8 天只在中午遮阴。嫁接后温度白天应控制在 25～28℃，夜间在 20～25℃，空气相对湿度在 90% 以上。

六、定植

（一）定植前的准备

定植前一周适当降温，夜间温度保持 10 ～ 12℃，加强通风锻炼。定植前深翻土地，每亩重施优质农家肥 6 ～ 10 立方米，并加 30 千克氮磷钾复合肥，饼肥 100 千克。1/2 撒施，1/2 沟内集中施用。定植前对幼苗集中喷药 1 次，防治蚜虫、白粉虱及真菌病害。

定植密度和方法：选择晴天移栽。定植密度比露地小，大行距为 90 ～ 100 厘米，小行距为 45 ～ 50 厘米，株距为 45 厘米，每亩定植 1800 ～ 2000 株，定植后在沟中浇足水。浇水后 5 ～ 7 天细中耕，并刮平畦面，覆盖地膜。用 1.3 米宽地膜将两个小高垄和小沟覆盖。膜上开口，开口长 5 ～ 6 厘米，将苗引出膜外，然后将膜拉平拉直，用土埋住。

（二）定植后管理

以温室嫁接西葫芦越冬茬定植后的管理为例，简介如下。

1. 温度管理

定植后 5 ～ 6 天密闭温室保温，促进缓苗，中午温度不超过 30℃不放风，缓苗后白天保持 20 ～ 25℃，夜间保持 8 ～ 12℃，超过 25℃放风。结瓜期棚内气温可适当提高，白天保持 25 ～ 28℃，夜间保持 15℃，以加速植株生长，提高产量；严冬低温寡照期，白天保持 23 ～ 25℃，夜间保持 10 ～ 12℃。一般下午气温降到 15℃左右时覆盖草苫，前半夜保持 15℃以上，后半夜降到 12℃以下、早晨揭草苫前短时间降到 8 ～ 10℃，抑制茎叶徒长，促进雌花早开，使秧果达到平衡。随着外界温度的升高，加大放风量，延长放风时间。不但晴天放风，阴天也要短时间放风。夜间室外温度超过 12℃时要昼夜放风。

2. 肥水管理

定植水浇后 3 ～ 5 天及时浇缓苗水，但水量不宜过大，缓苗后中耕 2 次，到根瓜坐住前一般不再浇水。当西葫芦根瓜坐住（根瓜开始膨大，长约 10 厘米），开始浇膨果水。可随水追肥，每亩追磷酸氢二铵 20 千克、尿素 15～20 千克，或氮磷钾复合肥 25 千克。盛果期肥水要勤，冬季每 10～15 天浇 1 次水，天气转暖后每 4～5 天浇 1 次水，若采用膜下暗灌可降低温室内湿度，减轻病害发生。可加大昼夜温差，防止疯秧和坠秧。

3. 疏花疏果与保花保果

在西葫芦的生长期，雌花和雄花非常多，要疏掉部分雌花，雄花全部疏掉，必要时可以疏果，以减少养分的消耗。冬季温室内昆虫活动少，开花后必须每天进行人工授粉，授粉应在早晨揭苫后进行，方法是摘下雄花，去掉花瓣，把雄蕊的花粉轻轻地涂在雌花的柱头上即可，1 朵雄花可为 3 朵雌花授粉。

可利用植物生长调节剂（PGR）处理保花保果。研究表明，冬季低温季节 2,4-D 质量浓度为 80～100 毫克 / 升，春季为 25～40 毫克 / 升。处理方法：每天早晨揭苫后，用毛笔蘸上配好的 2,4-D 溶液，涂抹在刚开放的雌花花柱和花瓣基部。为了防止重复处理，可在 2,4-D 溶液中加入化学稳定、安全可靠的红色染料或颜料，如食品红等。

4. 吊蔓和整蔓

温室西葫芦栽培，生长期长，秧苗大，初花期吊蔓或插架，可改善中后期通风透光条件，还可以加速生长，提高产量，减轻病害。方法是：当嫁接西葫芦长有 6 片叶时，进行吊蔓，并取下嫁接夹，将尼龙绳等包装绳的一头拴在茎蔓基部，另一头拴在垄上顶部事先拉好的细铁丝上，生长期间把西葫芦茎蔓不断缠绕在吊绳上。但是西葫芦之间长势不一致，有高有矮，需要通过整蔓，把较高的植株落到和整个群体高度一致，做到互不遮光。主蔓爬到高度 1.6 米落蔓一次。要注意的问题：一是西葫芦主蔓结瓜，茎基部发出的侧枝要及时摘除。二是每落一次蔓一定把底部的老叶打去，因为这部分叶片已经老化，对光的敏感程度降低，光合功能减弱，又增加功能叶的负担和病害的传播。这些老叶在落蔓时应全部打去，并带到棚外。三是要注意打老叶的方法。西葫芦植株内含有大量水分，打老叶或采收瓜条要让伤口离主蔓稍远点，否则极易造成感染，使主蔓烂掉。

5. 人工授粉

西葫芦为同株雌雄异花。雌花必须经过授粉子房才能膨大，否则导致落花，果实脱落。在露地生产中，有昆虫在柱头采食花粉，同时也给雌花授粉，所以露地生产不用人工授粉，瓜条也能坐住。但是嫁接栽培，是在保护地中进行的，棚内没有帮着授粉的昆虫，所以必须依赖于人工授粉。具体方法是：在每天上午 8～9 时，采下刚刚开放的雄花，去掉花瓣，把雄蕊的花粉轻轻涂在雌花的柱头上即可。用 20 毫升 / 升的 2,4-D 溶液涂抹雌花柱头，也能起到保花保果的作用。若在人工授粉后的第二天再用 2,4-D 处理瓜把和柱头，效果更佳。

七、病虫害防治

（一）病害

西葫芦的主要病害有病毒病、白粉病和灰霉病，虫害主要是蚜虫和温室白粉虱，可参照黄瓜病虫害防治方法进行。

1. 西葫芦病毒病

西葫芦病毒病为害叶片、果实，甚至为害全株。叶片表现花叶，呈现绿色深浅相间的花斑，叶片丛生变小，心叶呈鸡爪状，植株矮化，病果表皮产生瘤状突起，果实小。患了病毒病的植株发育基本停止，节间缩短，大量减产和绝产。发生病毒病一般是在温度高、天气干旱的情况下发病，另外与缺水、缺肥、管理粗放、蚜虫和温室白粉虱大量发生有密切关系。

防治措施：

① 种子消毒。用 10% 磷酸钠浸种 20 分钟后洗净，再用冷水浸泡 2 小时后催芽。

② 加强管理，施足底肥，培育壮苗，保持适宜的温度和湿度。

发现病株，及时拔除烧毁，以防田间作业时人为传播。

③注意防治蚜虫、白粉虱，以消灭毒源。

2.西葫芦白粉病

主要发病部位在叶片，也侵染叶柄及瓜蔓。发病初期，叶片正面和背面产生白色近圆形小粉斑，逐渐向外缘扩展，成为边缘不明显的大片白粉区，直至整个叶片布满白粉，这是病菌的菌丝体和分生孢子梗及分生孢子；发病后期，病斑呈灰白色，叶片枯黄、发脆，但不脱落，有时叶片上产生一些黑褐色斑点。白粉病病菌的闭囊壳随病残体在田间越冬，温度、湿度适宜即放射出囊孢子，引起初侵染。在温室里，菌丝体、分生孢子在西葫芦植株上越冬，分生孢子主要借气流传播，发病适宜温度 16～24℃，湿度超过 90% 时发病迅速。

防治措施：

①加强管理。如注意浇水，以防棚室湿度过高，减少发病条件。

②药剂熏棚，每亩用 250 克百菌清烟剂。

③物理防治。发病前或发病初期喷施 27% 高脂膜乳剂 100 倍液，成膜防病，每 7 天喷 1 次，连喷 2～3 次。

④药剂防治。用 10% 苯醚甲环唑可湿性粉剂 2500 倍液或 40% 氟硅唑乳油 8000 倍液喷雾。

⑤生物防治。用农抗 BO-10，发病初期喷雾，每 7 天一次，连续 2～3 次。

3.西葫芦灰霉病

主要危害果实，同时可危害花、幼瓜、叶片和蔓。棚内湿度过大，再遇上连续阴雨低温，病菌多从开败的花开始侵染，后由病花向幼瓜发展，引起幼瓜腐烂，在幼瓜上产生灰色霉层，以后病瓜呈黄褐色，萎缩，生长停止，直至瓜条头部烂掉。有时沾染上灰霉病菌的花掉在叶片、叶梗、蔓上，则形成大型枯斑，并长出灰褐色的霉层，直至将叶片、叶梗、蔓烂掉。灰霉病菌是以菌丝或者分生孢子在病残体上越冬，其菌核也能在土壤中越冬，主要以气流流动为传播方式，并能通过人的田间劳动传播感染。棚内湿度超过 85%～90%，温度达到 20℃左右，发生最为严重（图 3-22）。

图 3-22　灰霉病

防治措施：

① 加强管理。及时摘除病叶、病花、病果，带出棚外集中销毁，保持棚室干净通风透光，适当控制浇水，浇水时严防阴雨天或下午进行，适当晚放风，提高棚温至 33℃，降低湿度，减少棚顶及叶面结露。

② 药剂防治。用 50% 乙烯菌核利可湿性粉剂 1000 倍液，或 65% 甲霉灵可湿性粉剂 500 倍液，或 50% 异菌脲可湿性粉剂 1500 倍液，重点喷花和幼瓜。设施栽培中，可用 20% 噻菌灵烟剂，每亩用 0.3 ~ 0.5 千克熏棚。

（二）虫害

主要有蚜虫、白粉虱等。请参阅甜瓜的虫害防治进行。

八、收获

西葫芦的根瓜要尽早采收，以免发生坠秧影响以后的生长。冬季谢花后 10 ~ 12 天即可采收，春季温度升高后 7 ~ 10 天可采收。西葫芦以嫩果为产品，一般果实长到 300 ~ 500 克采收，随着瓜秧长大和市场价格，可适当调整采收时间，以提高产量。

第四章
茄果类蔬菜嫁接栽培关键技术

茄果类蔬菜主要有茄子、番茄和辣椒等，是我国最主要的果菜之一，其果实含有人体必需的蛋白质、有机酸、维生素、矿物质等营养物质，其生长和生产供应期较长，产量高，在我国设施蔬菜生产中茄果类蔬菜占有重要的地位（图4-1）。

图4-1 茄果类蔬菜

第一节　茄子嫁接栽培关键技术

茄子，又名落苏，茄科。原产于印度，性喜温，耐肥。在热带为多年生灌木，在温带可作一年生栽培，以浆果为产品的属于我国广泛栽培的蔬菜品种之一。其果实幼嫩，可炒、可蒸。茄子还含有少量胆碱，有降低胆固醇、增强肝脏生理功能的作用，因其产量高、适应性强、供应期长的特点，已成为我国夏秋季的主要蔬菜。

一、对环境条件的要求

茄子主根粗壮，根系发达，主根上分生侧根，其上再分生二级、三级侧根，主根可深入土壤达 1 米以上，侧根横向也可长达 1 米。幼根横向生长慢，木栓化较早，不适于多次移植。茎的分枝也很有规则，多数均以双杈假轴分枝方式进行，即当主茎长到一定的节数时，顶芽便分化为花芽，芽下的两个侧芽生成第一次分枝，在第一次分枝生长 2～3 叶后，其顶端又形成花芽和一对分枝，如此向上一而二，二而四，四而八地延续进行分枝。茄子的花为两性完全花，一般为单生，也有 2～4 朵或者更多簇生的总状花序。花柱有长花柱、中花柱和短花柱 3 种。长花柱花和中花柱花能正常授粉结果，短花柱花则结果率较低。茄子的果实为浆果，有圆形、倒卵圆形、长条形等不同形状和颜色，早熟品种从开花到果实食用成熟期，需 20～30 天，到生物学成熟则需要 50～60 天。

（一）温度

茄子性喜高温，耐热性也较强，生长发育的适宜温度为 20～30℃。在不同生育阶段，最适温度不同，最低发芽温度 11℃，结果期遇到 15℃以下的低温或 35℃以上的高温，易产生不育花粉导致落花。盛夏夜高温条件下，容易形成短柱花和出现畸形果。气温如高达 45℃以上时，可使茎叶发生日灼，叶脉间叶肉坏死，部分茎坏死，导致植株死亡。

（二）光照

茄子属短日照植物，但对日照长短的要求并不严格。茄子光饱和点为 40000 勒克斯，光补偿点为 2000 勒克斯。日照延长，生长旺盛，幼苗期日照延长，花芽分化快，开花早。光照强度影响茄子花芽分化、开花结果和果实品质。光照弱时，叶片稍有增大，植株徒长，光合效率低，植株生长弱，紫果品种果实着色不良，商品品质下降，果重下降，且易发病和腐烂。在栽培中，茄子群体的光强分布均匀、光照充足时，植株健壮，花芽分化早，着花节位低，长柱花多，开花结果阶段可加速生育，提高坐果率，减少病害，果实着色好。

（三）水分

茄子对水分要求较高。由于茄子分枝多，叶片大而薄，蒸腾作用强，开花、结果多，需水量大，水分供应影响其发育和结果。虽然茄子根系较深，但耐旱性较差。在干旱条件下，植株发育不良，花的发育受阻，易形成短柱花；果形小而无光泽。栽培过程中，不仅要求土壤含水量大，而且空气湿度要稍大。不同生育阶段，对水分要求不同，门茄形成以前需水量较少，门茄迅速生长以后需水量逐渐增多，对茄收获前后需水量达到高峰，适宜土壤含水量为 15% ～ 18%，空气相对湿度为 75% 左右，此时水分不足就会严重影响产量，且易出现僵果或果实硬，表面粗糙，品质差。但土壤过湿，排水不良造成土壤通气性差，引起茄子烂根，易感染绵疫病。

（四）土壤

茄子对土壤适应性广。沙质土壤由于地温上升快，适合于早熟栽培。茄子适于在有机质丰富、保水能力强的中性土壤中栽培。在养分瘠薄的土壤中栽培，果实往往皮厚、肉硬，品质差，产量低。在土壤 pH 5.8 ～ 7.3 的条件下，茄子生长发育良好。

（五）气体

茄子在生长发育过程中，要求空气中较高的二氧化碳浓度，增加空气中二氧化碳的含量，可增强光合作用达到增产的目的。设施栽培可人工增施二氧化碳。茄子根系耐低氧的能力强，但要避免土壤积水导致根系窒息、腐烂死亡。棚室设施栽培要特别注意防止发生氨气中毒，避免施用未腐熟的禽粪、猪圈粪、饼肥，在设施内施用碳酸氢铵或撒施尿素，注意通风。

二、砧木和接穗的选择

（一）砧木的选择

目前所推广的茄子砧木综合性状都表现优良的品种尚不存在。因此，选用砧木时，应根据当地的栽培需要，以及对茄子生产影响最大的性状作为选用砧木的标准。就目前的茄子生产形势来看，预防茄子黄萎病的发生应是所选砧木必备的条件之一。

主要砧木种类及品种简介，请参阅第一章第二节相应内容。

（二）接穗的选择

接穗的选择，可根据季节茬口，设施类型，当地对茄子颜色、形状要求的消费习惯，选择适宜的品种。

温室和日光温室秋冬茬嫁接茄子栽培：一般7月中旬开始露地育苗，苗期应注意遮阴防雨，9月中下旬可定植，温室保温可从10月份开始，12月份即可采收，当下可供应元旦和春节的茄子市场。越冬茬嫁接茄子栽培：8月上旬至9月中旬在温室内播种育苗，10月上旬可进行定植，次年1月上旬即可采收，可一直采收到6月上中旬，若管理得当的话可进行再生栽培以周年生产。由于12月中旬以后，北纬40°以北地区在栽培冬春茬茄子时，光照较弱，温度较低，往往满足不了茄子的正常发育，从而造成果实膨大缓慢，但若遇到灾害性天气，便容易形成畸形果，直至进入2月份，才可正常发育。所以，北纬40°以北地区不适宜生产越冬茬茄子。早春茬嫁接茄子栽培：10月中旬至11月上旬在温室内进行育苗，次年1月中旬至2月上旬可定植，3月下旬至4月初可采收。

目前，主要的接穗品种简介如下。

北京七叶茄 318 北京地方品种七叶茄的选系。植株长势较强，株高 80 ～ 90 厘米，开展度 80 ～ 85 厘米，株形比较紧凑。门茄在第七至第八片叶处着生。果实呈扁圆形，果皮黑紫色且有光泽，果脐部有绿晕。果肉肉质致密细嫩。该品种耐寒性较强。早熟，单果重为 400 ～ 700 克，每亩产 2500 ～ 4000 千克。适宜北京及华北地区保护地越冬茬或冬春茬栽培。

北京丰研 1 号 又名"黑又亮"。植株矮而紧凑，叶片窄小且有短刺毛。株高一般为 80 厘米左右，主茎紫色带绿，门茄着生于主茎第九节。果实圆形或稍扁圆形，果皮深黑色，有光泽。果肉呈浅绿白色，肉质细嫩。该品种适应性强，抗绵疫病、黄萎病、病毒病，且抗涝、耐热能力强。属于中晚熟品种，单果重约 1000 克，每亩产 5000 千克左右。适宜华北及山东日光温室和大棚栽培。

早小长茄 济南市农业科学研究所选育，早熟，杂交一代。生长势中等，成株高 70 厘米，门茄着生于第 6 ～ 7 节，果实为长灯泡形，油黑美观。肉质细嫩，种子较少。单果重 250 克左右。较耐弱光和低温，适于春季早熟栽培。

辽茄 1 号 辽宁省农业科学院园艺研究所育成。长茄品种。植株直立，成株高 60 厘米，茎叶肥大、绿色。果实长椭圆形，光泽好。果肉白色、细嫩，种子少，果皮鲜绿。适于春季早熟栽培。

沈茄 1 号 辽宁省沈阳市农业科学院育成。长茄品种。植株生长势中等，茎紫色。果实长 25 厘米，横径 3 ～ 4 厘米，果皮紫黑色，有光泽。单果重 200 克左右，果实生长速度快，前期产量高，经济效益好。适于棚室栽培。

新乡早茄 河南省新乡、郑州一带地方品种。长茄品种。株高 70 ～ 80 厘米，开展度 60 厘米，全株绿色，果皮青绿色，有光泽。门茄着生于第 7 节，果实长卵形，果肉白绿色，致密，品质好，单果重 350 克左右。早熟，定植后 40 ～ 50 天即可收获。适于露地及保护地栽培。

青选长茄 青岛市农业科学研究所育成。植株生长势强，中熟。果实长棒形，顶端渐尖，皮鲜紫色，有光泽。肉质细，籽少，品质较好。单果重约 200 克。较抗绵疫病和褐纹病，比较耐热抗涝。适于露地及保护地栽培。

齐茄1号　黑龙江省齐齐哈尔市园艺研究所育成。长茄品种。中熟，植株生长健壮，株高95厘米左右，门茄着生于第9～10节。果实细长，黑紫色，有光泽，单果重200～250克。抗黄萎病，耐低温。适于保护地栽培。

爱国者茄子　山东省农业科学院蔬菜研究所育成。长茄品种。植株长势中等偏强，茎及叶柄紫色，叶片近长圆形。门茄着生于第8～9节，果实长棒状，果肉白绿色，质地较紧实，品质好。果实紫黑色、有光泽，一般单果重300～350克，果实商品性较好。耐低温、弱光性较强，适于露地及保护地栽培，较抗灰霉病、枯萎病和绵疫病等病害。

济杂长茄1号　济南市农业科学研究所育成，中熟种。生长势强，9～10片真叶现蕾，每隔1～2片叶1花序，果实长棒形，果长30厘米左右，平均单果重400克。果色油黑发亮，无青头顶，果实紧密度较好，极耐运输。萼片紫色，品质极佳。耐弱光、低温，抗病高产，是拱圆大棚等春提早栽培专用品种。

德州小火茄　山东省德州市农家品种。圆茄品种。植株生长势中等，门茄着生于第7节，果实扁圆形，果皮紫红色，单果重450～500克。果肉致密，品质较好。适于春季早熟栽培。每亩可栽植3000～3500株。

北京五叶茄　北京市郊区农家品种。圆茄品种。植株生长势中等，门茄着生于主茎4～6节。果实圆球形，皮紫黑色，有光泽。果肉浅绿白色、致密、细嫩，单果重200～300克。植株耐寒性强，不耐涝，抗病性较差，适于春季早熟栽培。每亩栽植3500～4000株。

北京六叶茄　北京市郊区农家品种。圆茄品种。植株生长势中等，门茄着生于6～7节，早熟。果实圆球形，皮紫黑色，有光泽。果实肉质较致密，品质一般，单果重300～400克。不耐涝，抗病性较差。适于春季早熟栽培，每亩栽植3500～4000株。

天津快圆茄　天津市郊区农家品种。株高近60厘米，植株较为直立，株形紧凑。第6～7节着生门茄，果实正圆形，艳紫色，有光泽。果肉白色，品质好。单果重400～500克，果实膨大、生长迅速。

耐寒性及抗病性较强，抗褐纹病和绵疫病。适于春季早熟栽培。

茄杂 2 号　中早熟一代杂种。圆茄品种。生长势强，连续坐果性好，单株结果数多。单果重 400 ～ 750 克。果色紫黑，有光泽，商品性好。肉质致密、细嫩，适于保护地栽培。

西安绿茄　西安市农家品种。中熟，7 ～ 8 叶现蕾。植株长势较旺，始花节位于第八节左右。果实卵圆形，果皮绿色、有光泽，果肉白色，细嫩致密，口感佳，耐贮运。单果重 300 ～ 500 克。比较抗病，生产性较好，较耐低温，是我国北方地区和绿茄地区接穗用的主要品种，适于保护地栽培。

鲁茄 1 号　济南市农科所育成。早熟品种。生长势偏弱，成株高 70 ～ 80 厘米。叶片窄长，叶柄深紫色。茎较细，黑紫色，门茄着生于 6 ～ 7 节。果实为长卵形，皮黑紫色，肉质柔嫩，种子少，品质优良。坐果率高且集中，前期产量高，适于春季早熟栽培。每亩栽植 3000 ～ 3500 株。

黑珊瑚茄子　早熟杂种一代。生长势强，7 ～ 8 片真叶现蕾，每隔 1 片叶 1 花序，叶片狭长，茎及叶脉紫黑色，复花率高，坐果力强。果实细棒状，果长 30 厘米左右，平均单果重 300 克。萼片紫色，果色黑亮，着色均匀，无青头顶，商品性极佳。抗病、抗逆性强。适于保护地栽培，每亩栽植 2000 ～ 2200 株，双秆或三秆整枝。日光温室越冬周年栽培，每亩产量可达 12500 千克，宜重施有机肥作底肥。

双龙快茄　极早熟。前期、后期产量均高，生长旺盛，开张度中等，丰产性好。果实细长，长 30 厘米左右，果实种子少，肉嫩，品质极佳。果实紫黑色，油亮，采收期长，后期不易老化，商品性好。抗逆性强，耐弱光。适应早春保护地、露地及秋延后栽培。

以色列早茄王　早熟品种。抗病性强，耐热性佳，果实采收期长。株高 90 厘米，茎秆紫黑色，叶长卵形，绿色。定植后 55 天采收。果实长棒状，长 60 厘米左右。果皮深紫黑色，发亮，光泽度极佳，皮薄，肉质松软，品质优，商品性极佳。单果重 350 ～ 500 克，产量高。

长茄 5 号　台湾全福种苗育成的品种。极早熟，品质好，产量高，易栽培，商品性极佳。植株生长势强，株形稍开张，叶稍大，分枝性中等，每花序 2 ～ 3 朵花。果实稍细长，长 30 厘米左右，果实条形均匀，黑紫色，色泽艳丽，新鲜感强，果皮薄而软，果肉细嫩，品质佳。前期产量高，色泽不良者极少。适合保护地及露地早熟栽培。

全福霸星 台湾全福种苗育成的品种。极早熟，前期产量高，易栽培，易丰产，商品性极佳。果实稍细长，长30厘米左右，果实条形、均匀、黑紫色，色泽艳丽，果皮薄而软，肉质细嫩，品质佳。生长势强，株形稍开张，叶稍大，分枝性中等，每花序2～3朵花。适合保护地及露地早熟栽培。

长茄1号 中早熟，植株长势强，较直立，株高90厘米，始花节位为第十节。果实长体形，果长30～40厘米，横径5～6厘米，皮紫黑色。光亮，肉质细嫩，品质佳，单果重200克左右。抗黄萎病。适应性强，适合东北地区栽培。

北京七叶茄 中早熟，植株长势较强，株高80～90厘米，始花节位为第七节。果实扁圆形，果皮紫黑色有光泽，肉质致密细嫩，品质好，单果重600～800克。较耐热，适合北京及华北地区栽培。

沈茄3号 中早熟，杂交一代。生长势强，平均株高75厘米，开展度53厘米，茎秆粗壮。果皮紫黑色。有光泽，长果形，长约27厘米，横径约5厘米，果肉白色，口感好。平均单果重180克。适合保护地栽培，再生效果好。适合国内紫长茄生产地区栽培。

糙青茄 河南新乡地方品种。中早熟，植株长势中等，株高70～90厘米。始花节位为第七节。果实卵圆形，纵径12厘米左右，横径8厘米，果皮青绿色、有光泽，肉质细嫩，水分多、微甜，单果重400克左右。产量较高。适应性较强，适于河南各地栽培。

黑宝圆茄 早熟性强，植株生长势中等，株高90厘米，开展度80厘米。耐贮运，平均单果重350克，植株连续坐果能力强，抗病性、抗逆性好，每亩产量5000千克。

京茄1号 始花节位第7～8节片，平均单株结果数8～10个，单果重500～700克，低温下果实发育速度较快，适宜华北、西北、东北地区温室和大中棚保护地栽培。

三月早茄 早熟，株高90～100厘米，开展度50～60厘米。单果重250～300克，定植至始收约40天。耐寒性强，抗病、抗逆性较强。适宜春季保护地和露地栽培。一般每亩产量 2500 ～ 3000 千克。

油瓶茄子 株高 1 米左右，侧枝稍开展，平均单果重 400 千克，中熟，开花后 23 ～ 25 天收获。一般每亩产量 3500 ～ 4000 千克。适于河北、内蒙古、辽宁等地种植。

三、嫁接育苗技术

（一）砧木和接穗播期的确定

由于不同品种砧木、接穗的生长特性不一致，所以砧木与接穗的播期也不一致。秋播冬春季温室栽培时，'托鲁巴姆'砧木一般比接穗提前 25 天左右播种即可，'赤茄'比接穗提前 7 天，耐病 'VF' 只需提前 3 天即可。春季育苗时，由于野生茄幼苗前期因低温造成长势缓慢，'托鲁巴姆'应提前 35 天左右播种，而'赤茄'与耐病 'VF' 无多大变化。一般接穗从出苗到定植的苗龄为 90 天左右。

（二）种子处理与播种

1. 砧木的种子处理

'托鲁巴姆'由于种子休眠性强，发芽困难，催芽前可用药剂处理或延长浸种时间。如用 1.5ppm（1ppm=10^{-6}）的赤霉素液置于 20 ～ 30℃温度条件下浸泡 24 小时，再经清水清洗几遍，在变温条件下催芽（在 20℃下催芽 16 小时，在 30℃下催芽 8 小时，重复 2 ～ 3 次即可），一般 4 ～ 5 天可出芽。'托鲁巴姆'如不用药剂处理催芽时，则可浸泡 48 小时，搓洗几遍后用透气湿布包好放入温箱中进行变温处理催芽，催芽过程中要注意每天清洗湿纱布和种子，一般 8 ～ 10 天可出芽，11 天左右可出齐芽。

对于易发芽的'赤茄'和耐病 'VF'，可直接采用温汤浸种来进行催芽。将种子放入 55℃热水中搅拌 20 分钟，在搅拌过程中应将热水维持在这个温度，之后可用清水搓洗 2 ～ 3 遍，再放入 20 ～ 30℃ 的清水中泡种 12 小时左右，在 25 ～ 30℃条件下进行催芽，一般 4 ～ 5 天即可出齐芽。

2. 接穗的种子处理

可进行消毒处理。一般浸种前，可将种子在太阳下晾晒一下，然后用 0.5% 的高锰酸钾溶液浸泡 30 分钟，捞出后清洗几遍，接着便进行温汤浸种处理，浸种后将种皮表皮的黏液洗掉，再用清水洗几遍，晾干。用透气湿布包上催芽，一般 3 天左右即可出芽。若种子量较大，催芽时要注意勤翻动清洗，以免内部种子发热而烧坏种子。也可用变温处理加快发芽和提高发芽的整齐度。将出芽的种子放在 0 ~ 2℃ 的条件下低温处理一段时间，或将温度降到 20℃ 左右炼芽，当芽长到 1 毫米长时即可播种。

3. 苗床的准备与播种

砧木和接穗作催芽处理要准备好苗床，床土应选用 5 年以上未种过茄果类作物的土，过筛，并将该土与腐殖土和发酵好的粪土以 1∶1∶1 的比例混合，再掺入 500 克磷酸氢二铵和 2 千克过磷酸钙，使其充分混合后即可用作床土。春季时应将苗床放在阳光充足处，以便保温升温；秋季时则应将苗床放在阴凉处。将混合好的床土均匀地铺在苗床或者苗盘中耙平，稍加镇压，并在播种前将床土浇透。为防止苗期猝倒病和立枯病的发生，应在床土中适量掺入多菌灵的药土。

4. 播种后管理

播种后，应注意保温，春天出苗期温度应在 20℃ 以上，在冬季夜间应特别注意保温，一般可在苗床上加盖纸被，白天在太阳出来后要及时掀开覆盖物，以提高温度。夜间最低温度不得低于 15℃，出苗前白天温度可稍高，一般十天左右即可出苗。出苗量超过 70% 时即可揭去地膜，晴天时可将小拱棚上的塑料薄膜揭开，中午若棚内气温超过 30℃ 时应及时放风。若出苗前期阶段气温过低会造成生长缓慢，例如'托鲁巴姆'幼苗就需要有较高的温度。

当幼苗长到一定大小，就可将幼苗移到已消毒过的营养钵中，分苗则应选在晴天，这样有利于缓苗，但若气温太高时也应注意遮阴降温以免发生烤苗，在分苗前一天要将水浇透，以减少移苗时伤根。移苗时不能埋得太深，一般以子叶露出土3厘米为宜，移苗后应浇透水，在夜间要注意保温。移苗4～5天后即可缓苗（即心叶开始生长）。此时要注意气温的调节，应在上午揭开草苫子后再浇水，中午若气温升高应及时通风排湿，以免幼苗发生高湿病害。若砧木苗长势较弱，可用0.2%的磷酸二氢钾溶液来促进生长，但不能使其徒长，以免降低成活率。

四、嫁接

（一）嫁接时期

茄子嫁接过早，茎枝太细不易于操作，过晚嫁接，植株的木质化程度较高，不易于嫁接成活。一般情况下，当砧木长出6片真叶，茎粗达到0.5厘米，接穗长到5～6片真叶时，为最佳嫁接时期。

（二）嫁接方法

嫁接所使用的用具主要是刀片和嫁接夹，使用前应将刀片和嫁接夹放入福尔马林200倍液中消毒。嫁接场地应选择光线较弱、有一定湿度的苗床附近进行。

目前最常使用的茄子嫁接方法有靠接、劈接和斜切接三种。

1. 靠接

具体操作：在砧木的第二、三片真叶下，可由下而上呈30°角斜切一个长为1.5厘米的口子，再在接穗的第三片真叶下，由下而上呈30°角斜切一个长为1.5厘米的口子，然后将接穗与砧木在开口处相互插在一起，并用嫁接夹夹上。

2. 劈接

茄子劈接最常用的砧木有'赤茄''托鲁巴姆'和耐病'VF'等。一般在第二与第三片真叶之间，选择茎最粗，叶最充实的地方（离地面5～6厘米处）将茎部水平切断，只留一个最充实的叶，并将其他真叶处的腋芽打掉，然后在茎中间用刀劈开，向下切一个深为

1～1.5厘米的切口，选与砧木茎粗相近的接穗苗，从苗顶部起保留2～3片真叶，去掉下端，并将两边削成双面楔形，楔长1～1.5厘米，与砧木切口深度要保持一致，然后将接穗的楔形接口对准形成层插入砧木的切口中，再用嫁接夹夹在切口处即可（视频4-1）。注意当使用'托鲁巴姆'作为砧木时，留下的本叶应小一些，若留下的叶太大，便会影响接穗部分的生长。

3. 斜切接

斜切接又称贴接。一般在砧木长到第六片真叶时，在第二与第三片真叶间斜削，去除顶端，形成一个30°角斜面，斜面长1～1.5厘米，再将接穗拔下，顶端保留2～3片真叶，用刀片去掉下端，削成1个与砧木相反的斜面，斜面大小、角度都要与砧木的斜面保持一致，然后将砧木与接穗的斜面贴合在一起，用嫁接夹夹好即可。

五、嫁接苗管理

（一）接口愈合前管理

接合期时，砧木和接穗的切面组织的内侧细胞开始分裂，形成接触层，但还未发生愈伤组织，此过程2天即可完成。在愈合期，切面内侧开始分化愈伤组织，砧木侧的愈伤组织发生较早且数量较多，是嫁接苗成活过程中的主导因素。这两个时期的嫁接苗对温度、湿度、光照都有着较高的要求，且是其成活与否的关键所在。白天温度为25～28℃，夜间为20～22℃，春季夜间温度较低，可加盖小拱棚和纸被或者使用地热线进行增温，而秋季温度较高，可适当遮阴降温。在嫁接苗愈合前，空气相对湿度要求在90%以上，由于不能在苗上浇水，可采用地下浇水。前期尽量不通风或者少通风，之后便可逐渐增大透气量，但仍需通过喷雾来保持湿度，直至完全成活。嫁接后遮光3天，可防止高温和保持小拱棚内的湿度。但此时愈伤组织还未形成，不可进行营养和水分的渗透，若阳光直射秧苗便会造成接穗萎蔫。应在3天后傍晚逐渐进光，直至早晚进光，但中午要注意防止强光，阴雨天可不遮光。一般情况下10天左右便可逐渐撤掉小拱棚覆盖物以及塑料薄膜。

（二）接口愈合后管理

由于嫁接时砧木顶端的生长点已被切掉，经过一段时间的高温，嫁接前未萌动或者未打尽的腋芽生长较快，在接口愈合后应马上将砧木的腋芽抹去。由于砧木和接穗的大小、叶片数不一致，因而嫁接苗的成活时间也不同，应将接口已愈合好、恢复生长快的大苗集中在一起，对那些愈合不良且生长缓慢的小苗加强温度、湿度、光照的管理，促进生长。

待接口完全愈合后，可将嫁接夹拿掉，但不宜过早，尤其是斜切接的嫁接苗，应等到接合处木质化后再取掉，但也不宜取太晚，以免影响生长。

注意白天通风降温，尤其是在夏季，温度不宜高于30℃，夜间注意保温，不宜低于13℃。浇水应在上午9时左右进行，但由于茄子不喜高湿，在浇完水后要注意通风排湿，空气湿度保持在70%左右即可，一旦表土干后要及时松土保湿。当苗长到一定大小时，应将茄子苗挪到距离较大的营养钵中，挪苗前，应先在地上喷一遍水，并在钵间的空隙处撒上一层潮湿的细土，以保持湿度。当接穗经过30～40天，长到5片真叶时，应注意炼苗，控制浇水，加强通风，可进行低温炼苗，一般白天温度为20℃，夜间温度为12℃，炼苗期为7天左右，当接穗长到6片真叶左右时，即可定植。并且在定植前3天对苗喷洒农药，进行病虫害防治。

六、定植

（一）定植前准备

定植前，应做好翻地、晾晒和施肥工作。若进行棚室设施栽培，可提前进行设施内土壤消毒，清除残留植株和杂草，定植前一周喷施福尔马林200倍液，封闭熏蒸一昼夜后，放风以排除毒气。

嫁接茄子的生长期长，长势旺盛，基肥需求量一般要求较常规茄子要大，消毒排气后，每亩可施农家肥5000千克，钾肥20千克，过磷酸钙 30 千克，磷酸氢二铵 20 千克，尿素 10 千克，可先将农家肥的 2/3 撒施在地面后深翻（30 厘米左右）整地，采用高畦或者高垄整地，再将化肥和农家肥的 1/3 施于定植沟中，平沟后扣地膜，膜下可安装滴灌设施。

（二）定植期

若在北方地区，冬季气温较低，可选择在寒尾暖头的晴天上午定植以利于缓苗。定植前，先在地膜上打定植穴，一般行距为 60 厘米，株距 40 ～ 45 厘米，每亩定植 2000 ～ 3000 株即可。晚熟品种可适当加大株距行距，早熟品种可适当缩小株距行距。

定植前 1 天应将苗钵浇透水，然后放苗，待水完全渗下后盖土。可根据具体情况，第 2 天若棚土较干可适当补水后再封穴，栽植尽量深一些，但是要注意一定不可埋住嫁接口，接口处要高出地面 3 厘米以上，以防止接穗二次生根扎入土壤中受到病菌侵染。

（三）定植后的管理

定植后，前 5 天要注意保温，可加快缓苗，促进根系的生长，直到门茄开花前可不必浇水。冬季温室栽培，气温比较低，前期以保温为主，应将温度维持在 15℃ 以上，夜间注意加温、保温和提高地温。但若白天气温高于 30℃，要通风降温。一般经 30 天左右门茄开花，而冬季不易坐果，可对门茄进行 30 毫升 / 升的 2,4-D 液处理，同时在果柄处用毛笔点蘸，就可达到较好的坐果效果，注意不可重复处理，以免形成畸形果或引起药害。

茄子花期若处于气温较低的季节，要注意保温，减少浇水，以免降低地温，造成落花落果。果实的生长期要求有较高的温度，白天要保证充足的光照时间，夜晚需增加覆盖物以提高温度。开花期要及时打掉花下的侧枝，以免影响门茄的坐果率。一旦门茄坐果后，可每亩追施氮磷钾复合肥 15 ～ 20 千克，再在膜下浇水，及时将侧枝打掉并进行整枝。

（四）坐果期的管理

当门茄萼片下的白色环带逐渐变窄，颜色稍变暗淡，果实膨大时，即可采收，采收应在下午或傍晚进行，不可硬拽，应用剪刀将门茄果柄剪断，以免对植株造成伤害。采收后，每亩可施 15 千克的磷酸氢二铵、10 千克的硫酸钾和 5 千克的尿素，追施后应适当浇水，适时用植物生长调节剂处理花朵。及时将下部的老叶、病叶打掉，加强通风透气，以防发生绵疫病、灰霉病等。若果实生长缓慢，可在叶面喷施 0.2% 的磷酸二氢钾溶液，等到四门斗茄子陆续坐果时，若气温已逐渐回升，要注意浇水追肥，最好采用膜下滴灌，以免湿度过大导致灰霉病和沤根的发生。在果实采收的中后期，植株长势旺盛，应坚持整枝打杈、摘除老叶病叶，为防止倒伏，可采用支架支撑或者吊秧。

在紫茄栽培区，若光照不足易造成果实着色不良，需经常擦洗棚膜，摘除老叶病叶，可在后墙挂银灰色反光膜，以增强果色。

七、再生栽培

嫁接茄子根系发达，抗性好，生育期长，再生后也可获得较高产量。当温室嫁接茄子收获结束后，在主秆接口以上留 3 节，在距地面 10 ~ 15 厘米处将其割断，并涂上铅油，以防止失水和病菌侵入，并浇一次透水。2 ~ 3 天后，每亩追施氮磷钾复合肥 20 ~ 25 千克，并要及时浇水，以促进侧枝快速萌发，一般 7 天左右茎基部可发出新芽，待新枝长到 10 厘米左右时，可选留两枝较为强壮的枝，每枝可保留果实 2 ~ 3 个，将其余下部的老叶、病叶以及侧枝都打掉。果实膨大期可追肥 1 ~ 2 次，每次每亩追施氮磷钾复合肥 15 ~ 20 千克，以后可每 10 ~ 15 天浇水一次。门茄大部分坐果后，亩追施尿素 15 千克，采收后再追施尿素 15 千克。当夏季温度较高，雨水较多时，应及时防治病害和虫害；当气温降到 10℃时，要注意扣棚。

八、病虫害防治

（一）病害

嫁接茄子一般对土传病害可达到高抗或免疫的程度，主要注意以下几种病害。

1. 猝倒病

猝倒病会导致幼苗茎近地部位缢缩，进而造成幼苗死亡。防治方法：可在播种时，每平方米床土中拌入 8 ～ 10 克 40% 五氯硝基苯与福美双混合物（1∶1）或者 8 ～ 10 克的 50% 多菌灵或 75% 百菌清。

2. 灰霉病

灰霉病在苗期、成株期均可发生，使幼果果蒂周围局部产生水浸状褐色病斑，待其扩大后呈暗褐色，凹陷腐烂，表面产生不规则轮状灰色霉状物。药剂防治：可用 50% 腐霉利或者 50% 异菌脲 800 倍液蘸花；每亩喷 50% 百菌清粉尘剂或者 6.5% 甲霜灵超细粉尘剂 1 千克；用 50% 异菌脲或者 50% 腐霉利 1000 倍液或者 50% 甲霜灵 800 倍液进行喷雾；或用 36% 甲基硫菌灵悬浮剂 500 倍液喷雾。

3. 绵疫病

绵疫病主要为害果实、叶、茎，其中果实受害较为严重，初期呈现水浸状斑点，稍凹陷，果肉变为褐色腐烂，果实易于脱落，若此时环境湿度较高，发病部位会长出白色的棉絮状菌丝。防治方法：可在发病初期摘除病果坏果，也可选用抗绵疫病的品种，如'辽茄1号''济南早小长茄'等；也可在发病初期施用 75% 百菌清 500 倍液，或者 70% 乙磷锰锌 500 倍液，或 65% 代森锰锌 500 倍液，或 14% 络氨铜水剂 300 倍液，或 64% 噁霜灵 400 倍液，或 1∶1∶200 波尔多液喷雾，每 7 天左右喷施 1 次，连续喷施 2 ～ 3 次即可。

4. 早疫病

早疫病主要发病部位是叶片，病斑呈圆形或椭圆形，边缘褐色，中部灰白色，具同心轮纹，若湿度较大，发病部位会产生灰黑色霉状物，发病后期病斑中部暗裂，造成病叶早期脱落。防治方法：可在发病前或发病初期施用 75% 百菌清 600 倍液，或 58% 甲霜灵 500 倍液，或 64% 噁霜灵 400 倍液，或 50% 甲霜铜或 14% 络氨铜水剂 300 倍液喷雾，每 7 ～ 10 天喷施一次，连续喷 2 ～ 3 次。

5. 炭疽病

炭疽病病斑呈圆形或椭圆形，有些则不定形，稍凹陷，呈黑褐色，病斑上生黑色小点，后期会溢出暗红色黏质物。应避免高温高湿的环境，并及时清除病果残果。发病初期可施用 75% 甲基硫菌灵 800 倍液，加 75% 百菌清 800 倍液喷雾，每 7 天喷施 1 次，连续喷施 3 次即可。

（二）虫害

嫁接茄子的主要虫害有蚜虫、茶黄螨和二十八星瓢虫。

1. 蚜虫

蚜虫的防治，请参阅第三章第一节甜瓜的虫害防治方法进行。

2. 茶黄螨

茶黄螨成虫、幼虫和卵都很小，肉眼难以辨认。成螨和幼螨多聚集在植物嫩梢部位，特别是在嫩叶背面栖息取食，造成嫩叶变小、增厚、僵硬变脆，叶背呈茶褐色，有光泽，有时卷缩。受害植株生长缓慢，受害严重时会停止生长，在喷药后其上部叶片可恢复正常生长。在温暖多湿的条件下，有利于成螨的生存蔓延。茶黄螨的传播除了靠其本身的爬行之外，还可借助风力，以及人类携带传播，冬季温室是茶黄螨的主要越冬场所。防治方法：可在蔬菜收获后及时清除枯枝落叶，以减少越冬虫源，发病时可在植株的上部，尤其是嫩叶背面和嫩茎部位，用 20% 双甲脒（螨克）乳油 1000 倍液，或者噻螨酮乳油 1500 ～ 2000 倍液，或 48% 毒死蜱乳油 1000 ～ 1500 倍液，或 73% 炔螨特乳油 1200 倍液，或 15% 哒螨灵乳油 3000 倍液喷雾喷施，对成虫、幼虫及卵均有效。一般需 7 ～ 10 天喷施一次，连续喷施 2 ～ 3 次即可。

3. 二十八星瓢虫

成虫、幼虫舐食叶肉，将表皮残留呈网状，也会舐食果实表面，使受害部位变硬，且带有苦味，影响产量和质量。防治方法：可人工捕捉成虫，清除卵块；点片发生时，可用灭杀毙 3000 倍液或者 20% 氰戊菊酯或 25% 溴氰菊酯 2000 倍液，或 2.5% 高效氯氟氰菊酯乳油 2000 倍液喷施。

第二节　番茄嫁接栽培关键技术

番茄，又名西红柿，茄科，原产于南美秘鲁。番茄喜好温暖气候，易栽培，产量潜力大，果实营养丰富，是我国非常受欢迎的重要蔬菜之一。目前已经形成了温室全季节栽培、日光温室长季节栽培、塑料大棚春提早和秋延后栽培、露地越夏栽培等多种栽培方式（图 4-2）。

图 4-2　温室番茄

一、对环境条件的要求

（一）温度

番茄属于喜温作物，适宜温度为 20 ~ 35℃，10℃之下便会停止生长，长时间 5℃以下会使植株受到寒害，-2 ~ -1℃的低温可导致植株受冻死亡。温度达到 35℃以上或者 15℃以下时，植株会因授粉受精不良而导致落花落果。昼夜温差以 5 ~ 10℃为宜，发芽期温度以 28 ~ 30℃为宜，幼苗期白天以 20 ~ 25℃为宜，夜间以 10 ~ 15℃为宜，花期白天以 20 ~ 30℃为宜，夜间以 15 ~ 20℃为宜。

（二）光照

番茄喜光，属于短日照作物，但要求并不严格。光饱和点为 70000 勒克斯，栽培中需 30000 勒克斯以上的光照强度，保证其正常生长发育。冬季栽培番茄，由于光照不足，会造成植株徒长，营养不良，开花数量少，落花落果严重，且常发生各种生理性障碍和病害。

（三）水分

番茄植株高大，枝繁叶茂、蒸腾量较大，需水量也大，此外果实多次采收，对水分需要量也很大，通常要求土壤相对湿度 65% ~ 85%、空气相对湿度 45% ~ 65%。

番茄不同生长发育时期对水分的要求不同。发芽期要求土壤相对湿度为 80% 左右，幼苗期和开花期要求 65%，结果期要求 75% ~ 80%，需增加土壤水分以促进果实膨大，结果期供给充足水分是番茄生产获得高产的关键。

（四）土壤

番茄对土壤的适应力强。但以排水良好、土层深厚、富含有机质的壤土或沙壤土为宜。番茄对土壤的通透性条件要求高，当土壤含氧量达 10% 左右时，植株生长发育良好，当土壤空气中含氧量降至 2% 时，植株会因缺氧枯死。番茄要求土壤中性偏酸，pH 以 6 ~ 7 为宜，在盐碱地上生长缓慢、易矮化枯死，过酸的土壤易发生缺素症，特别是缺钙症，引发脐腐病，施用石灰调节土壤酸碱度可增产。

二、砧木和接穗的选择

（一）砧木的选择

应选择根系较为发达，不定根少，茎秆基部木质化程度高，耐肥耐渍，可抗一般土传病害，且对番茄果实影响较小的砧木品种。不同地区应根据所预防的病害种类、番茄栽培的季节来选择适宜的砧木品种。

主要砧木种类及品种简介，请参阅第一章第二节相应内容。

（二）接穗的选择

接穗应根据当地消费者对番茄颜色、形状及口味的要求，选择适宜的品种。

棚室设施栽培，春夏栽培选择耐低温弱光、果实发育快，在弱光和低温条件下容易坐果的早、中熟品种，夏秋栽培选择抗病毒病，耐热的中、晚熟品种。进行春连秋栽培时，应选择耐寒耐热力强、适应性和丰产性均较强的中晚熟番茄品种。

目前常用优良番茄接穗品种简介如下。

中杂 8 号　中国农科院蔬菜花卉研究所育成的一代杂种，曾获国家科技进步二等奖。中熟偏早，植株无限生长类型。果实圆形，红色，坐果率高，果面光滑，外形美观，单果重 200 克左右。果实较硬，果皮较厚，耐运输，品质佳，口感好，酸甜适中。含可溶性固形物 5.3% 左右，含维生素 C 20.6 毫克每一百克鲜重。抗番茄花叶病毒病，中抗黄瓜花叶病毒病，抗番茄叶病毒病，高抗枯萎病。丰产性好，全国各地均可种植。

中杂 10 号　一代杂种。有限生长型，每花序坐果 3～5 个。果实圆形，粉红色，单果重 150 克左右，味酸甜适中，品质佳。在低温下坐果能力强，早熟，抗病性强，保护地条件下坐果好。适于小棚早熟栽培。北京地区 2 月中下旬播种育苗，3 月中下旬分苗，4 月下旬定植露地，春小棚于 1 月中下旬播种育苗，2 月中下旬分苗，3 月中下旬定植，定植后蹲苗不宜过重，每亩定植 4000 株左右。亩产量可达 5500 ～ 6000 千克。

中杂 11 号　一代杂种，无限生长型。果实为粉红色，果实圆形，无绿果肩，单果重 200 ～ 260 克，中熟。抗病毒病、叶霉病和枯萎病。保护地条件下坐果好，品质佳。可溶性固形物含量 5.1% 左右，酸甜适中，商品果率高。亩产量为 6500 ～ 7000 千克。适合春温室及大棚栽培。

中杂 12 号　一代杂种。早熟，无限生长类型。成熟果实为红色，果实圆形，青果有绿果肩，单果重 200 ～ 240 克。抗病毒病、叶霉病和枯萎病。保护地条件下坐果好，果实品质好。可溶性固形物含量 5.2% 左右，酸甜可口，商品果率高。亩产量可达 7000 千克以上。适合春温室及大棚栽培。

中杂 102 号　一代杂种，属无限生长类型，叶量中等，中早熟，抗病性强。该品种最显著的特点是连续坐果能力强，单株可留 6 ～ 9 穗果，每穗坐果 5 ～ 7 个，果实大小均匀，果色鲜红，单果重 150 克左右。耐贮藏运输，货架期长，可整穗采收上市，亩产量 6000 ～ 8000 千克，最适合春秋棚室栽培。

浦红世纪星　上海农科院园艺所育成品种，一代杂种。无限生长型，早中熟，大红果，单果重在 120 ～ 140 克之间，每穗坐果 4 ～ 5 个，成熟度一致，串番茄，可像葡萄一样成串采收。大小均匀，畸形果和裂果率极低。品质优，圆整光滑，果脐小，商品性好，高附加值。耐贮运，春季栽培亩产达到 5000 千克以上。高抗番茄花叶病毒，中抗黄瓜花叶病毒，抗叶霉病和枯萎病，田间未见筋腐病。适合秋延后和越冬大棚、连栋棚、日光温室和现代化玻璃温室栽培。

浦红 10 号　一代杂种。无限生长型，长势中等，第一花序着生于第 7 节位，单穗 5 ～ 6 个果，且排列整齐，果实的大小和颜色整齐一致，适合保护地栽培的串番茄。果实深红色，圆形，果皮光滑无棱沟，果肉硬。单果重 130 克，可溶性固形物含量 4.6%，番红素含量 9.67 毫克每一百克，耐贮运，可以在大型温室和连栋大棚内长季节栽培。

申粉 8 号　上海农科院园艺所育成品种，一代杂种。无限生长型，产量高，商品性好，早春畸形果率低，是目前春季保护地栽培的理想品种。本品种属于高秧粉红果，耐低温，在低温弱光下坐果能力强，商品性优，硬度好，耐贮运，果实无绿肩，高圆形，平均单果重

180～220克，果肉厚，多心室，大小均匀，表面光滑，畸形果和裂果率极低。综合抗病性强，高抗番茄花叶病毒，中抗黄瓜花叶病毒，高抗叶霉病，田间未见筋腐病。耐肥，适合春提早和越冬大棚、连栋棚、日光温室和现代化玻璃温室有机无土栽培。

浙粉 202　浙江省农业科学院园艺研究所选育。一代杂种。无限生长类型，特早熟。高抗叶霉病，兼抗病毒病和枯萎病等多种番茄病害，成熟果粉红色，品质佳，宜生食，色泽鲜亮，商品性好，果实高圆苹果形，单果重 300 克左右，硬度好，特耐运输。适应性广，稳产高产，特适秋季栽培，宜长江流域、黄淮、华北和东北地区及其他喜食粉红果地区棚室栽培。

浙杂 203　一代杂种。无限生长类型，早熟，高抗叶霉病、病毒病和枯萎病，中抗青枯病，成熟果大红色，商品性好，果实高圆形，单果重 250 克左右，硬度好，耐贮运。品种适应性强，高产稳产，适宜全国各地棚室栽培。

浙杂 809　一代杂种。有限生长类型，早熟，高抗烟草花叶病毒病，耐叶霉病和早疫病；长势强健，抗逆性强；果实高圆形，成熟果大红色，单果重 250～300 克，商品性好，耐贮运。长江流域和全国喜食红果地区棚室早熟栽培。

苏粉 8 号　江苏省农业科学院蔬菜研究所选育。杂种一代。无限生长型，中熟。具有优质、高产、稳产、抗病性强、适应性广等特点，是保护地生产无公害优质番茄及种植业结构调整的理想品种。果实高圆形，粉红色，果面光滑，果皮厚，耐贮运，品质佳，可溶性固形物含量 5.0%，酸甜适中，单果质量 200～250 克，亩产量 6000 千克左右。高抗病毒病、叶霉病，抗枯萎病，中抗黄瓜花叶病毒病。适于棚室栽培。

苏抗 9 号（苏粉 1 号）　有限生长型。半蔓生，早熟，生长势较强，高抗烟草花叶病毒病，前期产量高，占总产量的 40% 以上，结果多，单株结果 22 个左右，果实粉红色，中等大小，果形高扁圆，平均单果重 110～130 克，果肉厚度中等，亩产量 4000～4500 千克，适于保护地早熟栽培。

华番 3 号　杂种一代。无限生长型，叶色深绿，羽状叶，生长势强。第1花穗着生在第7节，间隔节位3节，坐果率高。果实呈鱼骨状排列，扁圆形，大红色，无果肩，平均单果质量210克左右，为大果型，品质好。单季亩产量可达6000千克以上。果实硬度大，耐贮运。高抗病毒病、枯萎病和叶霉病，对青枯病有强的耐病性。适宜在大棚栽培。

东农704 东北农业大学园艺系选育。杂种一代。有限生长型。具有早熟、抗病、优质、丰产等特点。抗番茄花叶病毒，耐黄瓜花叶病毒，在苗期易识别伪杂种，成熟期集中，前期产量比对照品种增产40%～50%，果实粉红色，中大果，果实圆整，整齐度高，平均单果重135～200克，耐贮运，商品性状优良。亩产量可达5000千克以上。可溶性固形物含量高于4.5%，口感好。适于全国各地棚室栽培。

皖粉1号 安徽省农业科学院园艺研究所选育。杂种一代。有限生长型。粉红果，熟性极早，始花节位5～6节，2～4花序自封顶。单果重200克，可溶性固形物含量5%以上，果实圆形，表面光滑，商品性好，高抗番茄花叶病毒，抗黄瓜花叶病毒、叶霉病、早疫病。亩产量5000千克左右。适应性广，适宜设施生产春早熟和秋延后栽培。

皖粉3号 杂种一代。无限生长型，早熟，抗病毒病、灰霉病、叶霉病、早疫病，温光适应范围广，果实高圆形，粉红色，果面光滑，果皮厚，耐贮运，品质佳，单果重350克左右，可溶性固形物含量5.5%以上，亩产量7500千克。适于全国各地设施栽培。

皖粉4号 杂种一代。无限生长型，中晚熟，抗烟草花叶病毒病、灰霉病、叶霉病、早疫病，抗蚜虫、白粉虱、斑潜蝇危害，温光适应范围广，单果重200～250克，可溶性固形物含量5%以上，亩产量7000千克。适于全国各地温室和大棚等设施栽培。

佳粉16号 北京蔬菜中心选育。杂种一代，无限生长，中熟偏早，高抗病毒和叶霉病，果形周正，成熟果粉红色，单果重180～200克，裂果、畸形果少，叶量适中，不易徒长，且不郁闭，适于春秋塑料大棚栽培。

佳红1号 甘肃省农科院蔬菜所选育。杂种一代。早熟、丰产、抗多种病害、商品性好、货架期长的硬肉型番茄。果实扁圆形，红色，果皮较厚，果肉硬。平均单果质量164.4克，亩产量6000千克以上。抗叶霉病、病毒病，耐早疫病，适于塑料大棚及日光温室栽培。

金冠 8 号　辽宁园艺研究所选育。无限生长型，早熟、长势强。果实高圆形，粉红色，色泽艳丽，开花集中，易坐果，膨果快。果面光滑，果脐小、果肉厚，果实硬度高，耐贮运，单果重 250～300 克，设施生产丰产性能好，日光温室亩产量高达 15000 千克。耐低温，高抗叶霉病，抗病毒病。适于越冬保护地栽培，早春、秋延、越夏保护地栽培。

美味樱桃番茄　中国农科院蔬菜花卉研究所育成的樱桃类型番茄。无限生长型，生长势强，每穗坐果 30～60 个，圆形，红色，单果重 10～15 克，大小均匀一致，甜酸可口，风味佳，可溶性固形物含量高达 8.5%，每 100 克鲜果含维生素 C 24.6～42.3 毫克。营养丰富，既可做特菜，也能当水果食用。抗病毒病。亩产量 3000 千克以上，亩用种量 25 克左右。适于露地及保护地栽培。

京丹 1 号樱桃番茄　北京蔬菜中心选育。无限生长，中早熟，果实圆形，成熟果色泽透红亮丽，果味酸甜浓郁，口感极好，单果重 10 克，糖度 8%～10%，适于保护地高架栽培。

京丹粉玉 2 号樱桃番茄　植株为有限生长类型，主茎 6～7 片着生第一花序，熟性早。果实长椭圆形或椭圆形，单果重 15 克左右，幼果有绿色果肩，成熟果粉红色，品质上乘，口感风味佳，耐贮运性好，适于保护地特菜生产。

仙客 1 号抗线虫番茄　北京蔬菜中心育成"京研"抗线虫番茄品种。抗根结线虫、病毒、叶霉病和枯萎病。无限生长，主茎 7～8 节位着生第一花序，粉色，大和中大果型，单果重约 200 克，果肉较硬，圆和稍扁圆形，未成熟果显绿果肩。适于保护地兼露地栽培。

百利　荷兰引进，早熟，植株属于无限生长型，长势旺盛，且坐果率高，即使是在高温、高湿条件下也能正常坐果，果实呈圆形大红色，中型果，色泽较好，口味佳，耐贮运，抗烟草花叶病毒病、筋腐病和枯萎病，适宜早秋和早春季节日光温室栽培。

合作 903　有限生长类型，早中熟，植株长势强，分枝能力强，节间短。叶片较为肥厚，为深墨绿色。果实呈高圆球形，红色，果肉较厚，口感好，商品性极佳，耐贮运。适宜大棚及露地栽培。

L-402 无限生长类型，中熟，植株长势中等，果实呈扁圆形粉红色，果顶光滑，果脐较小，果肉厚，耐贮运，商品性好。喜肥且抗逆性强，耐低温，抗病毒病，适宜华北及东北地区的早春露地和春秋大棚栽培。

苏抗5号 中早熟，植株长势强，株高为1米左右，叶片为深绿色，叶肉较厚，成株中下部叶片微卷，在第四或者第五花序封顶。果实呈圆形，大红色，有绿果肩，果肉较厚，酸甜适中，抗烟草花叶病毒病、早疫病，可耐晚疫病。

三、嫁接育苗技术

（一）砧木和接穗播期的确定

一般来说，若采用靠接法，砧木与接穗要同时播种；若采用劈接或者斜切接法，砧木要比接穗提早3～7天播种；若采用插接法，砧木要比接穗提早7～10天播种。若采用劈接法，且选择'兴津101'砧木，一般可比接穗提前5～7天播种即可；选择'影武者'砧木，一般可比接穗提前3天或者同期播种即可。其他砧木的特点，请参阅第一章第二节相应内容。

（二）种子处理与浸种催芽

1. 浸种

浸种可采用普通浸种或温汤浸种。普通浸种可将种子放入20～25℃的干净清水中浸泡4～6小时；温汤浸种可将种子放入50～55℃的温水中烫种10～15分钟，期间需不间断搅拌，之后再加入干净清水继续浸种4～6小时，可起到消毒杀菌的作用。

2. 消毒

将种子浸泡3～4小时后，病原菌开始繁殖，可将种子放在1%甲醛液，或者10%磷酸钠液，或1%高锰酸钾液，或者1%硫酸铜液中浸泡10～15分钟，再用清水冲洗干净即可。

3. 催芽

在浸种和消毒后，应用纱布将种子包好，并维持在一定的湿度范围内，在 25 ～ 30℃的条件下，3 ～ 4 天即可出芽。

（三）床土配制

砧木和接穗作催芽处理要准备好苗床，床土应选用不重茬的肥园土、充分发酵的农家肥和腐熟马粪按照 1∶1∶1 的比例充分混匀后过筛。采用药土下铺上盖的方式对床土进行消毒，可每平方米苗床施用 8 ～ 10 克 50% 的多菌灵，或者 70% 的甲基硫菌灵或五代合剂，先将其与 1 千克细土混合拌匀，再与 10 千克细土混合拌匀。播种时，将 2/3 的药土铺底，1/3 的药土作为盖籽土。春季时应将苗床放在阳光充足处，以便保温升温，秋季时则应将苗床放在阴凉处，并在播种前将床土浇透。

（四）播种

播种时先用 30 ～ 40℃的温水将床土浇足透底水，待水下渗后，撒上一层药土，再将种子均匀地散播在苗床上，播种密度一般每平方米播种子 20 克左右，播种后需铺上一层地膜以保持湿度，但是在出苗后，要立即揭掉。

（五）播种后管理

播种后，应注意保温，春天出苗期温度应在 20℃以上，冬季夜间要特别注意保温，以保证正常出苗，一般可在苗床上加盖纸被，白天在太阳出来后要及时掀开覆盖物，以提高温度。夜间最低温度不得低于 15℃，出苗前白天温度可稍高，一般 10 天左右即可出苗，在种子拱土之前一般不需浇水，以防苗床表面板结。若幼苗受光不良或者是夜间温度较高时，会造成在出苗到第一片真叶破心时番茄苗的徒长。需经常擦拭透明覆盖物，且适当拉长苗床的受光时间，改善群体受光情况。出苗后要适当降低温度，白天可保持在 20 ～ 25℃，夜间为 10 ～ 15℃，以防止幼苗徒长，第一片真叶出现后，白天可保持在

$25 \sim 28℃$，夜间为 $16 \sim 18℃$。

出苗前温度应保持在 25℃ 以上，出苗后白天保持在 $20 \sim 25℃$，夜间保持在 15℃ 左右即可，且苗床湿度不宜过大，要通风透气，且在保证苗床温度的前提下，尽量延长幼苗的光照时数。

当幼苗长到 2 叶 1 心时，可进行一次分苗，需适当扩大苗距，以满足幼苗进一步的生长发育。分苗则应选在晴天，这样有利于缓苗，但若气温太高时也应注意遮阴降温以免发生烤苗，在分苗前一天要将水浇透，以减少移苗时伤根，分苗可按行距 $8 \sim 10$ 厘米，株距 $3 \sim 4$ 厘米分苗移于苗床中，也可移于营养钵中。

移苗后要浇透水，且注意保温，需保持较高的温度，白天为 $25 \sim 30℃$，发根后白天在 25℃ 左右，夜间为 $10 \sim 15℃$，并且随着幼苗的生长，要适当加大通风量，及时通风排湿，以免发生高湿病害。

若缺肥，可适当追施腐熟稀粪水或复合肥，且喷施 $1 \sim 2$ 次杀菌剂可有效防止"倒苗"。若砧木苗长势较弱，可叶面喷施 0.2% 的磷酸二氢钾溶液来促进生长。

四、嫁接

视频 4-2 茄果类蔬菜嫁接 - 番茄演示

（一）嫁接时期

一般情况下，最佳嫁接时期与所采用的嫁接方法有关。舌靠接对砧木和接穗的大小和茎粗要求基本一致，当砧木和接穗具有 4 片真叶时为最佳嫁接时期；抱靠接要求砧木与接穗的茎粗比为 2∶1 时，砧木苗具有 $5 \sim 6$ 片真叶，接穗苗具有 4 片真叶时为最佳嫁接时期；插接法要求砧木种子比接穗种子提前 $7 \sim 10$ 天播种，且砧木具有 $4 \sim 5$ 片真叶时为最佳嫁接时期；斜切接和劈接对砧木和接穗的要求较为一致，一般以砧木种子比接穗种子提前 $3 \sim 5$ 天播种，且砧木具有 $5 \sim 6$ 片真叶时为最佳嫁接时期。番茄嫁接演示见视频 4-2。

（二）嫁接方法

番茄的嫁接方法主要有劈接、斜切接、舌靠接、抱靠接、插接和芽接等，前两种嫁接方法，请参阅第四章第一节相应内容。主要介绍

蔬菜嫁接关键技术（彩色图解＋视频升级版）

后四种嫁接方法。

1. 舌靠接

砧木与接穗同时播种，当幼苗长至 2 片真叶时，分苗时可直接将砧木和接穗同时栽入同一营养钵中，砧木苗栽于中央，接穗苗靠在一侧。当砧木和接穗苗均长至 4 片真叶时，可进行嫁接，嫁接部位是在第 1 片真叶与第 2 片真叶之间，砧木是从上向下斜切，呈楔形向上，接穗是从下向上斜切，切口的深度可略微超过茎粗的二分之一，再将接穗的切口插入砧木的切口之中，使两个舌形楔嵌合在一起，再用嫁接夹固定即可。

2. 抱靠接

当砧木长出 2 叶 1 心时，播种接穗，当砧木长出 5 ～ 6 片真叶，接穗苗长出 4 片真叶，且接穗幼苗的直径为砧木苗的 1/2 时为最佳嫁接时期。先将砧木苗在第 4 片真叶上方横切，并除去腋芽，在茎中部位向下切一个深为 1 厘米左右的缝，用刀将接穗苗的第 3 片真叶与第 4 片真叶之间的茎削去两层表皮，形成长约为 1 厘米的平滑月牙形切口，再将此切口嵌入砧木的切缝里，用嫁接夹固定即可。

3. 插接

一般砧木比接穗提前 7 ～ 10 天播种，当砧木长出 4 ～ 5 片真叶时为最佳嫁接时期。嫁接时用刀片在砧木的第 1 片真叶或第 2 片真叶上方横切掉上半部，并将叶腋中的腋芽除去，在该处用于接穗粗细相同的扁圆形竹签按 45° ～ 60° 角度向下斜插，但不要将表皮戳破，之后将削成楔形的接穗代替竹签插入砧木孔中，使砧木与接穗能够紧密结合，再用嫁接夹固定即可。

4. 芽接

嫁接时，将接穗茎秆按照子叶伸展方向对称削成劈尖，然后再将砧木幼茎按照子叶伸展方向对称纵向剖开，剖开的深度要与接穗劈尖的长度一致，再将接穗的劈尖插入砧木的剖口中，注意要保证砧木和接穗的子叶在同一平面上，才能使两者的维管束长合在一起。

五、嫁接苗管理

嫁接完成后，不论采用哪种嫁接方法，均需精细管理，嫁接后的7～10天内要保持空气相对湿度在50%～70%之间，避免阳光直射，以减轻接穗子叶和真叶的蒸腾作用。

（一）接口愈合前

番茄嫁接苗的愈合期要求有一定的温度，低于18℃不利于接口的愈合，影响嫁接成活率；高于28℃会加强蒸腾作用不利于维管束接合；最适温度为白天25℃左右，夜间20℃左右。若在早春温度较低的季节嫁接，可通过设施加温保温进行温度调节；若在高温下进行嫁接，可通过遮阴网、遮阴篷等设施降温。一般在嫁接后的5～7天内的空气湿度需保持在95%以上，可采用地下充分浇水补充，并盖严小拱棚，前期4～5天内尽量不通风或少通风，第5天以后可在温暖且空气湿度较高的早晨傍晚通风，7～8天后可逐步揭开薄膜，并适量增加通风量和通风时间，但仍需通过喷雾来保持湿度，直至完全成活。嫁接后要在小拱棚外覆盖草帘或者报纸来遮光，3天后可在傍晚逐渐进光，直至早晚进光，但仍要防止中午的强光。一般情况下10天左右便可逐渐撤掉小拱棚覆盖物以及塑料薄膜。

（二）接口愈合后

由于嫁接时砧木顶端的生长点已被切掉，经过一段时间的高温高湿遮光，嫁接前未萌动或者未打尽的侧芽腋芽更易萌发，在接口愈合后要马上将砧木的腋芽萌叶打掉，以免影响接穗的发育，注意不要损伤接口处。嫁接苗成活后，要将接口上部的砧木茎以及接口下部的接穗茎剪断（即断根）。进行嫁接苗分级管理，将接口已愈合好、恢复生长快的大苗集中在一起，对那些愈合不良且生长缓慢的小苗加强温度、湿度、光照的管理，促进生长。待接口愈合牢固后要取掉嫁接夹，但不宜过早，尤其是斜切接的嫁接苗，应等到接合处木质化后再取掉，但也不宜取太晚，以免影响生长。成苗期温度不要过高，白天维持在 20℃ 左右，夜间维持在 10 ～ 15℃，浇水应在上午 9 时左右进行，在浇完水后要注意通风排湿，空气湿度保持在 70% 左右即可，一旦表土干后要及时松土保湿。并在定植前 5 天低温炼苗，增强抗逆性，以适应定植后的环境。并且在定植前 3 天对苗喷洒农药，进行病虫害防治。

六、定植

当幼苗茎粗长到 0.6 厘米以上，具有 7 ～ 9 片真叶，且叶片肥厚，心叶为绿色，大叶背面和茎基部均呈紫色，并普遍现蕾时，可进行定植。

做好翻地、晾晒、土壤消毒和施肥工作。棚室内土壤消毒，请参阅茄子相应内容进行。重施基肥，可每亩施 4000 千克腐熟农家肥和 40 千克三元复合肥或者施用充分搅拌的 5000 千克农家肥与 50 千克过磷酸钙和 20 千克碳酸氢铵。

（一）定植前准备

定植行距一般为 55 厘米，株距 40 ～ 45 厘米"之"字形打两行定植孔。晚熟品种可适当加大株行距，早熟品种则可适当缩小株行距。定植前 1 天应将苗钵浇透水，然后放苗，待水完全渗下后盖土。当嫁接苗长到具有 6 ～ 7 片叶并进行炼苗后，即可定植。定植时要使嫁接苗的根系充分伸展，若使用营养钵育苗，要使营养钵的钵土完全埋在定植孔内，有利于不定根的形成，再将 0.1 千克磷酸二氢钾溶解后加入 100 千克清粪水中，来灌根浇定根水。

（二）定植后管理

定植初期，前 5 天要注意保温，可加快缓苗，促进根系的生长，冬季气温比较低，夜间可加盖草苫子，可用加地热线、挖防寒沟或者起高垄的方法来提高地温。若采用大棚栽培，定植后 3 ～ 4 天可不揭膜通风，以加速缓苗，保证棚内温度白天维持在 25 ～ 28℃，夜间维持在 15 ～ 17℃ 即可，一般情况下可在晴天通风透气排湿，夜晚关闭。

缓苗后需适当降低温度，以防止嫁接苗徒长，放风时，通风量应逐渐增大。在缓苗期及新根萌发的 7～10 天内不灌水，定植成活 10 天后，需追施一次促根提苗肥。

番茄结果期白天温度维持在 20～28℃，夜间维持在 15～17℃，且每次浇水后要及时通风排湿，以防高湿病害。第一穗果坐果时，可每亩用 10 千克进口复合肥溶解后加入 2～3 立方米的粪水中，以膜下滴灌的方式灌溉到大棚中以追肥保果，以后可在每次采摘后追肥一次，可按照植株长势适当增减肥料。番茄结果期极易造成裂果，可采用根外施肥的方法，防止裂果，改善果实品质，增强番茄的商品性。

当嫁接苗长到 45 厘米左右时，需搭架或者吊蔓，将番茄茎秆松松地系在架材上，且每长高 20 厘米左右需重绑一次，并且要及时除去长度超过 5 厘米的侧枝，以免消耗过多养分。插架后要及时绑蔓，在番茄每穗果柄处绑一道，不宜过紧，以免缢伤茎蔓。温室栽培中，可将番茄茎基部用尼龙绳绕在铁钩上，挂在温室骨架上，在长季节栽培中，需及时落秧、盘秧，将番茄秧盘绕在吊绳上，并尽量多盘绕几圈，以防结果期间果实过重把秧拉坠下，使茎折断。番茄常使用单干整枝，且整枝时要在晴天的上午进行，并佩戴橡皮手套，以免病菌侵染，可留 10～13 个果穗后摘心，每穗留 3～5 个果实，并结合整枝及时打杈，每 4～5 天一次，当行间将要出现郁闭时，可将基部的老叶摘除，以减少养分消耗，改善通风透光条件，减少病害的发生。

番茄异花授粉，在番茄盛花期，应在晴天上午轻轻振动植株，促进授粉，也可在棚室内适当养一箱蜜蜂，利用虫媒促进异花授粉。

七、病虫害防治

（一）病害

嫁接番茄病害主要有以下几种。

1. 病毒病

病毒病常见症状有花叶型、蕨叶型、条斑型和混合型四种。花叶型表现为叶片有浓绿或淡绿色镶嵌的花斑，叶面皱缩、畸形，植株矮缩，枝叶密集，严重时不能结果或者果实发育不良。蕨叶型表现为叶片狭小呈黄绿色，且卷曲成线状，植株矮化。条斑型表现为茎、叶和果柄上都可形成细长的褐色坏死斑，果实上为圆形，茎部为红褐色长条形斑，且易折断，髓部和皮层变为褐色。混合型表现在茎、叶上的症状与条斑型症状相似，果实上表现为病斑较小，略微凹陷，直至发展成枯死斑。

防治方法：切断传染源，及时防治蚜虫，及时清理已感病的植株。

2. 早疫病

请参阅茄子早疫病防治方法进行。

3. 灰霉病

灰霉病多发生在幼果时期，一般是在果实的脐部或果柄基部发病。请参阅茄子早疫病防治方法进行。

4. 晚疫病

晚疫病多在叶尖或叶缘处产生大型暗褐色水浸状病斑，湿度较高时，病斑边缘可产生白色霉层。果实上的病斑呈暗褐色云纹状，湿度较高时，发病边缘有稀疏白霉，后期会发生腐烂。

防治方法：可实施轮作，合理密植，设施栽培要加强通风，若发病，可在发病初期，清除中心病株后，喷施 69% 烯酰·锰锌可湿性粉剂，或 72.2% 霜霉威盐酸盐水剂 800 倍液即可。若为设施栽培，可每亩施用 1000 克 5% 百菌清粉尘剂。

5. 叶霉病

叶霉病叶片上的病斑正面为微黄色褪绿斑，背面为紫灰色致密绒状霉层。病害严重时，叶片卷曲、干枯且布满病斑。

防治方法：可适当降低棚内湿度，及时摘除病叶、病果，若发病，可施用 65% 甲霉灵可湿性粉剂 500 倍液，或 50% 多霉清可湿性粉剂 800 倍液等。喷药一般在上午 9 时叶面结露且干后进行，连续用药 2 ～ 3 次，交替用药效果会更好。

（二）虫害

嫁接番茄虫害主要有蚜虫、棉铃虫、烟青虫和斜纹夜蛾等。

1. 蚜虫

蚜虫的防治，请参阅第三章第一节甜瓜的虫害防治方法进行。

2. 棉铃虫和烟青虫

可用冬耕、冬灌来杀虫蛹，并可结合整枝打杈摘除部分虫卵，可在虫卵孵化盛期施药。可选用 50% 辛硫磷乳油、50% 杀螟硫磷乳油、80% 敌百虫可湿性粉剂各 1000 倍液，或者 2.5% 溴氰菊酯乳油、20% 氰戊菊酯乳油、2.5% 高效氯氟氰菊酯乳油、50% 顺式氰戊菊酯（来福灵）乳油、10% 氯氰菊酯乳油等各 2000 倍液喷雾。

3. 斜纹夜蛾

又称莲纹夜蛾，属于鳞翅目夜蛾科。杂食性，幼虫取食植株的叶、蕾、花以及果实，严重时可将植株吃成光秆。

防治方法：可采用清除杂草、秋翻冬耕等消灭部分越冬蛹，若成虫已盛行，且幼虫群居时，可选用 50% 辛硫磷乳油 800 倍液、2.5% 高效氯氟氰菊酯乳油 2000 倍液、80% 敌百虫可湿性粉剂 1000 倍液及 20% 氰戊菊酯乳油 2000 倍液等，即可防治。

第三节　辣椒嫁接栽培关键技术

辣椒，又叫番椒、海椒、辣角等，是茄科辣椒属植物，原产于中南美洲热带地区，是全世界普遍栽培的蔬菜品种，在我国分布广泛。

辣椒为一年或多年生草本植物。果实通常呈圆锥形或长圆形，未成熟时呈绿色，成熟后变成鲜红色、黄色或紫色，以红色最为常见，辣椒的果实因果皮含有辣椒素而有辣味，能增进食欲，促进血液的循环，辣椒中维生素 C 的含量高，干辣椒富含维生素 A，具有较高的使用价值。

我国温室大棚等设施栽培广泛。设施生产，易发生连作障碍，尤其是在坐果期，疫病极易发生，可利用具有高抗病性的砧木嫁接实现防病和连作生产（图 4-3）。

图 4-3　辣椒

一、对环境条件的要求

（一）温度

辣椒属于喜温作物，忌高温，怕霜冻。在 15～34℃的温度范围内都能生长，白天最宜温度是 23 ～ 28℃，夜间 18 ～ 23℃。白天27℃左右对同化作用最为有利，而夜间 20℃左右最有利于同化产物的运转，并可减少呼吸消耗，增加光合产物积累。

种子发芽期适温 25 ～ 30℃，发芽需 5 ～ 7 天。低于 15℃或高于35℃时种子不发芽。

苗期要求较高的温度，白天 25 ～ 30℃，夜间 15 ～ 18℃最为有利，适宜的昼夜温差是 6 ～ 10℃，此时若温度低则幼苗生长缓慢。幼苗不耐低温，要注意防寒。开花结果初期适温是 20 ～ 25℃，夜间15 ～ 20℃，低于 10℃不能开花。但进入盛果期后，适当降低夜温对结果有利，即使降到 8 ～ 10℃，果实也能较好地生长发育。

辣椒不耐热，气温超过 35℃容易落花落果，如果湿度过大，又会造成茎叶徒长。温度降到 0℃时就会受冻。

根系生长的适温是 23 ～ 28℃。结果期如果地温过高，再加上阳光直射地面则对根系不利，严重时能使暴露的根系变褐死亡，且易诱发病毒病。

（二）光照

辣椒为中性光植株，对光照的要求不太严格，因生育期不同而异。种子发芽期要求黑暗避光，育苗期要求较强的光照，生育期要求中等光照强度。其光饱和点为 30000 勒克斯，比番茄、茄子都要低。光补偿点为 1500 勒克斯。光照不足会影响花的品质，光照过强则茎叶矮小，不利于生长，也易发生病毒病和日烧病。辣椒对日照时间的长短要求并不严格，只要温度适宜，光照时间长短对辣椒的影响不大。但日照时间过短会影响光合作用的时间，以日照10 ～ 12 小时开花结果较快，对较长时间的日照一般也能适应。

（三）水分

辣椒根系不太发达，分布范围小且浅，吸水能力差，对水分要求严格，既不耐旱也不耐涝，喜欢较干爽的空气条件。由于根系不太发达且吸水能力较弱，需特别注意水分管理以确保获得丰收。特别是大果型品种，对水分的要求更为严格。辣椒水淹数小时后植株就会出现萎蔫，严重时死亡。土壤相对含水量 80% 左右，空气相对湿度 70% ～ 80% 时，对辣椒的生长有利。辣椒栽培要求土地平整，灌排水方便，设施栽培最好具备一定的通风排湿条件。

（四）土壤

辣椒对土壤的适应性较强，以地势较高、排水良好、土层肥厚、富含有机质、pH 值在 6.1 ～ 7.6 之内的壤土或沙壤土为宜。

土壤中的水分、氧气及土壤温度等对辣椒的生长发育均有较大的影响。辣椒对土壤水分比较敏感，在土壤水分 9% ～ 16% 的情况下，辣椒的发芽率可达 75% ～ 80%，低于或高于这个含水条件，发芽率下降。土壤水分与开花结果也有一定的联系，当沙质土的含水量达土壤田间持水量的 55% 时，茎叶发育正常，花芽形成良好，开花结果多。辣椒需要良好的土壤通气环境，当土壤氧气从 20% 降到 10% 时，茎叶生长几乎降低了 80% 左右。辣椒的栽培需多施用一些有机物质，以促进土壤团粒结构的形成，进而调节土壤的通透性。辣椒的开花受土温的影响较大，一般以 24℃ 左右最为适宜。

辣椒可耐受浓度较高的土壤速效养分。其根系对氧气的要求严格，宜在土层深厚肥沃、富含有机质和通透性良好的沙壤土或两合土地上种植。辣椒生育要求充足的氮、磷、钾营养，但苗期氮肥和钾肥不宜过多，以免茎叶生长过旺，延迟花芽分化和结果。生产上必须做到氮、磷、钾配合施用，为此栽培中需要做到氮、磷、钾配合，在施足底肥的基础上，适时搞好追肥，以提高产量和改善品质。

二、砧木和接穗的选择

（一）砧木的选择

常用砧木品种为野生辣椒，如 PFR-S64、PFR-K64、LS279 等野生抗病辣椒品系，其根系较为发达，长势强，嫁接亲和力较高，对果实品质无不良影响，且抗疫病能力强。但是，不同地区应根据所预防的病害种类、栽培的季节来选择适宜的砧木品种。

主要砧木种类及品种简介，请参阅第一章第二节相应内容。

（二）接穗的选择

根据辣椒消费市场和不同用途选择相应接穗辣椒品种。国内优良辣椒接穗品种简介如下。

中椒 5 号 中早熟，连续结果性强，单果重 80 ～ 100 克，味甜，抗病毒病。每亩产量 4000 ～ 5000 千克。适于我国大部分地区露地早熟栽培，可在保护地种植。

中椒 7 号 早熟，果实灯笼形，果肉厚 0.4 厘米，果色绿，单果重 100 ～ 120 克，味甜质脆，耐贮运，耐病毒病和疫病。每亩产量 4000 千克左右。适于露地和保护地早熟栽培。

中椒 16 号 中熟，味辣，羊角形，青熟果浅绿色，老熟果红色，单果重 32 克左右。连续结果力强，商品性好，商品率高。每亩产量 4000 ～ 5000 千克，适于保护地和露地栽培。

中椒 26 号 中早熟，结果率高。果实长圆锥形，单果重 70 ～ 90 克。味甜质脆，可采收红椒。耐贮运，抗病毒病。每亩产量可达 4000 ～ 4500 千克。适宜保护地和露地栽培。

中椒 104 号 生长势强，连续坐果性好，中晚熟。果实方灯笼，果色绿，平均单果重露地 130 ～ 200 克，保护地 200 ～ 250 克。味甜。抗病毒病，耐疫病。每亩产量可达 4000 ～ 6000 千克。适于全国各地露地栽培，也适于北方保护地长季节栽培。

中椒 107 号 早熟，定植后 30 天左右开始采收。果实灯笼形，平均单果重 150 ～ 200 克。果色绿，果肉脆甜。抗烟草花叶病毒，中抗黄瓜花叶病毒。每亩产量可达 4000 ～ 5000 千克。主要适于保护地早熟栽培，也可露地栽培。

甜杂 1 号 早熟，果长圆锥形，单果重 70 克左右，最大果 100 克，味甜，高产，耐病毒病，耐低温，耐运输，适宜保护地及露地早熟栽培。

甜杂新 1 号 早熟，果长圆锥形，味甜，面光滑，长 15.3 厘米，肉厚 0.5 厘米，单果重 96 ～ 130 克，耐病毒病，每亩产量 2500 ～ 5000 千克。适宜保护地及露地早熟栽培。

甜杂 3 号 中早熟，叶片深绿，果灯笼形，青熟果深绿色，单果 100 克以上，最大果 250 克，抗烟草花叶病毒，品质好，每亩产量 2500 ～ 4700 千克，适宜保护地及露地早熟栽培。

甜杂 7 号 中熟，果灯笼形，单果重 100 ～ 150 克，耐病毒病能力强，味甜脆，每亩产量 2200 ～ 4700 千克，保护地和露地栽培兼用。

都椒一号 中早熟，果实长羊角形，单果重 34 克，最大果 50 克，抗烟草花叶病毒，耐疫病，辣味中等，每亩产量 2200 ～ 5000 千克，适宜性广，宜保护地及露地早熟栽培。

京辣 1 号 中熟微辣，嫩果深绿色，成熟果深红色，耐贮运，单果重 90 ～ 130 克，商品性好，抗病毒病和青枯病。连续坐果能力极强，上下层果实整齐一致。适宜南菜北运基地和北方保护地及露地种植。

京辣 2 号 中早熟，辣味强，鲜果重 20 ～ 25 克，干椒单果重 2.0 ～ 2.5 克，高油脂，辣椒红素含量高，高抗病毒病，抗疫病，是绿椒、红椒和加工干椒多用品种。

京辣 4 号 中早熟，嫩果翠绿色，耐贮运，商品性好，单果重 90 ～ 150 克，低温耐受性强，抗病毒病和青枯病。

京辣 5 号 中熟，味辣，嫩果深绿色，成熟果鲜红色，耐贮运，单果重 70 克，商品性好，坐果集中，耐热、耐湿，抗病毒病和青枯病。

京辣 6 号 中晚熟，味辣，嫩果绿色，成熟果红色，坐果集中，单果重约 70 克，商品性好，耐贮运，耐热，耐湿，抗病毒病和青枯病。

京甜 1 号 甜椒一代杂种。中早熟，嫩果翠绿色，成熟时红果鲜艳，糖和椒红素含量高，单果重 90 ～ 150 克，持续坐果能力强，抗病毒病和青枯病。

京甜 2 号 甜椒一代杂种。中熟，果实长方灯笼形，嫩果绿色，单果重 160 ～ 250 克，整个生长季果形保持较好，抗病毒病和青枯病。

京甜 3 号 甜椒一代杂种。中早熟，果实正方灯笼形，果实绿色，商品率高，耐贮运，单果重 160 ～ 260 克，低温耐受性强，持续坐果能力强，高抗病毒病，抗青枯病。

京甜 4 号 甜椒一代杂种。中早熟，果实绿色，单果重 160 ～ 250 克，耐贮运，整个生长季果形保持较好，抗病毒病和青枯病。

京甜 5 号 甜椒一代杂种。中早熟，果色为翠绿色，耐贮运，单果重 170 ～ 250 克，低温弱光耐受性强，持续坐果能力强，抗病毒病和青枯病。

黄星 1 号 彩椒一代杂种。早熟，成熟时由绿转黄，含糖量高，单果重 160～220 克，持续坐果能力强，抗病毒病和青枯病。

黄星 2 号 彩椒一代杂种。中熟，成熟时由绿转黄，含糖量高，耐贮运，单果重 160～270 克，抗病毒病和青枯病。

红星 2 号 彩椒一代杂种。中熟，果实成熟时由绿转红，含糖量高，耐贮运，单果重 160～270 克，果形保持好，抗病毒病和青枯病。

巧克力甜椒 彩椒一代杂种。中熟，成熟时由绿色转成诱人的巧克力色，单果重 150～250 克，持续坐果能力强，抗病毒病和青枯病。

橙星 2 号 彩椒一代杂种。中熟，成熟时由绿转橙色，含糖量高，耐贮运，单果重 160～260 克，持续坐果能力强，抗病毒病和青枯病。

紫星 2 号 彩椒一代杂种。中熟，商品果为紫色，单果重 150～240 克，持续坐果能力强，抗病毒病和青枯病。

渝椒五号 早中熟、长牛角形辣椒新品种。株形紧凑，生长势强。单果重 40～60 克。嫩果浅绿色，老熟果深红色，转色快、均匀。味微辣带甜，脆嫩，口味好。抗逆力强，中抗疫病和炭疽病，耐低温，耐热力强。坐果率高，结果期长，每亩产量 3000～4000 千克。可作春季栽培、秋延后栽培和高山种植。

新皖椒 1 号 中早熟，植株生长健壮，抗病毒病和疫病，平均单果重为 80～120 克，青果为深绿色，辣味适中。老熟果为鲜红色。每亩产量 3500～4000 千克。适宜春秋两季栽培，宜秋延后栽培。

皖椒 1 号 中早熟，株形紧凑，分枝力强，嫩果绿色，老熟果大红色，单果重 80～100 克，辣味中等，品质好，商品性佳。抗病病和炭疽病，耐热耐湿。每亩产量 3500 千克以上，适宜春季小拱棚及露地、秋延大棚和南菜北运基地种植。

皖椒 4 号 早熟，分枝力强。果实耙齿形，青果深绿色，老熟果大红色，单果重 45～50 克，辣味中等，品质、口感及商品性均很好。抗病毒病和炭疽病，不耐日灼，耐湿耐低温耐弱光。每亩产量 3500～4000 千克。

皖椒 8 号 长羊角形，青果黄绿色有光泽，老熟果为鲜红色。辣味较深，商品性极好。一般单果重 60 克左右，最大果达 80 克。每亩产量 5000 千克左右。抗病性、耐热性、耐湿性和耐寒性均很强。适合春夏季栽培。

皖椒 9 号　中早熟，羊角形，生长势极强，抗病性极强。青果为黄绿色，老熟果鲜红色，果肉较厚，辣味浓，适于干鲜两用。单果重 70 ～ 80 克，每亩产量 5000 ～ 5500 千克。耐贮运，适宜南菜北运基地和全国各地春、夏、秋种植。

湘研 17 号　中晚熟，果实灯笼形，果肩微凹，果顶凹，果面光亮，棱沟浅，青果绿色或浅绿色，成熟果鲜红色，平均单果重 100 克，挂果性强，坐果率高。耐热性、耐旱性及抗涝能力强，抗病。

湘研 19 号　早熟，果实粗牛角形，空腔小，适于贮运，品质佳。耐寒，抗病毒病，炭疽病，疫病能力强。每亩产量 2500 千克。

湘研 20 号　晚熟，生长势强，果实粗牛角形，果面光亮，青果绿色，成熟果鲜红色，平均单果重 56 克左右。果皮较薄，肉质软，口感好，味辣，以鲜食为主，耐贮藏运输。每亩产量 3000 ～ 5000 千克，抗病，抗逆性强，耐湿、耐热，能越夏栽培。适宜于北方大棚作晚熟延后栽培。

陇椒 3 号　早熟，生长势中等，果实羊角形，绿色，单果重 35克，果面皱，果实商品性好，品质好。一般每亩产量 3500 ～ 4000 千克。抗病性强，适宜西北地区保护地和露地栽培。

陇椒 6 号　早熟，果实羊角形，单果重 35 ～ 40 克，果色绿，味辣，果实商品性好，品质优良，抗病毒病，耐疫病。一般每亩产量 4000 千克左右，适宜塑料大棚及日光温室栽培。

辣优 4 号　广州市蔬菜科学研究所选育。早熟，果实为牛角形，青熟，单果重 35 ～ 50 克，果色绿、果面光滑、味辣。品质及商品性状优良。抗疫病、青枯病、病毒病，耐热、耐低温、耐高湿，适应性强，在华南地区可春、秋、冬植。

淮椒 2 号　淮南农科所选育。极早熟，大果型，单果重 35 ～ 60克。色深味辣，商品性好。抗性强，耐低温、耐弱光、耐高湿，高抗疫病。每亩产量 3000 ～ 4000 千克。适宜日光温室、塑料大棚越冬和极早熟栽培，中小棚春早熟栽培。

苏椒 11 号　江苏省农科院蔬菜所选育。早熟，分枝能力强，挂果多，膨果速度快，果表浅绿色。耐低温耐弱光照。果实长灯笼形，果面微皱，光泽好。单果平均质量 47.5 克，味微辣，品质佳。抗病毒病、高抗炭疽病，每亩产量 2600 千克左右。适于全国各地早春保护地栽培，西南地区做早春露地地膜覆盖栽培或小拱棚栽培。

苏椒 12 号　中早熟，生长势强，果实羊角形，果条顺直，淡绿色，果面光滑，平均单果重 30 克。味辣，品质佳。抗病，耐贮运，连续结果能力强，每亩产量可达 3000 千克，露地和保护地栽培兼用。

苏椒 13 号　早熟，植株生长势强，叶色深绿色。果实高灯笼形，深绿色，平均单果重 145 克。青椒味甜，食用口味佳。抗病抗逆性较强。每亩产量 2600 千克左右。抗病毒病、高抗炭疽病。适合长江中下游地区，黄淮海地区，东北、华北及西北等生态区域做早春保护地或秋季延后保护地栽培。

早丰 1 号　早熟，线椒类型，为干鲜两用椒，单椒质量 15 ～ 20 克，青椒浅绿色，老熟鲜红色，辣味强，干椒皱纹多，高抗病毒病、叶枯病，抗炭疽病，红熟椒适宜晒干、加工。

早丰 3 号　中早熟，线椒类型，为干鲜两用椒。青椒绿色，老熟椒深红色，光洁度好，辣味强，单株结果 40 ～ 70 个，单果质量 15 ～ 25 克。果肉较厚，抗病毒病、炭疽病，每亩可产鲜红椒 2500 ～ 3000 千克。

豫椒 14 号　河南农科院园艺所选育。早熟，甜椒品种。果实绿色、灯笼形，单果重 100 克以上。耐低温，抗病毒病和青枯病，适宜塑料大棚保护地及早春露地栽培。

辽椒 12 号　辽宁省农业科学院园艺研究所选育。早熟，植株生长势强，单果重 80 克。果面光滑明亮，果厚实脆嫩，商品成熟为果绿色，生物学成熟为果红色，味辣，优质，具有较高的抗病毒病和耐疫病能力，适应性强，适于全国各地辣椒产区进行冬季保护地栽培或春季露地栽培。

冀椒 1 号　中晚熟，甜椒品种，株形紧凑，长势强，果实呈灯笼形，单果重为 100 克左右，果皮翠绿有光泽，味甜且品质好，抗病性好，且耐热、耐贮运。适宜春露地以及地膜覆盖栽培。

冀椒 4 号　中熟，甜椒杂交一代，长势强，果形好，果肉厚，果实较大呈灯笼形，深绿色。植株抗病性较好，可抗病毒病、日灼病，且对炭疽病和疫病有一定的抗性。适宜露地地膜覆盖栽培和大中棚栽培。

冀椒 5 号　早熟，甜椒杂交一代，长势强，分枝力强，植株较为开展，果实呈长灯笼形，果色绿，果肉中厚，单果重为 95 克，味甜且品质好，连续坐果能力强，抗逆性和抗病性较好，可耐低温弱光，耐热性好。适宜保护地栽培和地膜覆盖栽培。

华椒 17 号　中早熟，杂交一代，长势强，侧枝萌发早，分枝角度小，株形紧凑，结果集中，坐果率较高，果实呈翠绿色扁圆柱形，果味辣，每亩产量 2500 千克以上。

鲁椒 1 号　该品种属于中晚熟品种，长势旺盛，株高 60～70 厘米，分枝较多，叶片为深绿色且肥厚，果实呈短羊角形，筋部微辣，可抗病毒病和炭疽病，从定植到采收 59 天，每亩产量为 2500 千克左右。

冀研 5 号　早熟，大果型。植株生长势强，果实灯笼形，浅绿色，单果重 200～300 克，果面光滑而有光泽，抗病毒病和疫病，产量高，综合性状优，主要用于塑料大拱棚和日光温室春提前及秋延后栽培，可用于露地地膜覆盖栽培。每亩产量 4000 千克左右。

冀研新 6 号　早熟，大果型。植株生长势强，果实方灯笼形，绿色，单果重 200～300 克，果面光滑而有光泽，抗病毒病和疫病，产量高，综合性状优，主要用于塑料大拱棚和日光温室春提前及秋延后栽培，也可用于露地地膜覆盖栽培。每亩产量 4000 千克左右。

冀研 19 号　早熟，植株生长势强，果实长牛角形，浅绿色，单果重 80～100 克，果面光滑而有光泽，微辣，抗病毒病和疫病，产量高，综合性状优，主要用于塑料大拱棚和日光温室春提前及秋延后栽培，可用于露地地膜覆盖栽培。每亩产量 3500 千克左右。

九香　生育强健，抗病性好，易栽培，株形半开展，叶浓绿稍大，茎中粗，结果多，幼果浓绿，单果重约 20 克，肉厚硬耐贮运，果面光滑，果形端直，熟后鲜红，耐病，产量特高，辣味强。

美香　分枝性强，叶较小，早生，耐疫病、青枯病，结果力强，果形端直，果面平滑，青椒浓绿色，成熟后鲜红色，重约 7.5 克，果心小，肉薄，辣味强。

千惠　生育强健，株形高，半开展，耐湿，结果多，青果浓绿色，果形中细长，由果肩渐向下尖，果面光滑，果重约20克，辣味强，耐贮。

华星　早熟，植株生长势强，耐病性强。长方形果，果重180～200克。青果绿色，熟后鲜红色，肉厚甜，可做色拉。定植后50～55天开始采收青果。

西星牛角椒1号　中早熟，生长势强。果实呈粗牛角形，单果重150克左右，果面光滑无皱，商品性好，果肉厚，微辣，果色绿，成熟果红色，抗病、丰产性好，耐贮运。耐低温、弱光，适宜露地、保护地栽培。

西星牛角椒2号　中早熟，坐果率高，单果重75克左右，味较辣，果色绿。抗病、抗逆性好，适宜露地及保护地栽培。

西星椒5号　中早熟，生长势强。果实灯笼形，单果重160克以上，果肉脆嫩，微辣，果色绿，成熟果红色，果形美观，每亩产量可达5000千克左右。抗烟草花叶病毒病、青枯病，耐贮运。

辣秀一号　早熟，长势旺盛，坐果率高，抗病强，产量高，青红干鲜两用。亩产达5000千克以上。抗病性强，果皮薄，果色青绿，红果鲜艳，辣味浓，商品性好。

辣秀二号　早熟品种，生长旺盛，抗病力强，高产型品种。株形较大，青果绿色，微皱，果皮薄，含水量低。辣味浓，多用途辣椒品种。

辣秀九号　极早熟条椒品种。长势旺，抗病强，辣味适中，皮薄质脆，食中无渣，品质优秀。青果浅绿色，红果鲜红色，果长24～28厘米，果粗1.5～1.7厘米。结果能力强，连续坐果好。

锦绣长香　早中熟、长势旺盛，特别耐湿，特耐高温，采收期长达6个月，高产品种，前后期果形一致，青果绿色，微皱，皮薄，香辣味浓，品质佳，果长23～30厘米，果粗1.2～1.5厘米，前期采青椒，后期采红椒或作干椒均可。

福椒10号　中早熟，生长势强，坐果率高，连续坐果力强。高抗病，耐热耐湿，抗逆性强，适应性广。果长方灯笼形，果色青绿，果面光滑，果肉厚，耐运，商品性好。单果重120克，最大可达200

克。适宜南方秋冬椒及北方露地、保护地种植。

美春 极早熟，大果品种。耐低温弱光能力强。膨果速度快，产量高，效益好。果光滑亮丽，商品性优。果形方正，单果重250～350克。宜保护地种植。

福斯特 808 极早熟，皮薄质脆优质辣椒品种。生长强健，坐果率高，耐低温，抗高温。单果重85～125克。果色浅绿，皮薄质脆，微辣，品质优。

福斯特 899 早熟，优质，大果型品种。长势旺，抗病强，结果多，产量高。单果重150～220克。果色翠绿，微辣，商品性优。在不良气候条件下易坐果，且连续坐果性较好。

福斯特 801 早熟，大果型，果色翠绿，单果重150～180克，大果250克以上。长势旺，抗病性强，连续坐果能力强，无断层。耐低温弱光，果色翠绿，膨果速度快，枝条硬。

福斯特 803 极早熟，耐低温弱光，坐果率高，膨果速度快。果色翠绿，皮薄略皱，品质佳，商品性好，红果颜色好。单果重70～90克。适宜保护地栽培的品种。

福斯特 405 极早熟，耐低温弱光，长势旺。果实膨大速度快，果色浅绿，灯笼形，单果重50～70克，味微辣、品质佳。高抗病害，连续结果能力强，商品性好。适于冬季日光温室栽培。

福斯特 406 极早熟，低温弱光坐果率高，膨果速度快。果色翠绿，皮薄略皱，品质佳，商品性好，红果颜色好。单果重70～90克。耐低温，适宜保护地栽培。

福斯特 104 极早熟，连续坐果能力强，膨果速度快。抗病性强，果色翠绿，味微辣，品质好。单果重100～120克，大果可达150克以上。耐低温弱光。

福椒 4 号 极早熟，耐低温、弱光能力强，高抗病害，果实膨大速度快，连续结果性能优。果色翠绿，一般单果重90～120克，味微辣，品质优秀，商品性佳。每亩产量可达5000～7000千克。适于全国各地保护地栽培和露地早熟栽培。

翠玉 早熟，长势旺，结果多，不早衰。抗病性特强，耐热耐湿性强，耐贫瘠土壤。果色翠绿，红果鲜红，单果重80～95克，味微辣，商品性好。露地、保护地兼用品种。

福椒二号 极早熟，抗病性强，低温不落花落果。坐果率高，连续坐果能力强。单果重 75 克左右。保护地、露地栽培兼用。

福椒五号 中熟，长势旺，坐果率高，连续坐果力强。抗逆性强，耐热耐湿，抗病性强。单果重 70 克，牛角形，果色浅绿，果面光滑，商品性好。露地越夏及秋延栽培均可。

福椒九号 极早熟，高抗病毒病，易栽培，好管理，耐低温，抗高温。坐果率高，连续结果能力强，青果深绿色，红果鲜红色，果硬，肉厚，微辣，商品性优，青红椒兼用。单果重 120 ～ 150 克，宜全国各地露地、保护地种植，每亩产量 4000 ～ 5000 千克。

红优一号 早熟，高抗病，适应性广，坐果率高，易栽培。耐热耐湿，果实膨大速度快。果深绿光亮，红果鲜艳，果肉厚，硬度好，耐贮耐运。单果重 80 ～ 120 克，大果可达 150 克。适宜秋延大棚及高山反季节作红椒栽培。

红优二号 中熟，青果绿色有光泽，老熟果为鲜红色。辣味适中，商品性极好。一般单果重 80 克左右，最大果达 100 克，每亩产量 4500 ～ 5000 千克。抗病性、耐热性、耐弱光性、耐湿性和耐寒性均较强。适合春季栽培、春露地越夏或秋延后和南菜北运基地栽培。

福斯特 20 号 中晚熟，果色深绿光滑，果肉厚，耐贮运，辣味柔和，红果鲜红色，贮运期长，商品性优。单果重 80 ～ 100 克。高抗病毒病、炭疽病，耐疫病能力强，耐热耐湿，连续结果能力强，采收期长，产量高。

华帝 早熟，超大果型牛角椒品种。低温坐果良好，高温生长不早衰。单果重 150 ～ 250 克。结果多，产量高，效益好。

福斯特 403 中熟，耐热，超大果。植株长势旺，耐热，抗病性强。坐果率高，连续坐果能力强，粗牛角形，果色浅绿，果大，果长 20 厘米，果粗 5.5 厘米，微辣，商品性好。适于露地及秋延栽培。

改良皖椒一号 中熟，青果绿色有光泽，老熟果为鲜红色。辣味适中，商品性极好。一般单果重 80 克左右，最大果达 100 克，每亩产量 4500 ～ 5000 千克。抗病性、耐热性、耐弱光性、耐湿性和耐寒性均较强。适合露地及保护地栽培。

新锐 早熟，长势旺，抗病性好，连续坐果能力强，产量高。耐低温弱光，低温弱光坐果率高，膨果速度快。果色浅绿，果长28～30厘米，果粗4.0～4.5厘米，品质佳。适于保护地栽培。

太空金龙 利用航空搭载定向诱变选育。早熟，长势强健，抗病性强。果皮黄绿光亮，单果重150克左右。耐低温，抗高温，坐果率高，连续结果能力强，产量高。

福美 早中熟，生长势强，坐果率高，高抗病害，耐热耐湿，抗逆性强。单果重90～110克，辣味适中。果色黄绿，果光滑顺直，果肉厚，果形优美，连续结果能力强，产量高，商品性好的黄绿皮尖椒品种。适合南方秋冬椒栽培及北方地区露地保护地栽培。

东方玉珠 中熟，长势旺盛，坐果率高，采收期长达半年。抗病性特强，耐热耐湿性好，抗逆性强。皮薄肉厚，质脆嫩，品质佳。果色黄绿光亮，红果鲜红，商品性好，耐贮运。单果重90～100克，辣味适中。适于露地越夏及南方夏秋反季节设施栽培。

福玉 早熟，坐果率高，连续结果能力强。果色黄绿光滑，商品性好，肉厚，耐贮运，品质佳。单果重120～150克。低温弱光坐果率高，适应性广，适于露地、保护地栽培。

福瑞 早熟，长势旺，抗病性强。果大，产量高，商品性好，品质优。果色浅绿，果长28～30厘米，果粗4.0～4.5厘米。适宜温室大棚种植。

长锐 早熟，植株长势旺盛，叶片中等，抗病性强，结果能力强。果色黄绿，圆柱形果，大果达150克以上。适宜温室大棚种植。

豪门 早熟，耐低温弱光，低温弱光下坐果率高，膨果速度快，连续坐果能力强。生长势旺，抗病性特强，产量高。果色黄绿，果光滑顺直，空腔小，肉厚耐运，商品性好。大果可达140克以上，味微辣。适宜保护地栽培。

福椒6号 早中熟，抗病性特强，坐果率高，连续结果性好。果色黄绿，果较直、较光滑，耐贮运，肉质细，品质较好。单果重50～60克，味辣。适应性广。

天玉一号 单生，朝天椒。乳白色，耐热性强，结果多，产量高，辣味香浓，果长5～7厘米，果粗0.5～0.9厘米，每株结果

100 ～ 350 个，宜腌制、加工。

天玉二号 大果，单生，朝天椒。早熟杂交一代品种，果长8 ～ 11 厘米，果粗 0.9 ～ 1.1 厘米，青果浅黄色，成熟果鲜红色，皮薄，质脆，品质佳，耐低温，抗高温，适应性强。

天王星 簇生朝天椒。早熟，坐果率高，连续坐果能力强，产量高。朝天生长，结果多，每簇可结果 10 ～ 14 个，品质佳。果长 6 ～ 7 厘米，红果颜色鲜艳，辣味浓，商品性好。早熟性好，适应密植。

天王星 3 号 簇生朝天椒。中晚熟，植株高大，长势旺，分枝力强。坐果率高，连续坐果率强，每簇可结果 10 ～ 14 个，产量高。果长 5 ～ 6 厘米，果光滑，红果颜色鲜艳，商品性好，辣味浓。干椒、红椒两用型，适宜出口。

加利福 608 早中熟，植株高大，长势旺盛，耐热抗病，结果多，果长 12 ～ 14 厘米，果粗 2 ～ 2.5 厘米，红椒鲜艳，辣味浓，适宜干红椒出口。

加利福 609 早熟，青、红、干椒栽培均可。植株生长势强，高抗病，坐果率高，连续坐果力强。果光滑顺直，光泽度强，肉厚，果硬，耐贮运，商品性好。果长 13 ～ 14 厘米，果粗 1.8 ～ 2.0 厘米，红椒颜色鲜艳，辣味浓，易干，适合晒干红椒。

加利福 688 早熟，结果多，干椒专用品种。生长强健，坐果率高。耐热，耐湿，抗病强。果形优美，红椒深红，油性大，商品性好。果长 12 ～ 14 厘米，果粗 2.2 厘米。

粤椒一号 早熟，果实粗牛角形，大顶，绿色，平均单果重 46克，微辣，抗青枯病、炭疽病。每亩产量 4500 千克左右。

粤椒十号 中晚熟，果实粗羊角形，生长势强，果腔小，肉厚，单果重 60 克，果皮黄绿色，有光泽，红熟果鲜红，味辣。抗逆性强，抗病，耐贮运。每亩产 5000 ～ 6000 千克。

粤椒十五号 早熟，果实羊角形，黄绿色，果面光滑有亮泽，平均单果重 50 克，中辣，产量高，品质优良。每亩产量 5000 千克左右，适合全国各地栽培。

粤椒十九号 早熟，果实粗羊角形，绿色，果面光滑有光泽，平均单果重 50 克，中辣，产量高，品质优良，每亩产量 5000 千克左右，适合全国各地栽培。

福康早椒 极早熟，植株长势强，株形紧凑，坐果力极强，抗烟草花叶病毒病，果实粗牛角形，平均单果重 60～70 克，最大果重可达 100 克，果实绿色，光滑，味微辣，品质优良，一般每亩产量 3500 千克左右。适于春季辣椒栽培。

福康园椒 中早熟，植株长势强，坐果力极强，抗病毒病。果实灯笼形，单果重 110 克，果皮光滑、光亮、绿色，耐贮运，味甜，脆嫩，品质优良。每亩产量 2500～3000 千克。

福康尖椒 中早熟。植株生长势强，易坐果，抗病性强，果实浅绿色，羊角形，单果重 40～50 克，果皮光滑，光亮，耐贮运，味辣，品质优良。每亩产量 4000～4500 千克。适宜华南地区栽培。

华冠 早熟，牛角椒，果长 20 厘米，果肩宽 7 厘米，多马嘴形，平均单果重 150 克，大果可达 250 克以上。膨果速度极快，植株长势中等，抗病性强，单果坐果 15 个左右，产量极高，每亩产量可达 7000 千克。适合作早春、秋延、高山青椒专用品种，不宜留红果。

早辣王 早熟，尖椒。叶较小，叶色深，长势平稳。株形好，株高 45 厘米，开展度 60 厘米，首花节位 8 节左右。果实羊角形，果浅绿色，单果重 55 克以上，辣味极强，成熟椒颜色红且光亮，果皮薄品质优。果形直，果腔小，挂果性强，抗病性好，耐高温高湿，易栽培。适合我国西南和华南地区栽培。

红艳 中早熟，植株生长势较强，叶较小。果实羊角形，嫩果深绿色，光滑有光泽，果直不弯曲，无果腔，果肉厚，成熟果深红色，色彩艳丽。高抗病毒病及其他病害，株形紧凑，每节挂果，结果集中，高肥水时每株可挂果 150 个以上。辣味强，商品性好。单果重 15～16 克，每亩产量 3500 千克。

江淮一号 早熟，始花节位 9～10 节，果实粗牛角形，果面光滑，平均单果重 65 克，最大单果重 120 克，果转红鲜艳且不易变软，红果在植株上挂果时间长。高抗病毒病及其他病害，长势稳健，坐果能力极强，每亩产量 3000～4000 千克，适于秋延后栽培。

江淮二号 中早熟品种，果实羊角形，味极辣，非嗜辣地区慎引入。果深绿色，植株生长势强，始花节位 10～11 节，平均单果重

45 克。适合嗜辣地区及各地长途运输栽培，每亩产量 4000 千克，高产稳产，抗热性强。对病毒病、炭疽病、疫病有很强的抗性。

江淮三号　早熟，植株生长势中等，始花节位 10 节左右，果实羊角形，浅绿色至淡黄色，色泽鲜艳，果面光滑，红熟快，耐低温耐湿，对病毒病、炭疽病、疫病抗性强。单果重 50 克左右，肉质细脆，味辣而不烈，耐运输，每亩产量 3500 千克。

江淮七号　中早熟，生长势强，第 10 节左右开始分枝，果实粗牛角形，浅绿色，平均单果重 70 克左右，最大单果 100 克，果肉较厚，耐运输，品质好，适合作高山栽培和秋延后反季节栽培。

绿丰　中早熟，植株生长势较强，叶较小，始花 11 节左右，连续坐果能力强，果实长粗牛角形，果皮绿色，果肉厚，果硬，单果重 70 克左右，辣味中等，果表极光滑，顺直无皱，果形整齐，极耐运输。耐低温、耐湿性强，抗病毒病、疮痂病，适应性广，每亩产量 5000 千克左右，产量高而稳定。适合早熟丰产栽培及秋延后露地栽培及反季节栽培。

脆丰　极早熟，植株生长势中等，叶片较小，叶色中等，极易挂果且挂果早，早春低温下不会形成僵果。果长灯笼形，平均单果 60 克。果浅黄色，果面皱，肉质较脆，品质极佳，商品性极好，辣味中等，前期果实和产量表现突出。抗病中等，耐肥水，适应性强。

红日 L3　中熟，植株生长势强，叶片小且叶色深绿，始花节位 11 节左右。连续挂果性强，椒条顺直，果实颜色深绿，单果重 15 克，肉厚无腔，不裂果，辣味适中，红果颜色鲜红，顺直光滑，采收期长，贮藏时间长，果不软，商品性好。适应性极强，耐湿耐热，高抗病毒病及青枯病。

玉美人　极早熟，黄皮辣椒，植株生长势平稳，极易挂果且连续挂果性极强。平均单果重 65 克以上，果面较光滑、果浅乳黄色，半透明，外观极美，肉质脆辣味强。膨果速度更快，适合保护地和露地栽培。

报晓　极早熟，低温弱光下挂果及果实膨大良好。植株生长势中等，始花 7 节左右。前期挂果良好，后劲足。果实前后期大小基本一致，果实粗牛角形，果面皱，果皮薄，果浅绿色，平均单果重 50 克左右，果辣味较强，品质优，适合作早熟大棚栽培。

江艺天椒 早熟，果实羊角形，尖顶，辣味浓，植株长势较强，单株结果能力强且挂果集中，低温膨果速度快，果皮绿色，果面皱褶多，肉质极脆香辣，单果重 40～60 克，适合作大棚等保持地和露地栽培。

三、嫁接育苗技术

（一）砧木和接穗播期的确定

辣椒从播种到定植，不同地区不同品种不一致，但是育苗的时间和过程大致相同。长江中下游地区可在 11 月上旬到 12 月上旬播种，次年 4 月即可定植；华北地区可在 12 月中下旬至次年 1 月中下旬播种，5 月即可定植；东北地区 1 月中下旬播种，5 月份即可定植。

苗龄长短依育苗条件和品种的不同而不同，一般早熟品种具有 7～8 片真叶，晚熟品种 14～15 片真叶，且根系发达，茎秆粗壮，叶色深绿，叶肉肥厚，无病虫害，植株 90% 现蕾时即可定植。

（二）种子处理与浸种催芽

浸种、消毒处理，请参阅番茄相应内容进行。

在浸种和消毒后，反复用清水淘洗，除尽辣味，用纱布将种子包好，放在大碗或者小盆中，覆盖湿纱布或湿毛巾，保持一定的湿度，在 28～30℃ 的条件下催芽，每天要用 30℃ 左右的清水淘洗两遍，4～5 天即可出芽，若用 25℃ 清水，则需 7 天才可出芽。

辣椒种子发芽对氧的要求非常严格，含量低于 10% 对发芽有抑制作用，要在催芽过程中加强翻动淘洗。还可拌上体积为种子 3 倍的干净河沙，每天翻动 2～3 次，播种时连同河沙一齐播下，可使撒播的种子分布均匀。

（三）床土配制

辣椒床土配制，请参阅番茄相应内容进行。

（四）播种

催芽 4 ～ 5 天后出芽率达 60% ～ 70% 时即可播种，最好选择在冷尾暖头的天气进行，播种时先用 30 ～ 40℃ 的温水将床土浇足透底水，待水下渗后，撒上一层药土，再将种子均匀地散播在苗床上，播种密度要适度且均匀，不可过密，一般每平方米可播种子 20 克，播种后可铺上一层地膜以保持湿度，出苗后立即揭除。

（五）播种后管理

播种后，应注意保温，春天出苗期温度应在 20℃ 以上，在冬季夜间应特别注意保温，以保证正常出苗，一般可在苗床上加盖纸被，白天在太阳出来后要及时掀开覆盖物，以提高温度。夜间最低温度不得低于 15℃，出苗前白天温度可稍高，一般 10 天左右即可出苗，在种子拱土之前一般不需浇水，以防苗床表面板结。要经常擦拭透明覆盖物，且适当拉长苗床的受光时间，改善群体受光情况。出苗前温度应保持在 25℃ 以上，出苗后要适当降低温度，白天可保持在 20 ～ 25℃，夜间为 10 ～ 15℃，以防止幼苗徒长，且苗床湿度不宜过大，要通风透气，在保证苗床温度的前提下，尽量延长幼苗的光照时数。第一片真叶出现后，白天可保持在 25 ～ 28℃，夜间为 16 ～ 18℃。

当幼苗长到 2 叶 1 心时，可进行一次分苗，需适当扩大苗距，以满足幼苗进一步的生长发育。分苗则应选在晴天，这样有利于缓苗，但若气温太高时也应注意遮阴降温以免发生烤苗，在分苗前 1 天要将水浇透，以减少移苗时伤根，分苗可按行距 8 ～ 10 厘米、株距 3 ～ 4 厘米分苗移于苗床中，也可移于营养钵中。

移苗后要浇透水，且注意保温，需保持较高的温度，白天为 25 ～ 30℃，发根后白天在 25℃ 左右，夜间为 10 ～ 15℃，随着幼苗的生长，要适当加大通风量，及时通风排湿，以免发生高湿病害。

若缺肥，可适当追施腐熟稀粪水或复合肥，且喷施 1 ～ 2 次杀菌剂可有效防止"倒苗"。若砧木苗长势较弱，可叶面喷施 0.2% 的磷酸二氢钾溶液来促进生长。

嫁接前 15 天，白天温度维持在 26 ～ 27℃，夜间 16 ～ 17℃，以促进生长，嫁接前 1 周，再低湿炼苗，将夜温降至 13 ～ 15℃，使苗床温度接近外界温度。

四、嫁接

（一）嫁接时期

当砧木长到具有 5 片真叶、茎粗达 0.5 厘米，接穗长到具有 5 ～ 6 片真叶时，即可嫁接。嫁接期过早，茎枝太细不易于操作，过晚嫁接，植株的木质化程度较高，不易于嫁接成活。

嫁接用具需放入 200 倍的福尔马林溶液浸泡消毒处理。嫁接前，要将真叶处的腋芽打掉，提高嫁接成活力。

（二）嫁接方法

辣椒的嫁接方法主要有插接和靠接等。

1. 插接

一般砧木比接穗提前 7 ～ 10 天播种，当砧木长出 4 ～ 5 片真叶时为最佳嫁接时期。嫁接时，用刀片在砧木的第 1 片真叶或第 2 片真叶上方横切掉上半部，并将叶腋中的腋芽除去，在该处用于接穗粗细相同的扁圆形竹签按 45°～ 60°角向下斜插，但不要将表皮戳破，之后将削成楔形的接穗代替竹签插入砧木孔中，使砧木与接穗能够紧密结合，再用嫁接夹固定即可。

2. 靠接

嫁接后接穗的根仍旧保留着，且与砧木的根一起栽在育苗钵中，管理较易，成活率高，适合高温期育苗。具体操作：在砧木的第 2 ～ 3 片真叶下，可由下而上呈 30°角斜切一个长为 1.5 厘米的口子，再在接穗的第 3 片真叶下，由下而上呈 30°角斜切一个长为 1.5 厘米的口子，将接穗与砧木在开口处相互插在一起，并用嫁接夹夹上即可。

五、嫁接苗管理

（一）接口愈合前

辣椒嫁接苗的接口愈合前管理，可参阅番茄相应内容进行。愈合期的温度，白天为 25 ～ 26℃，夜间为 20 ～ 22℃。温度过低或者过高都不利于接口的愈合。嫁接后的 5 ～ 7 天内，空气湿度需保持在95% 以上，前期 4 ～ 5 天内尽量不通风或少通风，第 5 天以后可在温暖且空气湿度较高的早晨傍晚通风，7 ～ 8 天后可逐步揭开薄膜，并适量增加通风量和通风时间，但仍需通过喷雾来保持湿度，直至完全成活。嫁接后要遮光，3 天后可在傍晚逐渐见光，要防止中午的强光，一般情况下 10 天左右便可逐渐撤掉覆盖物。

（二）接口愈合后

接口愈合后的管理，可参照番茄相应内容进行。

六、定植

做好翻地、晾晒、土壤消毒和施肥工作。

棚室内土壤消毒，请参阅茄子相应内容进行。

基肥做垄前施入。每亩可施用腐熟鸡粪 2000 千克、过磷酸钙 50千克、硫酸钾 10 ～ 20 千克和适量微肥。

棚室越冬栽培每亩施用优质圈肥 4000 千克，深翻 30 厘米，整平做垄。可采用南北向大小行小高垄，大行距 70 厘米，小行距 50 厘米。先按垄距开沟，施入基肥，做垄，垄底宽 40 厘米，高 10 ～ 15 厘米。定植前 10 ～ 15 天，日光温室覆盖薄膜，并进行灭菌消毒。按株距30 ～ 40 厘米栽植，待水渗下后封沟，将垄面整细后，覆盖地膜。每亩栽植 2000 ～ 3000 株。

注意实行合理密植，使群体受光均匀而不徒长。按地域和品种说明确定种植密度。

辣椒嫁接栽培一般多用于早熟栽培，若棚室栽培，在定植后5 ～ 7 天的缓苗期间，一般不进行通风，且要注意保温，促进根系生长，白天温度维持在 30℃ 左右，夜间温度维持在 20℃ 左右，地温维持在 16℃ 左右，冬季气温比较低，夜间可通过加温或者保温等方法来提高地温。缓苗后植株进入正常生长，需适当降低温度，以防止嫁接苗徒长，放风时，通风量应逐渐增大。开花坐果期温度维持在 20 ～ 25℃，且每次浇水后要及时通风排湿，以防高湿病害。

因辣椒的生育期较长，要在施基肥的基础上，多次追肥，缓苗后、门椒坐果后、盛果期均需用稀粪水或者氮磷钾三元复合肥灌根，且辣椒不可重施氮肥，以防落花落果和徒长。

辣椒易落花落果，花器官雌雄蕊及胚珠发育不良、开花期遇干旱多雨、低温、高温、高湿、光照不足等都可能造成落花落果，可用 15 ～ 20ppm 的对氯苯氧乙酸（防落素，PAPC）喷花，提高坐果率，也可通过加强通风透光、不偏施氮肥、开花结果期喷施速效磷钾肥、防止土壤过干或者过湿等方法来提高坐果率。

辣椒分枝比较有规律，有结果枝和营养枝两种，在进行植株调整时，要剪除垂直生长的营养枝，且及时摘除下部腋芽和老叶、病叶，以减少养分消耗，改善通风透光条件，减少病害的发生（图 4-4）。

图 4-4 辣椒定植后管理

七、采收

辣椒可多次采收，青椒在花谢后的 1 ～ 20 天采收，每隔 2 ～ 3

天可采收一次。同一植株开花有一定的周期性，可在结果初期，采收青果来增加采收次数，而对于长势较弱的植株，可适当提前采收青果，以促进茎的生长；而长势较强或者徒长的植株，可适当延迟采收，以控制茎叶的徒长。

八、病虫害防治

（一）病害

嫁接辣椒病害主要有以下几种。

1. 病毒病

辣椒病毒病主要有两种类型。黄斑驳花叶型：病株矮化，茎和枝条上有褐色坏死条斑，叶片呈深绿、浅绿或黄绿镶嵌的斑驳状花叶，叶脉上有时有褐色坏死斑点，植株顶叶小，中下部叶片易脱落，严重时小枝生长点落光，之后抽生出许多小枝，叶呈丛生状态，果实僵小，果面上有褐色斑块，果实极易脱落，病株根上也有褐色斑块。黄化枯斑型：病株矮化，叶片褪绿或呈斑驳花叶，植株顶部叶片会变小、狭长，中下部叶片上有坏死斑块，严重时叶片脱落。有时两种类型复合发生。

防治方法：选用抗病品种。切断传染源，及时防治蚜虫，及时清除已感病的植株，避免相互感染。用高锰酸钾 1000 倍液，每升添加磷酸二氢钾 3 ～ 5 克、食醋 100 克、尿素 5 克和红糖 5 克，配成混合液；也可每 7 ～ 10 天喷施硫酸锌 300 倍液，连续喷施 3 次，可防病。

2. 早疫病和炭疽病

（1）早疫病　叶片病斑呈大块且为暗绿色湿腐，茎秆和枝条均呈黑褐色，果皮会软化腐烂，导致植株上部凋萎，果实则多数先蒂部发病，再蔓延至全果，呈灰绿色，后期呈灰色软腐，湿度较高时，会有稀疏白霉。请参阅茄子早疫病防治方法进行。

（2）炭疽病　请参阅茄子炭疽病防治方法进行。

3. 疮痂病和软腐病

（1）疮痂病　叶片病斑呈圆形或不规则形，边缘稍隆起呈暗褐色，中间稍凹陷呈浅褐色，表面粗糙呈疮痂状，严重时，萼片变褐脱落，果实上的病斑呈圆形或者长圆形，且呈黑褐色稍隆起，边缘有裂口，并且有水浸状，若在高湿条件下，会溢出白色菌脓（图4-5）。

图4-5　辣椒疮痂病

（2）软腐病　软腐病初期，果面会出现暗绿色水浸状斑点，可迅速扩及全果。导致果实腐烂、发臭、变形，且病果多数脱落，少数留在枝头的果实则干枯成僵果。

防治方法：可选用抗病品种和无病种子，培育适龄壮苗。定植后加强管理，避免多施氮肥，注意通风，及时清除病果、落果，以减少病虫来源。①药剂防治。发病初期可用1:1:200的波尔多液喷雾2～4次进行预防。②化学药剂防治。一般可选用72%农用链霉素可溶性粉剂5000倍液、100万单位新植霉素5000倍液、77%氢氧化铜可湿性粉剂500倍液等喷雾，每隔7～10天一次，连喷2～3次。

（二）虫害

嫁接辣椒虫害主要有二十八星瓢虫、茶黄螨和红蜘蛛等。

二十八星瓢虫、茶黄螨的防治，请参阅茄子部分进行。

红蜘蛛食性杂、繁殖强、传播快，常以成螨和若螨群栖于叶背刺吸汁液，尤其以叶片中脉两侧出现较为集中，初期叶片出现白色小斑点，逐渐全叶褪绿变为黄白色，严重时会变为锈褐色，叶片枯焦早落，果实干瘪，果皮粗糙呈灰白色，最终植株枯死。

药剂防治，可选用 10% 虫螨腈（除尽）悬浮剂 1500～2000 倍液、5% 氟虫脲（卡死克）乳油 1500～2000 倍液，15% 哒螨灵乳油 3000 倍液，或 48% 毒死蜱 1000 倍液，或炔螨特 3000 倍液，或 1.8% 阿维菌素（齐螨素、新科等）3000 倍液喷雾，或 2.2% 甲氨基阿维菌素苯甲酸盐（海正三令）微乳剂 3000 倍液、1.5% 甲氨基阿维菌素（云除）微乳剂 1500～2000 倍液，或 2.2% 吡虫啉＋阿维菌素（力乐泰）乳油 2500～3000 倍液、24.5% 阿维菌素＋柴油（赛白净）乳油 3500～5000 倍液，以及 10% 浏阳霉素乳油 1000～1500 倍液，或 50% 硫悬浮剂 500 倍液等进行喷雾。

及时用药，根据虫情（始发至盛发期间）发生情况，需要连续用药，防治数次 3～4 次，间隔期 7 天左右一次。还可以幼苗期叶面喷施硅、铜制剂驱虫。

由于螨虫繁殖速度快，喷药时务必均匀周到，喷湿、喷透，重点注意植株中下部叶背面和幼嫩部位。注意农药的交替使用，若选用两种药混合使用，注意阅读说明，如虫螨腈（或氟虫脲）＋甲氨基阿维菌素苯甲酸盐（或甲氨基阿维菌素、吡虫啉＋阿维菌素）等，防效更好。

第五章

其他蔬菜（香椿）嫁接育苗栽培关键技术

葫芦科其他瓜类蔬菜，如冬瓜和苦瓜也可进行嫁接育苗栽培，冬瓜常采用南瓜为砧木，苦瓜可采用丝瓜、'黑籽南瓜'为砧木。其嫁接方法与蔬菜嫁接育苗栽培，请参阅第三章进行。

随着人们生活水平的提高和需求的变化，20世纪80年代，山东等地采用密植栽培技术，使菜用香椿得到迅速发展，尤其以山东、河北、河南、安徽、江苏、陕西等省发展迅速，特别是日光温室栽培和大棚栽培面积迅速扩大。多年生蔬菜、木本蔬菜设施栽培也出现土壤连作障碍，可利用嫁接换根甚至嫁接高位换种，进行防病、高产、优质蔬菜生产。

本章以香椿为例，简要介绍其嫁接育苗与栽培技术。

香椿是常见的落叶乔木。其起源于中国，我国全国各地均有分布，主要分布在黄河和长江流域之间。传统香椿栽培大多处于零散状态，以林木栽培，兼采摘嫩芽作为蔬菜。

香椿的根系发达，但一年生苗木的侧根粗大，主要水平分布在25厘米以上的耕层内。一年生实生苗木一般高度为0.6～1.4米。

香椿顶端优势极强。在适温下，主枝的顶芽先萌发。顶芽达4～5厘米后，其下邻近少数的侧芽才萌动，且缓慢生长。顶芽采摘后，侧芽生长加快。作为食用器官的香椿嫩芽是一年生枝顶芽和侧芽刚萌发出来的新梢和嫩叶。

香椿为聚伞形或圆锥形花序，顶生或腋生。花为两性花、花萼短小、花瓣5枚，5枚发育正常的雄蕊和5枚退化的雄蕊互生，子房5室、卵形，每室有胚珠2枚。5～6月份开花。花具芳香气味。果实为蒴果，有5心室。果实10月份成熟，由5角状的中轴开裂。种子椭圆形，扁平，有膜质长翅，红褐色。自然贮藏条件下，发芽力可保持半年左右，千粒重10～15克。

香椿以嫩芽为食用器官。香椿芽馥郁芳香，营养丰富，可炒食或腌渍。香椿还具有防止感冒和祛肠火等药用价值（图5-1）。

图 5-1　香椿

一、对环境条件的要求

（一）温度

香椿主要分布在亚热带至温带地区，适应性广，在8～25℃的地区均可栽培。

种子发芽适温20～25℃。在日均温8～10℃时顶芽萌发；12℃

时嫩叶展开，但生长缓慢；15℃时春芽抽生加快，易木质化使春芽品质降低。香椿枝叶生长适温 16 ～ 25℃，最适温为 20 ～ 25℃。气温低于 8 ～ 10℃或高于 35℃，枝叶停止生长。

香椿的光合适温为 22 ～ 24℃。成龄大树耐寒能力强，能耐 −27 ～ −20℃低温。而一年生实生苗木，若木化程度低，耐寒性就差，一般在 −10℃主干会被冻死。

（二）光照

香椿喜光忌强光。一年生实生苗的光补偿点为 1100 勒克斯，光饱和点为 30000 勒克斯，光照过强（超过 40000 勒克斯）光合速率迅速下降，表现出忌强光的特性。

（三）水分

香椿喜湿耐旱怕涝。幼苗期适宜土壤湿度为 85% 左右。土壤干旱，生长缓慢。土壤渍水，呈徒长症状，易发生根腐病。故雨后应及时排水防涝。

（四）土壤

香椿成龄树对土壤质地要求不严，喜土层深厚肥沃的石灰质土壤。瘠薄的沙石山地或黏重的土壤上均能生长，但生长缓慢。

香椿幼龄苗木对土质要求较为严格，以轻壤土或沙质壤土为圃地较为适宜。对土壤 pH 值适应范围为 5.5 ～ 8.0。

二、砧木和接穗的选择

（一）砧木的选择

臭椿 喜光，适应性强，分布广，很耐干旱瘠薄，耐中度盐碱土，在土壤含盐量达 0.3% 的情况下，幼树会生长良好，对微酸性、中性和石灰质土壤都能适应。喜排水良好的沙壤土，有一定的耐寒能力。根系发达，为深根性树种，萌蘖性强，生长较快。多采用播种繁殖，成活率高，管理粗放，能较容易获得大量幼苗。

红叶椿 作为臭椿的一个变种，红叶椿对干旱、低温、烟尘及盐碱地、病虫害等不良因素有很强的耐受力和抗拒力。其树干通直高大，分枝紧凑。树叶卵状披针形，长 7～15 厘米。芽初生时，嫩叶为棕褐色，小叶叶脉下凹明显，至 5 月下旬或 6 月上旬，整个树冠的羽状复叶全部为紫红色。具有生长速度快、根系发达的特点以及耐旱，耐寒，耐盐碱，耐烟尘，抗风沙，病虫害少等很强的抗逆能力。

（二）接穗的选择

香椿为落叶乔木。实生香椿树从栽植后 2～3 年开始采摘椿芽，5～6 年前为营养生长期，7～10 年可开花结实。菜用香椿因连年多次采收嫩梢，摘除顶芽，树势弱，一般不开花。保留顶芽的香椿树，5 月下旬至 6 月中旬开花，10 月中下旬种子成熟。

露地种植的香椿树每年的 3 月份春芽萌动，4 月份采摘椿芽，6～8 月份为苗木的迅速生长期，10 月下旬落叶后进入休眠期，休眠期为 4～5 个月。温室种植的，在露地培育苗木，待休眠后温室假植，1～3 月份采摘椿芽。

香椿主要分为两大类，即红油香椿和油椿等。优良品种简介如下。

黑油椿 幼树长势强壮，萌芽力强，采芽 15 年后长势渐弱。芽初放时紫红色，光泽油亮，后由下至上逐渐变为墨绿色，尖端暗紫红色，芽粗壮肥嫩，油脂厚，香味浓，无苦涩味，嫩叶有皱纹。椿薹和叶轴紫红色，背面绿色。食之无渣，品质上等。

红油椿 树冠紧凑，生长旺盛，枝粗壮。芽初放时鲜红色，展叶初期变鲜紫色，光泽油亮，嫩叶有皱纹，肥厚，香味浓，有苦涩味，生食时需用开水速烫。椿薹及叶轴粗壮肥嫩，色微红，食之无渣。

红香椿 芽初放时为棕红色，随芽生长除顶部保留红色外，其余部分转为绿色，嫩叶皱缩，鲜亮，多汁少渣，无苦涩味，品质佳，生长迅速，产量高。成材红褐色。芽较耐低温，早熟，在高水肥条件下生长很快，是适合日光温室及保护地栽培的好品种。

红香椿一号 材、菜兼用型品种。椿芽质量好，产量高。适宜在低山缓坡、田头地角、房前屋后栽种，又适合棚室设施栽培。

水椿 芽浅紫色，极易抽薹，薹粗壮肥嫩，含纤维少，多汁，香

蔬菜嫁接关键技术（彩色图解＋视频升级版）

味较淡，无苦涩味，鲜食清脆可口。

青油椿　树冠紧凑，树势强健，抽枝力强，生长快。幼芽初为紫红色，后变为青绿色，尖端微红色。梗和椿薹肥嫩无渣，多汁，椿芽不易老化，香味较浓，无苦涩味。

薹椿　芽薹不易木质化。芽初放时淡褐红色，展叶后正面黄绿色，背面微红，叶稍有皱缩。嫩芽叶甜，多汁，香味浓，品质好，产量高。为温室栽培的优良品种。

红芽绿椿　芽初放时棕红色，很快转为绿色，但顶部为棕色。展叶后叶、叶柄、叶轴及一年生茎杆均为绿色，芽香味淡，木质化慢，芽薹粗壮宜鲜食，发芽早，产量高，可用于温室早熟栽培。

褐香椿　芽初生时，芽薹及嫩叶为褐红色。芽粗壮，小时叶片较大，肥厚，皱缩，有白色茸毛，8～12天可长成商品芽。芽、茎基部及复叶下部的小叶微带绿色。5月上旬除芽薹前端为褐红色外，其他小叶及芽薹下部均为绿色。展叶后，小叶有8～10对，呈椭圆形，前端尖，基部呈心脏形，并稍向一侧斜，叶缘呈锯齿形。褐香椿嫩芽脆嫩，多汁，无渣，香味极浓，微有苦涩味。

三、种子处理与浸种催芽

香椿种子油脂含量较高，在高温下极易丧失发芽力。因而，在香椿芽菜栽培中，应选择发芽率、纯度和净度均较高，籽粒饱满的当年新种子。香椿种子的贮藏寿命很短。常温下贮藏半年，发芽率只有40%～50%。利用当年采集的种子育苗，以保证苗齐、苗壮。若进行周年芽菜生产，种子最好存放在1～5℃的温度条件下，以保持较高的发芽率。

砧木的种子处理，可参照接穗进行。

浸种催芽：先用手搓去种翅。用10%甲醛溶液浸种20分钟，用清水冲洗干净。再用清水浸种12～24小时。也可以用温水浸种。浸种后催芽，温度要求25～30℃。待1/3种子露白后即可播种。苗床亩播种量3～4千克。播种既可撒播，也可条播，播后覆细土，上覆一层稻草，然后平铺地膜，外加小拱棚保暖。出苗后及时揭去地膜及稻草，根据外面气温情况采用日揭夜盖的方式，待苗龄 5 ～ 6 叶时揭膜。

四、嫁接技术

（一）苗床准备与播种

育苗床可采用塑料棚，以便提早播种培育大苗，也可露地育苗。苗床深翻整平，每亩施入腐熟有机肥 4000 ～ 5000 千克，并配合施入磷钾肥 50 千克。作平畦，宽 1.0 ～ 1.5 米。

露地育苗：苗地选择以土壤肥沃疏松，排水良好的壤土为好；畦整成东西向，龟背形，以利排水，畦宽连沟 1.5 米左右；要求施足基肥，基肥可亩用土杂肥 10000 千克，加磷肥 100 千克或用相应的复合肥，移苗地也要施足相应的基肥。并用除草剂防好杂草。

播种：播种期宜在春季 3 ～ 4 月份。撒播的浇足底水撒籽，覆土厚度 1 厘米，亩播种量 3 ～ 4 千克。条播的开沟 2 ～ 3 厘米深，行距 30 ～ 40 厘米，沟内条播种子，覆土厚度 2 ～ 3 厘米。亩播种量约 1.5 千克。播种后覆盖地膜提温保湿。拱土出苗时撤地膜。

（二）苗期管理

设施育苗白天保持温度 20 ～ 25℃，夜间温度 15℃左右。出苗后间苗 2 ～ 3 次，保持苗距 5 ～ 6 厘米。苗高 10 ～ 15 厘米时分苗。分苗行距为 30 厘米，株距为 20 厘米（每亩育苗 10000 株）。

香椿及砧木幼苗喜湿耐旱怕涝。幼苗期应勤浇小水，见湿见干，并结合中耕松土除草。雨季要注意排水防涝。

（三）嫁接

1. 嫁接时间

嫁接时间要求不严，春夏秋三季均可。

视频 5-1 木质
芽接

2. 嫁接方法

春季用带木质芽接（视频 5-1），成活率可达 90% 左右，当年生长高度 3 米以上、干径 2 厘米以上。

夏季用带木质芽接，成活率也可达到 90% 以上。嫁接部位在砧木 15 ～ 40 厘米，嫁接芽部位以下要多留叶片，嫁接芽以上留 5 厘米，其余剪掉，接后 15 天左右解绑绳。

秋季 9 月中下旬用带木质芽嫁接在当年生枝条上，成活率也较高。嫁接应注意避开雨天。

3. 嫁接后的管理

要及时抹除嫁接后砧木新生出的萌芽。

苗期应注意地下害虫，可在灌溉时，用杀虫剂随水冲施。椿象是危害椿树的主要害虫，8 ～ 9 月份危害叶片，使叶尖部位卷曲。可喷洒 40.7% 毒死蜱乳油 1600 倍液，或 25% 喹硫磷乳油 1000 倍液防治，量少时可人工捕捉。

五、定植

（一）定植密度

一次定植在温室中多年生长栽培。按株行距（25 ～ 30）厘米 ×（40 ～ 60）厘米栽苗，亩栽 5000 株。待入冬落叶后在 1 ～ 5℃ 下经过 15 ～ 20 天通过生理休眠后，即扣膜保温生产。

露地条件下，嫁接香椿一年中有 2 次生长高峰，第 1 次在 4 ～ 5 月，第 2 次在 7 ～ 8 月。10 月中下旬落叶后，有 4 ～ 5 个月的休眠期。在大棚等设施中只要温度适宜，经 50 天左右即可打破休眠，开始萌发。因此，冬香椿的上市期可提早至春季前后。

（二）定植后的管理

1. 肥水管理

栽植后，6 ～ 8 月份是幼苗迅速生长期，可结合浇水追施速效性肥料 2 ～ 3 次，每次亩施尿素 10 ～ 15 千克，并适量配合磷钾肥。立秋以后，减少浇水和停止氮肥追施，防止苗木贪青生长，促使苗木木质化和加粗生长。

2. 矮化处理

多效唑处理：为培育适合日光温室的矮化苗木，使株高不超过1.0米，可于7月中旬株高60厘米左右时喷洒15%多效唑200～400倍液2～3次。

摘心矮化法：可培育多主枝矮化苗木。方法是当年播种的苗干40～50厘米高时摘去顶心，促进侧枝生长。摘心长度15～20厘米，以促使形成2～3个分枝，将来形成饱满的顶芽。摘心时期宜在7月上旬至7月下旬。

温室、大棚设施栽培，可以利用人工多次摘心，抑制顶芽，促进侧芽发生，可培育成1～1.5米高度的灌木状株形。

3. 杂草防除

及时清沟排水，清除杂草。除草最好同去杂相结合，因用种子育苗往往有其他性状的香椿出现，如绿香椿等不合品种要求的杂株应及时去除。对单子叶杂草可以用氟吡甲禾灵等除草剂防除。6月初移苗后，应加强移苗地的管理，7月下旬做好摘叶通风工作，当苗高50厘米时进行矮化处理以促顶芽茁壮，同时防好病虫害。8月份要防好台风暴雨。

六、栽培管理

（一）温室栽培

1. 栽培形式

温室或日光温室嫁接香椿生产有假植栽培和普通栽培两种方式。

假植栽培：虽然费工，但是栽植密度增大，产量高，效益好。一般于入冬落叶后起苗。起苗时尽量少伤根。日光温室内整地施入腐熟有机肥和磷酸氢二铵。作平畦，宽1.2～1.5米。一年生独干实生苗，按株行距（5～8）厘米×20厘米，深度20～30厘米栽苗，每亩需要 50000 ~ 60000 株。多年生根株苗木应减少栽植密度，每亩栽 30000 ~ 40000 株。南边栽矮苗，北边栽大苗。栽后踩紧，浇透水。

普通栽培：一次定植在温室中多年生长。按株行距（25 ~ 30）厘米 × （40 ~ 60）厘米栽苗，每亩栽植 5000 株。待入冬落叶后在 1 ~ 5℃下经过 15 ~ 20 天通过生理休眠后，即扣膜保温生产。

2. 环境管理

温湿度管理：栽植扣膜后，白天保持 18 ~ 24℃，夜间不低于 10℃，促进萌芽和香椿芽生长。严寒季节要加强保温防寒。若室内湿度过大，可在中午放顶风排湿。

水肥管理：定植时浇足水。萌芽期向枝干喷水来补充水分。喷水宜在中午进行。第一次采收后，随浇水每亩追施尿素 12 ~ 20 千克。如果采收期长，还可再追肥 1 ~ 2 次。

（二）露地栽培

将苗木露地栽植，按每亩 6000 株密度定植。露地越冬，翌春即可采收。华北地区可采收至 6 月上旬。采收结束后，立即修剪整形。管理同前。

七、采收

在正常管理下，香椿从栽植至萌芽约需 40 天，从萌芽至采收需 7 ~ 12 天。但香椿苗木萌芽早晚相差可达 20 ~ 30 天。因此为春节上市时达产量高峰，应保证扣膜后有 60 ~ 70 天的生长期。

采收一般在芽长 15 ~ 20 厘米时进行。采收用剪刀剪芽，不宜用手掰芽，以免损伤树体，破坏隐芽的再生能力。顶芽整芽采收。侧芽留 1 ~ 2 片羽状复叶，用剪刀剪下。一般 7 ~ 10 天采收一次。采收的香椿芽应及时上市。亦可扎成小把后将基部平齐放在清水中 1 天作短期保存，或用保鲜袋密封保存。至清明节停止采芽，将根株栽入露地进行平茬，培养下一年日光温室生产用的苗木（图5-2）。

图 5-2　香椿芽商品

参考文献

[1] 安志信.蔬菜嫁接育苗实用技术.天津：天津科学技术出版社,1996.

[2] 陈贵林，匕兰春.蔬菜嫁接栽培实用技术.北京：金盾出版社,2004.

[3] 程伯瑛.黄瓜.太原：山西科学技术出版社,2001.

[4] 段敬杰.瓜果菜嫁接与栽培.郑州：河南科学技术出版社,2003.

[5] 范双喜.现代蔬菜生产技术全书.北京：中国农业出版社,2004.

[6] 韩世栋，周桂芳，赵变凤.蔬菜嫁接实用技术问答.北京：中国农业出版社,1999.

[7] 韩世栋，周桂芳.温室大棚蔬菜新法栽培技术指南.北京：中国农业出版社,2000.

[8] 韩世栋.蔬菜嫁接简明技术.北京：中国农业出版社，2004.

[9] 焦自高.西瓜、甜瓜保护地栽培技术.济南：山东科学技术出版社,2002.

[10] 刘效增，邵树策.西葫芦.济南：黄河出版社,1994.

[11] 马长生.西瓜甜瓜优质高效栽培技术.郑州：中原人民出版社,2005.

[12] 裴孝伯.有机蔬菜无土栽培技术大全.北京：化学工业出版社，2010.

[13] 裴孝伯.温室大棚种菜技术正误详解.北京：化学工业出版社，2010.

[14] 裴孝伯.蔬菜嫁接关键技术.北京：化学工业出版社，2012.

[15] 石克强，张海芳.茄果类蔬菜保护地嫁接栽培配套技术100题.北京：金盾出版社，2007.

[16] 王化忠.果菜嫁接育苗栽培技术（西瓜、黄瓜、甜瓜、茄子、番茄）.北京：中国林业出版社,1993.

[17] 王久兴，毛秀杰，宋士清.图说蔬菜嫁接育苗技术.北京：金盾出版社,2006.

[18] 王凤华.茄果类蔬菜嫁接栽培.北京：金盾出版社,2001.

[19] 王秀峰.保护地蔬菜育苗技术.济南：山东科学技术出版社,2002 .

[20] 魏同，刘崇怀，朱书增.西瓜甜瓜栽培实用新科技.北京：中国农业出版社,1996.

[21] 吴国兴，李凯.辣椒保护地栽培.北京：金盾出版社，2001.

[22] 徐玉珍，江燕.西瓜、甜瓜优质高产栽培新技术.北京：科学技术文献出版社，1993.

[23] 杨春玲，孙克威.西葫芦保护地栽培.北京：金盾出版社，2001.

[24] 张绍文，马长生，孙中伟.南瓜·西葫芦四季高效栽培.郑州：河南科学技术出版社，2003.

[25] 周宝利.蔬菜嫁接栽培.北京：中国农业出版社，1997.